普通高等教育计算机类专业"十三五"规划教材

C语言与程序设计

（第2版）

主　编　胡元义　王　磊
副主编　吕林涛　高　勇　崔俊凯　谈姝辰　鲁晓锋

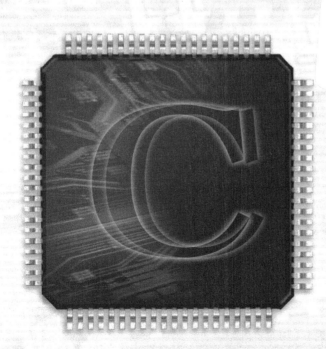

U0282342

西安交通大学出版社
XI'AN JIAOTONG UNIVERSITY PRESS

内容简介

本书作为程序设计课程的教材，在结构上注重知识的系统性、完整性和连贯性，将理论与实践有机结合。作者在总结多年教学与实践的基础上，精选了约400道设计独到的例题来作为典型概念示例和程序精讲，并且兼顾C语言等级考试，所有程序例题与习题都在VC++6.0环境下上机通过。对重点章节如函数和指针内容，作者采用了独创的动态图分析方法来分析程序执行中函数或指针的变化情况，使函数和指针内容中难以掌握的部分迎刃而解。本书编写循序渐进、深入浅出且图文并茂，力求达到使读者深入掌握C语言程序设计的目的。

本书除了可以作为程序设计语言教材外，还可以作为全国计算机等级考试的教材或参考书。对于从事计算机专业的工作者，本书也是一本难得的资料书。

图书在版编目(CIP)数据

C语言与程序设计/胡元义，王磊主编. —2版. —
西安:西安交通大学出版社，2017.8(2022.7重印)
ISBN 978-7-5605-9868-0

Ⅰ.①C… Ⅱ.①胡… ②王… Ⅲ.①C语言-程序设计-教材 Ⅳ.①TP312.8

中国版本图书馆CIP数据核字(2017)第168506号

书　　名	C语言与程序设计(第2版)
主　　编	胡元义　王磊
副 主 编	吕林涛　高勇　崔俊凯　谈姝辰　鲁晓锋
责任编辑	王欣　张梁
出版发行	西安交通大学出版社
	(西安市兴庆南路1号　邮政编码710048)
网　　址	http://www.xjtupress.com
电　　话	(029)82668357　82667874(市场营销中心)
	(029)82668315(总编办)
传　　真	(029)82668280
印　　刷	西安日报社印务中心
开　　本	787mm×1092mm　1/16　印张 23.25　字数 565千字
版次印次	2017年8月第2版　2022年7月第5次印刷
书　　号	ISBN 978-7-5605-9868-0
定　　价	46.50元

如发现印装质量问题，请与本社市场营销中心联系。
订购热线:(029)82665248　(029)82667874
投稿热线:(029)82664954
读者信箱:jdlgy@yahoo.cn

版权所有　侵权必究

第 2 版前言

本书作为程序设计课程的教材，在结构上注重知识的系统性、完整性和连贯性；在内容上突出重点，分散难点；在讲授中循序渐进、深入浅出，将理论与实践有机结合，融知识传授与能力培养于一体。

作者在总结多年教学与实践的基础上，精选了大量内容生动、设计独到的例题来作为典型概念示例和程序精讲，并且兼顾 C 语言等级考试，许多例题就是选自历年二级 C 语言等级考题试题。全书给出了近 400 道例题，且所有程序例题与习题都在 VC++6.0 环境下上机通过。本书在例题分析中大量采用了图示说明，这样使解题思路更加一目了然。对重点章节如函数和指针内容，作者采用了独创的动态图分析方法来分析程序执行中函数或指针变化的情况，使这些难点更容易被读者理解。此外，对采用指针来指向数组元素的相关内容，作者采用了新颖的表述方法来解决同一个数组元素有多种表示法的问题。对于文件的讲解，作者也辅以图片来进行说明，以便读者能够深入了解文件内部的读写过程。

本书第 1 章介绍了计算机的基本知识和程序设计的基本概念，并在此基础上介绍了 C 语言的发展历程和特点，同时还介绍了 C 语言程序的基本组成以及在 Visual C++ 环境下的上机操作。第 2 章介绍有关 C 语言程序设计的基础知识，如：C 语言的基本符号与基本数据类型，C 语言常量、变量的概念和使用规则，C 语言的运算符与表达式，以及对 C 语言数据的输入和输出方法。第 3 章介绍了如何使用顺序、选择和循环三种基本结构来进行程序设计的方法，这是程序设计最基本的内容，也是真正掌握编程的一个必由之路。第 4 章的数组实际上是一个"量"的扩展，即由对少量的个别数据的处理编程扩展到对大量的成批数据的处理编程，因此引入了存放成批数据的数据结构——数组。第 5 章函数实际上是对"程序结构"的扩展，即程序由一个单一的主函数扩展到多个函数时如何定义和调用这些函数？参数如何在函数之间传递？计算结果又如何由被调函数返回？这些都将在第 5 章里得到解答。第 6 章的指针实际上是对变量访问的扩展，通过指针可以有效地表示各种复杂的数据结构，从而编写出精炼且高效的程序来。第 7 章的结构体是在第 4 章数组简单"量"的扩展基础上的又一个更高层次的扩展，即将不同的简单"量"组合在一起形成一个复杂的"量"——结构体，进而也可以形成一批结构体的"量"。第 8 章介绍了 C 语言程序如何处理来自外存的数据，即如何与外存文件中的数据打交道。此外,对于那些与各章内容没有紧密联系或无关紧要又较少使用的内容,则统统归于第9章"C语言知识补遗",这样使各章的知识更为紧凑、清晰和精炼。

本书在章节内容和安排上也进行了调整,第3章至第8章均在最后增加了一节"典型例题精讲",以利于开拓读者解题思路和提高编程能力,以达到举一反三的目的。本书所讲授的内容均基于VC++环境。

本书配有《C语言与程序设计习题解析及上机指导(第2版)》,可供师生参考。建议两书配合使用,以达到更好的教学效果。本书带"＊"的内容为选讲内容,可根据讲授时数进行取舍。

本书除了可以作为程序设计语言教材外,还可以作为全国计算机等级考试的教材或参考书。对于从事计算机专业的工作者,本书也是难得的一本资料书。

欢迎读者对本书的内容及本书中作者的某些见解和表述方法提出批评指正。

编　者
2017 年 1 月于西安

目　录

第 1 章　C 语言与程序设计简介

1.1　计算机和程序设计的基本概念

1.1.1　计算机系统组成

计算机是一种能够自动、高速处理数据的工具。一个完整的计算机系统包括硬件和软件两大部分,其组成如图 1-1 所示。

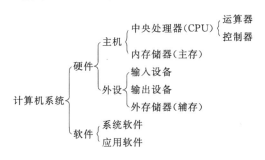

图 1-1　计算机系统组成

1. 硬件

硬件是指计算机的机器部分,即我们所见到的物理设备和器件的总称。计算机硬件结构如图 1-2 所示。

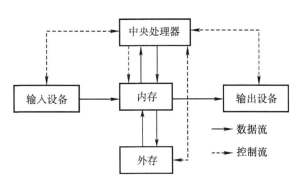

图 1-2　计算机硬件结构图

中央处理器(CPU)是计算机的核心,它由控制器和运算器两部分组成。控制器是计算机的神经中枢,它统一指挥和控制计算机各部分的工作。运算器对数据进行运算和处理。

计算机存储器分为内存储器和外存储器两种。内存储器简称内存,也叫主存,是计算机用于直接存取程序和数据的地方。内存可直接与 CPU 交换信息。内存存取信息的速度快,但容量有限。外存储器简称外存,也叫辅存。常用的外存有磁盘、U 盘等。由于内存容量的限制,常用外存来存放大量暂时不用的信息,这些信息一般以文件形式存放在外存上。CPU 不能直接处理外存中的信息,处理前必须先将这些信息由外存调入内存后再进行处理,因此程序只有装入内存后才可运行。外存的特点是存储容量大,信息可以长期保存,但存取信息的速度较慢。

输入、输出设备是计算机与外界传递信息的通道。输入设备用于把数据、图像、命令、程序等信息输入给计算机。给计算机直接输入信息的最常用设备是键盘。输出设备是将计算机执行的结果输出反馈给使用者,主要的输出设备有显示器和打印机。磁盘和 U 盘既是输入设备,又是输出设备。

2. 软件

软件通常指计算机系统中的程序和数据,并按功能分为系统软件和应用软件两类。系统软件是指为进行计算机系统的管理和使用而必须配置的那部分软件,如操作系统、汇编程序、编译程序等。应用软件是指针对某类专门应用需要而配置的软件,如计算机辅助教学 CAI、财务管理软件以及火车和飞机订票系统等。由于软件具有易于修改和复制的优点,因而便于推广应用。

仅有硬件的计算机系统(称之为裸机)是难以进行工作的。为了对计算机所有软、硬件资源进行有效的控制和管理,在裸机基础上形成了第一层软件,这就是操作系统。

操作系统是最基本的系统软件,是对硬件机器的首次扩充。其他软件都是建立在操作系统之上,通过操作系统对硬件功能进一步扩充,并在操作系统的统一管理和支持下运行的(见图 1-3)。因此,操作系统在整个计算机系统中具有特殊的地位,它不仅是硬件与其他软件的接口,而且是整个计算机系统的控制和管理中心,它为人们提供了与计算机进行交互的良好界面。

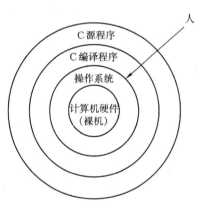

图 1-3　计算机硬件功能的扩展和人机交互的界面

综上所述,硬件是计算机的物质基础;软件是建立在硬件基础之上,对硬件功能的扩充与完善。两者缺一不可,没有软件,计算机的硬件难以工作;没有硬件,软件的功能无法实现。

1.1.2　程序与程序设计语言

要使计算机能够完成人们指定的工作,就必须把工作的具体实现步骤编写成能够由计算机识别并执行的一条条指令。计算机执行这个指令序列后,就能完成指定的任务,这样的指令序列就是程序。因此,程序就是由人编写的指挥和控制计算机完成特定功能的指令序列。书写程序所使用的语言称为程序设计语言,它是人与计算机进行信息通信的工具,而设计、编写和调试程序的过程则称为程序设计。

计算机发展到今天,程序设计语言经历了机器语言、汇编语言、高级语言三个阶段。

我们知道,计算机能够执行的一项操作称为一条指令,计算机能够执行的所有操作即全部指令集合就是该计算机的指令系统。由于计算机硬件的器件特性,决定了计算机本身只能直接接受由 0 和 1 编码的二进制指令和数据,这种二进制形式的指令集合称为计算机的机器语言,它是计算机唯一能够直接识别并接受的语言。

用机器语言编写程序很不方便且容易出错,编写出来的程序也难以调试、阅读和交流。为此,出现了用助记符代替机器语言二进制编码的另外一种语言,这就是汇编语言。汇编语言是建立在机器语言之上的,因为它是机器语言的符号化形式,所以较机器语言直观。但是计算机并不能直接识别这种符号化的语言,因此用汇编语言编写的程序必须翻译成机器语言之后才能由计算机执行,这种“翻译”是通过专门的软件——汇编程序来实现的。

尽管汇编语言与机器语言相比在阅读和理解上有了长足的进步,但其依赖具体机器的特性是无法改变的。能够编写好汇编程序除了必须掌握汇编语言之外,还必须了解计算机的内部结构和硬件特性,再加上不同计算机上的汇编语言又各不相同,这无疑给程序设计增加了难度。

随着计算机应用需求的不断增长,出现了更加接近人类自然语言的功能更强、抽象级别更高的面向各种应用的高级语言。高级语言由于接近人们的自然语言,因而使用方便,编写的程序也符合人们的习惯,能够较自然地描述各种问题,从而极大地提高了编程的效率,编写的程序也便于查错、阅读和修改。更为重要的是,高级语言已经从具体机器中抽象出来,摆脱了依赖具体机器的问题,用高级语言编写的程序几乎在不改动的情况下就能够在任何计算机上运行,并且编程人员在编程时也无需去了解计算机内部的硬件结构。这些都是机器语言和汇编语言难以做到的。

与汇编语言一样,计算机也不能够直接识别用高级语言编写的程序,即必须经过编译程序的分析、加工,将其翻译成机器语言程序,然后再执行。编译程序是这样一种程序,它能够把高级语言程序翻译成等价的机器语言程序。在编译方式下,高级语言程序的执行分为两个阶段:编译阶段和运行阶段。编译阶段把高级语言程序翻译成机器语言程序,运行阶段才真正执行这个机器语言程序(见图 1-4)。

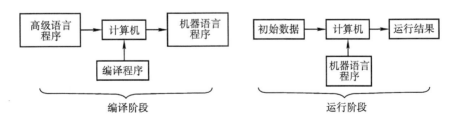

图 1-4　高级语言程序执行过程示意

例如,给内存 16 进制地址为 1000 的单元中的数据加上十进制数 10,则用机器语言、汇编

语言和高级语言分别表示如下:

(1) 用 8086/8088 机器语言表示。

```
10100001 11010000 00000111      /*将16进制1000地址中的数据⇒AX寄存器*/
10000011 00001010               /*给AX寄存器中的数据加10*/
10100011 11010000 00000111      /*将AX寄存器中的数据⇒16进制1000地址*/
```

(2) 用 8086/8088 汇编语言表示。

```
MOV AX，[1000]                  /*将1000地址中的数据⇒AX寄存器*/
ADD AX，10                      /*给AX寄存器中的数据加10*/
MOV [1000]，AX                  /*将AX寄存器中的数据⇒1000地址*/
```

(3) 用 C 高级语言表示。

```
X=X+10;                         /*X为1000地址的变量名*/
```

自从 20 世纪 50 年代中期第一个高级语言——FORTRAN 语言问世以来,全球已经出现了几千种高级语言,但广泛使用的高级语言也不过数十种。例如:适用于科学计算的FORTRAN语言,适用于商业事务处理的 COBOL 语言,第一个体现结构化程序设计思想的PASCAL 语言,用于人工智能程序设计的 PROLOG 语言,功能丰富的 C 语言,面向对象程序设计的 C++、Java 和 Delphi 语言等。

1.2 C语言的发展历程和特点

1.2.1 C语言的发展历程

由于操作系统等系统程序依赖于计算机硬件,所以以前这类系统程序主要是用汇编语言编写的。但是汇编语言程序的可读性和可移植性都很差,严重影响了系统程序的编写效率。在这种情况下,人们希望有一种语言既有高级语言可读性高、便于移植的优点,同时又具有汇编语言能够直接访问计算机硬件的特点。因此,C 语言就在这种情况下产生了。

C 语言的起源可以追溯到 ALGOL 60 语言。1963 年,英国剑桥大学在 ALGOL 60 的基础上推出了 CPL(Combined Programming Language)语言,但该语言规模较大而难以实现。1967 年,英国剑桥大学的 Matin Richards 对 CPL 语言做了简化和改进,推出了 BCPL(Basic Combined Programming Language)语言。1970 年,美国贝尔实验室的 Ken Thompson 以BCPL语言为基础,又做了进一步的简化,设计出了简单且接近硬件的 B 语言(取 BCPL 的第一个字母),并用 B 语言写出了第一个 UNIX 操作系统且在 DEC PDP-7 型计算机上实现。1971 年,在 DEC PDP-11 计算机上实现了 B 语言。1972 年,由美国的 D. M. Ritchie 在 B 语言的基础上设计出了 C 语言(取 BCPL 的第二个字母),并首次在 UNIX 操作系统的 DEC PDP-11 计算机上使用。

后来 C 语言又进行了多次改进,但主要还是在贝尔实验室内部使用。1977 年,D. M. Ritchie发表了不依赖于具体机器的 C 语言编译文本《可移植 C 语言编译程序》,使 C 语言移植到其他机器时所做的工作大为简化,这也推动了 UNIX 操作系统迅速地在各种机器上实现。随着 UNIX 操作系统的广泛使用,C 语言也迅速得到推广,成为世界上应用最为广泛的程序设计语言之一。

1978 年，B. W. Kernighan 和 D. M. Ritchie 两人合作出版了 C 语言白皮书《The C Programming Language》，给出了 C 语言的详细定义。1983 年，美国国家标准化协会(ANSI)对 C 语言的各种版本作了扩充和完善，制定了 C 语言的标准(称为 ANSIC)，这就给 C 语言程序的移植创造了更有利的环境。1990 年，ANSIC 为国际标准化组织(ISO)所接受。

微机上使用的 C 语言编译系统多为 Microsoft C、Turbo C、Borland C、Quick C 等，它们都是按标准 C 语言编写的，相互之间略有差异，每一种编译系统又有不同的版本，各版本之间也存在着差异，版本越高则编译系统所提供的函数越多，编译能力越强，使用也就越方便。

1.2.2　C 语言的主要特点

C 语言与其他语言相比之所以发展如此迅速，成为最受欢迎的语言之一，主要原因是它具有强大的功能。许多著名的系统软件，如 UNIX 操作系统就是由 C 语言编写的。归纳起来，C 语言具有下列特点：

(1) 简洁、紧凑、方便、灵活。C 语言共有 32 个关键字、9 种控制语句，其程序书写自由，主要用小写字母表示，压缩了一些不必要的成分。因此，C 语言程序比其他许多高级语言编写的程序要简练得多。

(2) 运算符丰富。C 语言的运算符包含的范围很广泛，共 34 个运算符。C 语言把括号、下标、赋值、强制类型转换等都作为运算符处理，从而使 C 语言的运算类型丰富、表达式类型多样化。灵活使用 C 语言的各种运算符可以实现在其他高级语言中难以实现的运算。

(3) 数据结构丰富。C 语言的数据类型有整型、实型、字符型、数组类型、结构体类型、共用体类型，具有现代高级语言所具有的各种数据类型，能够实现复杂数据结构的各种运算。尤其是 C 语言的指针类型，使程序运行的效率更高。此外，C 语言还具有强大的图形功能，支持多种显示器和驱动器。

(4) 结构化语言。结构化语言的显著特点是代码及数据的分离，即程序的各种部分除了必要的信息交流之外，彼此独立。这种结构化方式可使程序层次清晰，便于使用、维护和调试。C 语言是以函数形式提供给用户的，这些函数可以方便地调用，并有多种循环语句、条件语句来控制程序的流向，从而使程序实现结构化。

(5) 语法检查不太严格，程序设计自由度大。一般高级语言的语法检查比较严格，能够检查出几乎所有的语法错误，而 C 语言放宽了语法检查，允许程序编写者有较大的自由度，这是 C 语言的优点，同时也是 C 语言的缺点。限制严格就失去了灵活性，而强调灵活性必然放松了限制。也即，在 C 语言程序设计中，不要过分依赖编译器的语法检查。因此对于初学者来说，编写一个正确的 C 语言程序比编写一个其他高级语言程序要困难一些。

(6) 允许直接访问物理地址。C 语言中含有位运算和指针运算，能够实现对内存地址的直接访问和操作，即 C 语言可以实现汇编语言的大部分功能，可以直接对硬件进行操作。所以，C 语言既有高级语言的功能，又兼有汇编语言(低级语言)的大部分功能，这就是有时也称 C 语言为"中级语言"的原因。

(7) 生成目标代码效率高。C 语言仅比汇编程序生成的目标代码(即机器语言程序)执行效率低 10%～20%，这远高于其他高级语言的执行效率。

(8) 适用范围大，可移植性好。C 语言的一个突出优点就是适用于多种操作系统，如 DOS、Windows、UNIX，同时也适用于多种机型。这样，C 语言程序就可以很容易地移植到其他类型的计算机上。

1.3　C 语言程序的基本组成

我们通过下面几个简单的 C 语言程序,来大致了解 C 语言程序的基本组成,以便有一个初步的概念。

例 1.1　在显示器上输出"Hello,China!"。

```
＃include＜stdio.h＞          /＊使用 C 语言提供的标准输入/输出函数＊/
void main()                 /＊主函数 main＊/
{
    printf("Hello,China! \n"); /＊用输出函数 printf 实现输出显示字符串＊/
}
```

运行结果:

```
Hello,China!
```

程序说明如下:

(1) 一个 C 程序有且仅有一个名为 main()的主函数,main 是主函数名。程序执行时就是从 main()函数开始,具体来讲就是从 main()下面的"{"开始到"}"结束。花括号"{ }"中间的内容称为函数体,该函数体就是实现某种功能的一段程序。例 1.1 的函数体只有一个 printf 函数调用语句,该语句实现将双引号""""(即双撇号)括起的字符串照原样输出到显示器上,而字符串中的"\n"字符表示换行的意思,即在输出以下字符串

```
Hello,China!
```

后光标换到下一行的开始处。

(2) 在 main 函数前加上"void",表示 main()函数没有返回值。main 后面的圆括号"()"表明 main 函数没有参数。

(3) printf 函数语句后面有一个分号";"表示该语句的结束。C 语言规定:语句以分号";"表示结束。

(4) 程序中的"/＊ … ＊/"表示其中的文字是注释内容。程序中的注释是给阅读程序的人看的,是为了提高程序的可读性而加入的说明性信息。注释内容的有无都不影响程序的功能和运行结果。

(5) 程序第一行的"＃ include ＜stdio.h＞"是编译预处理命令行,它通知编译系统,将包含输入和输出标准库函数的 stdio.h 文件作为当前源程序的一部分。像输出函数 printf 以及输入函数 scanf 都要使用 stdio.h 才能实现数据的输出和输入。

例 1.2　求两个数 a 与 b 之和。

```
＃include＜stdio.h＞
void main()
{
    int x,y,sum;                /＊定义 x、y、sum 三个整型变量＊/
    printf("Input x and y:\n"); /＊在显示器上显示提示输入的信息＊/
    scanf("%d%d",&x,&y);        /＊由键盘输入 x 和 y 的值＊/
```

```
    sum＝x＋y;                    /* 完成 x＋y 的求和并将结果送给 sum */
    printf("x＋y＝%d\n",sum);      /* 输出求和结果 */
}
```

运行结果：

```
Input x and y:
12 15 ↵
x＋y＝27
```

程序说明如下：

为了表示变化的数据,程序中引入了变量,即通过变量来保存数据的值。在例 1.2 中定义了 3 个变量分别命名为 x、y 和 sum。第一个函数调用语句 printf 输出"Input x and y:"用来提示输入 x 和 y 值的提示信息,这时就可以由键盘输入给变量 x 和变量 y 两个数值了。scanf 是Ｃ语言的输入函数,语句中的"%d"是整型数输入格式,用来指定由键盘输入数据的格式和类型。两个"%d%d"表示读入两个数,输入时要用空格符分隔。scanf 语句中的"&x,&y"则表示将输入的两个数分别送给变量 x 和变量 y,这里的"&"表示地址,即数据是送到变量 x 和 y 对应的内存存储地址中。语句"sum＝x＋y;"实现 x＋y 的求和并将结果送给变量 sum。第二个函数调用语句 printf 先输出"x＋y＝",然后按格式"%d"将 sum 的值输出,即为

```
x＋y＝27
```

例 1.3　从键盘上输入两个整数,在屏幕上输出它们的最大值。

```
♯include<stdio.h>
int max(int x,int y)      /* 定义函数 max(),形参 x、y 为整型。int 表示返回值为整型 */
{
    int z;                     /* 定义变量 z 为整型 */
    if(x>y)                    /* 条件判断语句,判断 x 是否大于 y */
        z＝x;                   /* x>y 为真时将 x 值赋给 z */
    else
        z＝y;                   /* x>y 为假时将 y 值赋给 z */
    return (z);                /* 将 z 值返回给调用函数 main() */
}
void main()                   /* 主函数 */
{
    int a,b,c;
    printf("Input a,b＝");      /* 输出提示字符串"Input a,b＝" */
    scanf("%d,%d",&a,&b);      /* 由键盘输入 a、b 值 */
    c＝max(a,b);               /* 调用函数 max(),并将 max() 的返回值送给变量 c */
    printf("Max is:%d\n",c);   /* 输出结果 */
}
```

运行结果：

```
Input a,b＝8,12 ↵
Max is:12
```

程序说明如下：

(1) 程序中定义了两个函数：主函数 main 和被调函数 max。注意 scanf 和 printf 函数是 C 语言提供的标准函数，无需用户定义，只要通过预处理命令"♯include"将"stdio. h"包含在程序中就可直接使用了。而 max 函数是用户自行定义的函数，即在程序中必须写出 max 函数的定义。

(2) 一个自定义函数由两部分组成：

① 函数首部：包括函数名、函数类型、参数类型和参数名。例如：

② 函数体：即函数首部下面花括号"{…}"内的部分，如果一个函数内有多个花括号"{…}"，则最外层的一对"{…}"为函数的范围。函数体一般包括说明部分和执行部分，它们都是 C 语言的语句。说明部分用来定义函数内部所用到的变量及其数据类型。执行部分则是实现函数要完成的功能，如 max 函数就是将 x、y 两个数中的较大者赋给 z，然后返回 z 值给主函数 main。

(3) 主函数 main 中 printf 函数和 scanf 函数的功能同例 1.2，语句"c＝max(a,b);"的作用是：用 a 和 b 作实参调用 max 函数，a 和 b 的值分别传给 max 函数的形参 x 和 y，且 max 函数最终通过 return 语句将 z 值返回给主函数 main 中的 c 变量。

通过以上几个例子，可以概括出 C 语言程序的结构特点如下：

(1) C 语言程序主要由函数构成。C 语言程序中有主函数 main、系统提供的库函数(如 printf 和 scanf)以及由编程者自己设计的自定义函数(如 max 等)三种类型函数。

(2) 一个函数由说明部分和执行部分两部分组成，说明部分在前，执行部分在后，这两部分顺序不能颠倒。

(3) 无论主函数 main 写在程序中的什么位置，一个程序总是从主函数 main 开始执行的。

(4) C 语言书写格式比较自由，一个语句可以占多行，一行也可写多个语句。

(5) C 语言的语句都是以分号";"结尾的。

(6) C 程序中可用"/＊字符串＊/"对程序进行注释，注释部分可以放置到程序的任何位置来增加程序的可读性。

(7) 程序中可以有由"♯"开头的预处理命令(include 仅为其中的一种)，它通常应放在程序的最前面。

1.4　Visual C＋＋上机操作

Visual C＋＋是一个功能强大的可视化软件开发工具。自 1993 年 Microsoft 公司推出 Visual C＋＋1.0 后，其新版本不断问世，现在常用的是 Visual C＋＋6.0 版本。Visual C＋＋6.0 不仅是一个 C＋＋编译器，而且是一个基于 Windows 操作系统的可视化集成开发环境，它由许多组件组成，包括编辑器、编译器、连接器、生成实用程序、调试器以及各种各样为开发 Windows 下的 C/C＋＋程序而设计的工具。本书以 Visual C＋＋ 6.0 英文版为背景来介绍 Visual C＋＋的上机操作。

1.4.1　Visual C＋＋的安装和启动

如果你的计算机未安装 Visual C＋＋ 6.0,则应先安装。Visual C＋＋是 Visual Studio 的一部分,因此需要找到 Visual Studio 的光盘,执行其中的 setup.exe,并按屏幕上的提示进行安装即可。安装结束后,在 Windows 的“开始”菜单的“程序”子菜单中就会出现 Microsoft Visual Studio 6.0 子菜单。

在使用 Visual C＋＋时,只需从桌面上顺序选择“开始”→“程序”→“Microsoft Visual Studio 6.0”→“Visual C＋＋ 6.0”即可,此时屏幕上出现 Visual C＋＋ 6.0 的主窗口,如图 1-5所示。

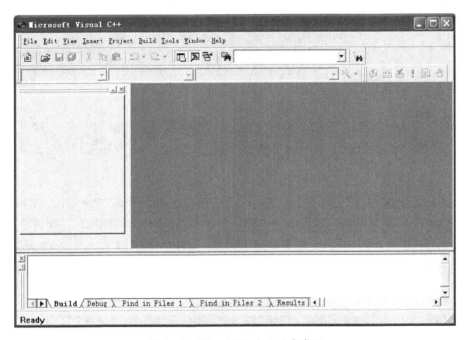

图 1-5　Visual C＋＋ 6.0 主窗口

在 Visual C＋＋主窗口的顶部是 Visual C＋＋的主菜单栏,其中包含 9 个菜单项:File(文件)、Edit(编辑)、View(查看)、Insert(插入)、Project(项目)、Build(构建)、Tools(工具)、Window(窗口)和 Help(帮助)。

主窗口的左侧是项目工作区窗口,用来显示所设定的工作区信息;右侧是程序编辑窗口,用来输入和编辑源程序。

1.4.2　Visual C＋＋环境的使用

下面就以一个简单的程序为例来说明 Visual C＋＋开发环境的使用方法。该程序的功能是在屏幕上输出一行字符串“Hello C!”。

1. 源程序的新建
新建一个 C 源程序,可采取以下步骤:
在 Visual C＋＋主窗口的菜单栏中单击“File”,然后在 File 下拉菜单中单击“New”选项,如图 1 - 6 所示。

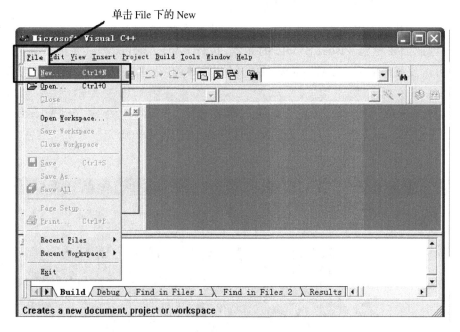

图 1 - 6   "File"菜单中的"New"选项

    屏幕上弹出一个"New"对话框,在"New"对话框顶部有"Files""Projects""Workspaces" "Other Documents"4 个标签,Visual C++默认打开的是"Projects"标签页。此时单击此对话框上方的"Files"标签,打开"Files"标签页的对话框,选择列表中的"C++ Source File"选项(此项的功能是建立新的 C++源程序文件);然后点击"Location"输入框右边的按钮,如图 1 - 7 所示。

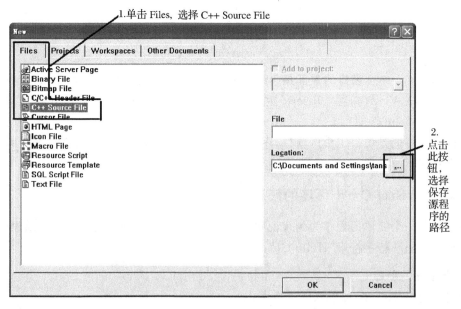

图 1 - 7   "New"对话框中的"File"标签页的对话框

　　在弹出的"Choose Directory"对话框中选择存储源程序文件的驱动器和目录,单击"OK"
按钮关闭"Choose Directory"对话框,如图 1-8 所示。

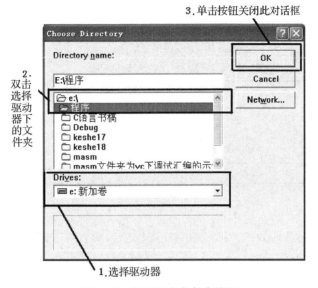

图 1-8　设置源文件保存路径

　　此时返回到"Files"标签页,在"Location"输入框上方的"File"输入框中输入将要新建源程
序的文件名(假设为 first.cpp),如果不写后缀,系统会默认指定为 C++源程序文件,自动加
上后缀.cpp;单击"OK"按钮,关闭"New"对话框,如图 1-9 所示。

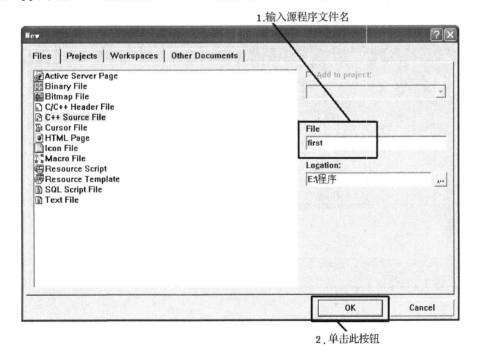

图 1-9　命名源文件

在关闭"New"对话框后,回到 Visual C++主窗口。此时在程序编辑窗口光标闪烁处开始输入源程序,如图 1－10 所示。

在编辑窗口输入源程序

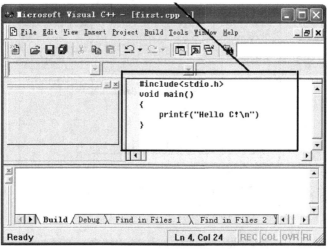

图 1－10　源文件编辑窗口

程序输入完以后保存源程序,接下来的工作是编译和调试程序。

2. 源程序的编译、调试

单击"Build"菜单中的"Compile ∗.cpp"选项进行编译,如图 1－11 所示。

单击 Build 下的 Compile first.cpp 进行编译　　　　　　　　或直接按此按钮进行编译

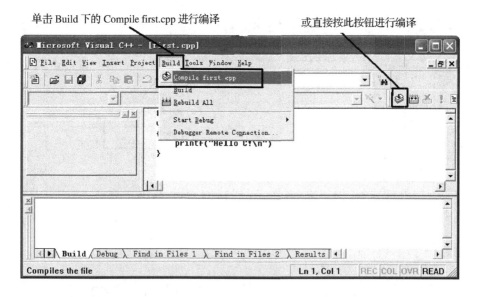

图 1－11　编译源文件

此时会弹出如图 1－12 所示的对话框,询问用户是否建立一个默认的工作区。单击"是(Y)"按钮,关闭对话框,然后 Visual C++开始编译源程序。也可以直接单击图 1－11 中所示的命令按钮或按 Ctrl＋F7 来完成编译。

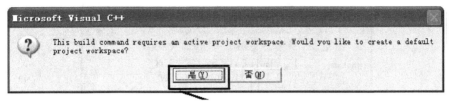

单击此按钮，创建默认工作区，进行编译

图 1-12　确认创建默认工作区

在进行编译时，编译系统检查源程序中有无语法错误，然后在主窗口下方的调试信息窗口输出编译的信息，如果有错，就会指出错误的位置和性质，如图 1-13 所示。

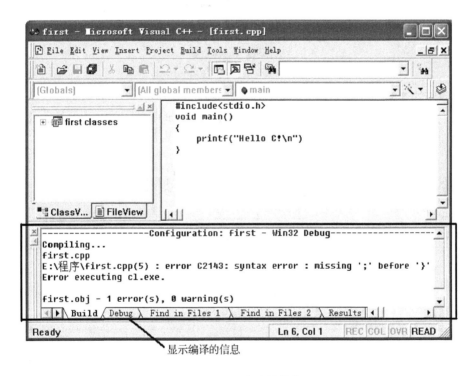

显示编译的信息

图 1-13　程序编译结束

在该信息框中显示此程序有 1 条错误信息，0 条警告信息。错误信息"first.cpp（5）：error C2143：syntax error ：missing ';' before '}'"表示在源程序第 5 行的"}"后丢失了分号";"。按照提示修改源程序直到重新编译显示没有错误，这时编译成功并产生一个后缀名为.obj 的文件，如图 1-14 所示。

注意，error 错误必须全部改正，warning 错误有时可以忽略。当 error 错误消除后方可生成目标程序。

修改错误

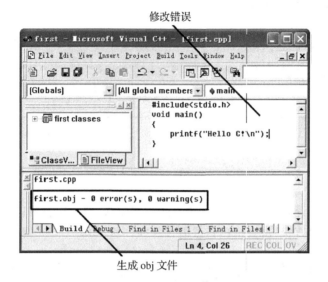

生成 obj 文件

图 1-14　编译成功

3. 源程序的连接

在得到目标程序后,就可以对程序进行连接了。此时应选择"Build"菜单下的"Build *.exe"选项,或直接按工具栏中的 Build 按钮(或按 F7 键),如图 1-15 所示。

点击 Build 菜单下的 Build 项进行连接　　　　　或直接按此按钮进行连接

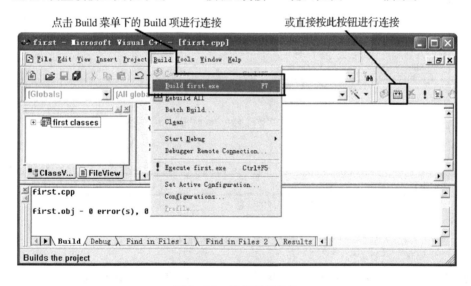

图 1-15　连接目标文件

完成连接后,在调试信息窗口中显示连接时的信息。若发现错误将会出现错误提示信息,此时需改正错误,直到连接显示没有错误后生成一个后缀名为.exe 的可执行文件,如图 1-16 所示。

以上介绍的是分别进行程序的编译和连接,也可以选择菜单"Build"→"Build"选项(或按 F7 键)一次完成编译与连接。

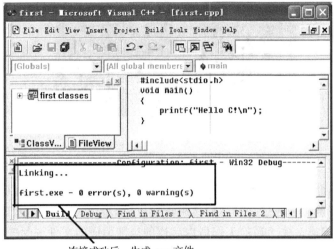

连接成功后，生成 .exe 文件

图 1-16　连接成功

4. 程序的执行

在得到可执行文件＊.exe 后，就可以直接运行程序并查看结果了。执行程序时选择菜单"Build"→"Execute＊.exe"或直接点击执行程序按钮（或按 Ctrl＋F5）即可，如图 1-17 所示。

点击 Build 下的 Execute 项执行程序　　　　　　　　　或直接按此按钮

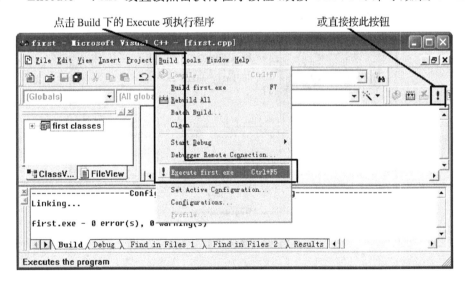

图 1-17　执行程序

程序执行后，屏幕切换到输出结果的窗口，显示出运行结果，如图 1-18 所示。

可以看到，在输出结果窗口的第一行是程序的输出：

　　Hello C!

然后换行。

第二行"Press any key to continue"并非程序的结果输出，而是系统自动加的信息，提示用

图 1-18　运行结果

户当按下任意键后,此输出窗口消失,回到 Visual C++的主窗口,以便继续进行其他的工作。

　　注意,在程序正确编译通过并且运行结果正确以后,就要关闭当前的工作区,以便进行下一个程序的输入和编译。关闭当前工作区以后连同当前编译的文件一起关闭。关闭当前工作区的方法是单击"File"菜单中的"Close Workspace"选项,如图 1-19 所示。单击此选项后会弹出如图 1-20 所示的对话框,询问用户是否要关闭所有的文件窗口,单击"是(Y)"按钮即可关闭当前的工作区和所有打开的文件,然后开始下一个程序的工作。

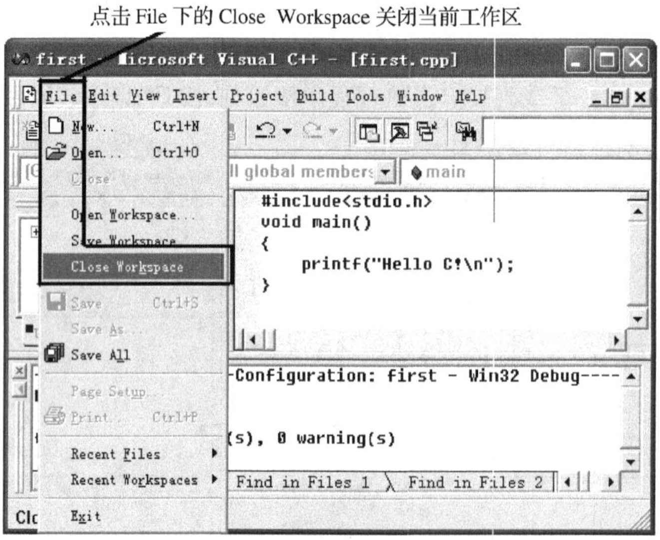

点击 File 下的 Close Workspace 关闭当前工作区

图 1-19　关闭当前工作区

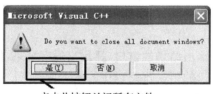

点击此按钮关闭所有文件

图 1-20　确认关闭文件

如果不关闭当前工作区,则下一个程序的输入和编译也都能正常进行,但连接生成可执行文件时就会出错,这一点要特别引起注意。

通过以上四步,我们简要地介绍了在 Visual C++开发环境中开发和调试一个 C 语言程序的完整过程。

习题 1

1. 下面叙述中错误的是_____。
   A. 操作系统是裸机上的第一层软件
   B. 操作系统是一种应用软件
   C. 操作系统是硬件与其他软件的接口
   D. 操作系统提供了人与计算机交互的界面

2. 下面叙述中错误的是_____。
   A. 程序设计是指设计、编制和调试程序的过程
   B. 程序设计语言的基本功能就是描述数据和对数据进行处理
   C. 程序是由人编写的指挥和控制计算机完成某一任务的指令序列
   D. 程序设计语言就是高级语言,用它编写的程序可以直接在计算机上运行

3. 下面叙述中正确的是_____。
   A. 编译程序是将高级语言程序翻译成等价的机器语言程序的程序
   B. 机器语言因其使用过于困难,所以现在计算机根本不使用机器语言
   C. 汇编语言是计算机唯一能够直接识别并接受的语言
   D. 高级语言接近人们的自然语言,但其依赖具体机器的特性是无法改变的

4. 一个 C 语言程序由_____。
   A. 一个主程序和若干个子程序组成　　B. 若干个函数组成
   C. 若干个过程组成　　　　　　　　　D. 若干个子程序组成

5. 一个 C 语言程序的执行是_____。
   A. 从第一个函数开始,到最后一个函数结束
   B. 从第一个语句开始,到最后一个语句结束
   C. 从 main 函数开始,到最后一个函数结束
   D. 从 main 函数开始,到 main 函数结束

6. 任何 C 语言的语句必须以_____结束。
   A. 句号“.”　　　B. 分号“;”　　　C. 冒号“:”　　　D. 感叹号“!”

7. C 语言程序的注释是_____。
   A. 由“/ * ”开头且由“ * /”结尾　　　　B. 由“/ * ”开头且由“ / * ”结尾
   C. 由“//”开头　　　　　　　　　　　　D. 由“/ * ”开头或“//”开头

8. 下面说法正确的是_____。
   A. 如果没有参数,函数名后面的圆括号可以省略
   B. C 语言程序的 main()函数必须放在程序的开头
   C. 一个 C 语言程序可以由若干个函数组成,但必须有一个 main 函数

  D. C 语言程序中的注释只能放在程序的开始部分

9. C 语言源程序名的后缀是_____。

  A. .exe   B. .c   C. .obj   D. .cp

10. 下面叙述中错误的是_____。

  A. C 语言源程序经编译后生成后缀为.obj 的目标文件

  B. C 程序经过编译、连接步骤后才能形成一个真正可执行的二进制机器指令文件

  C. 用 C 语言编写的程序称为源程序,它以 ASCII 代码形式存放在一个文本文件中

  D. C 语言中的每条可执行语句和非执行语句最终都将被转换成二进制的机器指令

11. 下面 C 语言程序的写法是否正确? 若有错误,请改正之。

(1) #include<stdio.h>

 main()

 {

   printf("C program.\n")

 }

(2) void main

 {

   printf(C program.\n);

 }

12. 编写一个 C 语言程序,用于输出显示"How are you?"。

第2章 C语言程序设计基础

2.1 C语言的基本符号与数据类型

2.1.1 C语言的基本符号

程序是由一个个字符组成的,任何程序语言都规定了该语言所允许使用的字符集合。C语言使用的全部字符是 ASCII 码字符集(见附录 1),它包括 256 个字符,每个字符都对应着一个不同的序号(码值)。前 128 个字符为标准的 ASCII 码字符。序号为 0~31 以及 127 的字符为控制字符,它们完成规定的功能操作;序号为 32~126 的 96 个字符是文字字符,它们用于显示和打印,其中:

(1) 序号为 48~57 的字符:数字 0,1,2,3,4,5,6,7,8,9。

(2) 序号为 65~90 的字符:26 个大写英文字母 A,B,C,…,X,Y,Z。

(3) 序号为 97~122 的字符:26 个小写英文字母 a,b,c,…,x,y,z。

(4) 其他一些可打印(显示)的字符,如下各种标准符号、运算符号和括号等。

| ! | # | % | ^ | & | + | — | * | / | = | ~ | < | > | \ | | | . | , | ; | : | ? | ' | " | (|) | [|] | { | } |

(5) 一些特殊字符,如空格符、换行符、制表符(跳格)等。空格符、换行符、制表符等统称为空白字符,它们在程序中的主要作用是用来分隔其他成分,即通过加入一些空白字符把程序排成适当的格式,以增加程序的可读性。

序号为 128~255 的 ASCII 码字符都是特殊的字符,对于不同的计算机,它们所代表的字符不同。此外,C 语言在字符串常量和注释中还可以使用汉字等其他图形符号。

由一个或多个字符组成的具有确切含义并相对独立的字符串称之为单词符号。单词符号是一个程序语言的基本语法符号。C 语言的单词符号分为专用符号、关键字和标识符等类别。

1. 专用符号

常用的 C 语言专用符号见表 2.1,表中的每一个符号都有独立的含义。其中,双字符号"">="、"<="、"&&"等都是一个独立的整体,不能将其分开书写。

表 2.1 常用的 C 语言专用符号表

符号	含义	符号	含义
+	加法运算	——	自减运算
—	减法运算,负号运算	'	字符常量开始或结束限定符
*	乘法运算,指针运算	"	字符串常量开始或结束限定符
/	除法运算	—>	指向结构体成员运算符

符号	含义	符号	含义
％	求余运算	.	结构体成员运算符
＞	大于	(	参数或嵌套表达式开始标识符
＜	小于	)	参数或嵌套表达式结束标识符
＞＝	大于等于	[	下标开始标识符
＜＝	小于等于	]	下标结束标识符
＝＝	等于	{	复合语句或函数体开始标识符
！＝	不等于	}	复合语句或函数体结束标识符
＝	赋值运算	/＊	注释行开始标识符
&	取地址运算,按位与运算	＊/	注释行结束标识符
&&	逻辑与	＜＜	左移运算
‖	逻辑或	＞＞	右移运算
！	逻辑非	∧	按位异或运算
；	语句分隔符	｜	按位或运算
,	参数、变量分隔符,逗号运算符	～	按位取反运算
＋＋	自增运算	//	注释行开始标识符

注意,"/＊"和"//"都是注释行开始标识符。"//"之后的当前行文字是注释内容,"//"仅能注释一行内容;另一种注释由"/＊"和"＊/"配合完成,即"/＊ … ＊/"中的文字(无论有几行)是注释内容,因此"/＊ … ＊/"可注释一行内容也可注释多行内容。

2. 关键字

关键字是程序设计语言自身保留下来用以表达特定含义的单词集合。C语言的关键字共有 32 个(见表 2.2),它们起着命名语句中的功能符号(如 for、if、do 等)、定义标准数据类型(如int、float、struct 等)、某些运算符(如 sizeof)等作用。由于关键字具有程序语言中预先定义好的特殊意义,因此只能在程序需要的地方使用,而不允许重新定义关键字以新的含义。

表 2.2　C语言关键字

auto	break	case	char	const
continue	default	do	double	else
enum	extern	float	for	goto
if	int	long	register	return
short	signed	sizeof	static	struct
switch	typedef	union	unsigned	void
volatile	while			

3. 标识符

在程序中,常常用具有一定意义的名字来标识程序中的变量名、函数名和数组名,以便在程序中根据名字访问它,而程序中各种名字都是用标识符来表示的。C 语言中关于标识符的规定如下:

(1) 一个标识符是以字母开头的并以字母和数字组成的一个连续字符序列,其中不得有空白字符。C 语言特别规定下划线字符"_"也作为字母看待。

(2) 标识符中同一字母的大小写是有区别的,即看作不同的字符。

(3) 标识符不能与关键字同名。

例 2.1　以下四组用户定义标识符中,全部合法的一组是_____。

A. _main	B. if	C. txt	D. int
enclude	−max	REAL	k−2
sin	y−m−d	Dr. Tom	_001
_2010	Date	3COM	sizeof

解　在 C 语言中,标识符是以字母或下划线开头并由字母、数字或下划线组成的字符序列,并且不能与 C 语言中的 32 个关键字同名。因此 B 项中 −max 和 y−m−d 的"−"不是下划线,即不属于字母、数字和下划线,因此都不是标识符;而 C 项中 Dr. Tom 同样出现标识符不允许出现的字符".",而且 3COM 中不是由字母或下划线"_"开头的,因此都不是标识符;D 项出现了 C 语言中的关键字 int 和 sizeof,因此也不是标识符,只有 A 项正确。

4. 分隔符

C 语言的分隔符主要有空格、逗号和分号。C 语言中单词与单词之间可以用一个或多个空格"　"进行分隔,语句与语句之间用一个分号";"进行分隔,逗号","则用于程序定义同类型变量之间、函数参数表中参数之间以及输入/输出语句中各个参数之间的分隔。

2.1.2　C 语言的数据类型

数据是计算机处理的对象,程序所描述的就是数据及对这些数据的处理步骤。数据的性质是通过数据类型来反映的,高级语言程序中的每一个数据都必须属于一种数据类型。数据类型从本质上定义了该类型的取值范围和可施加于它们的全部运算。C 语言根据数据的特点将其分为基本类型、构造类型、指针类型和空类型四类(见图 2-1),并通过这些数据类型可以构造出其他数据类型和数据结构来。

数据类型除了指定数据的取值范围和可施加的运算外,还指明了该数据在内存的存放方式及所占内存的大小(字节数)。在此仅介绍基本类型,其他数据类型将在后继章节中逐步进行介绍。

C 语言的基本数据类型包括:整型、单精度型、双精度型和字符型四种。此外,还可通过类型修饰符来扩充基本类型的含义,以便更准确地适应各种需要。修饰符有 long(长型)、short(短型)、signed(有符号)和 unsigned(无符号)四种,这些修饰符与基本类型的类型标识符 int、float 和 double 组合可表示不同的数值范围及数据所占内存的大小。表 2.3 给出了 C 语言基本数据类型及其类型标识符、所占内存空间字节数和所表示的数值范围。

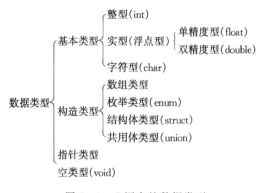

图 2-1　C语言的数据类型

表 2.3　C语言数据类型

数据类型	类型标识符	字节	数值范围
字符型	char	1	−128～127
无符号字符型	unsigned char	1	0～255
整型	int	4	−2147483648～2147483647
短整型	short int	2	−32768～32767
长整型	long int	4	−2147483648～2147483647
无符号型	unsigned	4	0～4294967295
无符号短整型	unsigned short	2	0～65535
无符号长整型	unsigned long	4	0～4294967295
单精度型	float	4	$-3.4\times10^{38}\sim3.4\times10^{38}$
双精度型	double	8	$-3.4\times10^{308}\sim3.4\times10^{308}$
长双精度型	long double	8	$-3.4\times10^{308}\sim3.4\times10^{308}$

注意,在早期的 16 位微机和 Turbo C 中,短整型和无符号短整型数据各占 1 个字节,整型和无符号型数据各占 2 个字节,长整型和无符号长整型各占 4 个字节。而现在 32 位(或 64位)微机的 VC++6.0 环境中,短整型和无符号短整型数据各占 2 个字节,整型、无符号型、长整型及无符号长整型数据各占 4 个字节。了解数据所占空间的办法是采用 sizeof 运算符来进行检测,如 sizeof(long int)则得到 long int 类型所占字节数。

2.2　常　量

常量是这样一种量,其值在程序运行过程中恒定不变。常量可分为直接常量和符号常量。直接常量也就是日常所说的常数,包括数值常量和字符型常量两种;符号常量则是指用标识符定义的常量,从字面上不能直接看出其类型和值。C语言中常量的分类如图 2-2 所示。

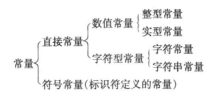

图 2-2　C 语言的常量

2.2.1　整型常量、实型常量及符号常量

1. 整型常量

在 C 语言中,整型常量有十进制、八进制和十六进制三种表示形式。

(1) 十进制整型常量的表示与数学上的整数表示相同。十进制整型常量没有前缀,直接由 0~9 的数字组成。

以下各数是合法的十进制整型常量:

　　386　　　−567　　　65535　　　2010

以下各数是非法的十进制整型常量:

　　029(不能有前导 0)　　　23A(含有非十进制字符)

(2) 八进制整型常量的表示形式是以数字 0 为前缀,后面跟由 0~7 的数字组成的八进制数。八进制数通常是无符号数。

以下各数是合法的八进制整型常量:

　　016(十进制为 14)　　　0102(十进制为 66)　　　0177777(十进制为 65535)

以下各数是非法的八进制整型常量:

　　356(无前缀 0)　　02A6(含有非八进制字符)　　−0128(出现了非八进制数 8 和负号)

(3) 十六进制整型常量的表示形式是以 0x 或 0X 为前缀(0x 或 0X 中的 0 是数字),其后跟由 0~9、A~F 或 a~f 的数字组成的十六进制数。

以下各数是合法的十六进制整型常量:

　　0x2A(十进制为 42)　　　0xA0(十进制为 160)　　　0xFFFF(十进制为 65535)

以下各数是非法的十六进制整型常量:

　　5AF(无前缀 0x)　　　0x32H(含有非十六进制字符 H)

在程序中是根据常量的前缀来区分各种进制数的。因此,在书写常量时要避免因前缀弄错而造成结果不正确。

整型常量中的长整型数据可用 L(或 l)做后缀表示,例如:

　　158L(十进制为 158)　　　077L(十进制为 63)　　　0XA5L(十进制为 165)

整型常量中的无符号型数据可用 U(或 u)做后缀表示,例如:

　　358u　　　0x38Au　　　0235U　　　0XA5Lu　　　386LU

2. 实型常量

C 语言中的实型常量只能用十进制形式表示,不能用八进制或十六进制表示。实型常量只有两种进制表示形式:小数形式和指数形式。

(1) 小数形式由数字和小数点"."组成(必须有小数点)。例如

　　　　−1.85　　　.426　　　728.　　　0.345　　　0.0

都是十进制小数形式的实数,小数点前或后可以没有数字。

(2) 指数形式由十进制数加阶码标志"e"或"E"以及阶码组成,其一般形式为

　　　　aEn　　　或 aen

其中,a 为十进制数,n 为十进制整数(n 为正数时"+"可以省略),其值为 $a \times 10^n$。

以下是合法的实型常量:

　　　　1.234e+12(等于 1.234×10^{12})　　3.7e−2(等于 3.7×10^{-2})　　78E3(等于 78×10^3)

以下是非法的实型常量:

　　　　e−5(阶码"e"前无数字)　　　　58.+e5(符号位置不对)

　　　　2.7E(无阶码)　　　　　　　　6.4e−5.8(阶码为小数)

由此可见,在阶码"e"或"E"前后必须有数字且"e"或"E"后的数字必须是整数。

注意,一个实型常量在用指数形式输出时,是按规格化的指数形式输出的,即小数点前面只有一位非 0 数字。例如,2041.567e11 的输出为 2.041567e+014;0.001234e−4 的输出为 1.234e−007。另外在 C 语言中,实型常量默认为双精度型(即 double 型),若实型常量后面跟后缀 F(或 f),则为单精度型(即 float 型)。

3. 符号常量

在程序中,可以定义一个符号来代表一个常量,这种相应的符号称为符号常量。符号常量实际上就是给值常量起了一个名字。例如,用 PI 代表圆周率 π,即 3.14159。

使用符号常量,一是可以增加程序的易读性:在程序中定义一些具有一定意义的符号常量时,一看就能了解其含义,即"见名知义",例如用 PI 代表圆周率 π、Name 代表姓名等。二是提高了程序的通用性和可维护性:使用符号常量可以使该常量的修改变得十分方便。例如一个程序中多处出现某个常量,若需修改该常量则对程序所有出现该常量的地方都要进行修改,这种修改比较麻烦且容易遗漏;如果使用符号常量,则只需修改其定义即可,即一改全改,不会出现遗漏。

C 语言中是在程序的开始处用编译预处理命令 ♯define(将在第 9 章介绍)来定义符号常量的。符号常量的定义形式如下:

　　　　♯define 符号常量名 常量

例如:

　　　　♯define PI 3.14159

　　　　♯define NUM 35

　　　　♯define Name ˝Liu yu˝

注意,♯define 与 ♯include 一样是宏命令而不是 C 语言的语句,故其命令行末尾不能加分号";"。当程序被编译时,宏命令首先被编译预处理,即用符号常量名后面的常量来替换程序中所有出现的这个符号常量名。此外,符号常量一旦定义,就不能在程序中其他地方给这个符号常量再进行赋值。例如"PI=5.286"是错误的。

2.2.2　字符常量与字符串常量

1. 字符常量

用一对单引号"' '"(即单撇号)括起来的一个字符,称为字符常量。例如,'a'、'0'、'A'、'*'都是合法的字符常量(注意,'a'和'A'是不同的字符常量)。将字符常量存储于内存时,存储的并不是字符本身,而是字符的代码,称之为 ASCII 码。如'a'在内存中为 ASCII 码 97,而'A'则是 65。

除了以上形式的字符常量外,C 语言还定义了一些特殊的字符常量,即以反斜杠字符"\"开头的字符序列,称为转义字符。转义字符是一种特殊的字符常量,即将"\"后的字符或字符序列原有的含义改变而转化为特定的含义,故称"转义"字符。例如转义字符"\n"不再表示字母"n"而作为"换行"符使用。

常用的转义字符如表 2.4 所示。

表 2.4　转义字符及其含义

转义字符	含义	控制字符或字符	ASCII 代码
\n	换行,光标由当前位置移至下一行开头处	NL (LF)	10
\t	水平位移,跳到下一个 TAB 位置(8 个字符位置)	HT	9
\b	退格,使光标回退 1 个位置	BS	8
\r	回车,光标由当前位置移至本行开头处	CR	13
\\	反斜杠字符"\"	\	92
\'	单引号字符"'"	'	39
\"	双引号字符"""	"	34
\0	空字符	NUL	0
\ddd	ddd 为 1～3 位八进制数	ddd	
\xhh	hh 为 1～2 位十六进制数	hh	

使用字符常量时需要注意以下几点:

(1) 字符常量只能用单引号"'"括起来,而不能用双引号或其他括号。

(2) 字符常量只能是单个字符。

(3) 字符可以是字符集中的任意字符,但数字被定义为字符型之后就以 ASCII 码值参与数值运算;如'6'为 ASCII 码值 54,它是与数字 6 不同的;'6'是字符常量,而 6 是整型常量。

非法的字符常量如下:

　　\197　　(9 不是八进制数中的数字)　　\1673(转义字符中的八进制数最多 3 位)

　　\ab(作为十六进制数少了标识 x)　　　'ab'(字符常量只能是单个字符)

　　"m"(字符常量只能用单引号括起来)

注意,"\ddd"中的 ddd 为 1～3 位八进制数。由于 1 个八进制数要占用 3 个二进制位,所以 3 个八进制数共占用 9 个二进制位。为了要用 1 个字节(8 位二进制位)放下这 3 个八进制数,则头 1 个八进制数不应大于 3;这样,3 个八进制数恰好占用 1 个字节(8 位),也即是 1 个字符的长度。

同样,"\xhh"中的 hh 为 1~2 位十六进制数。由于 1 个十六进制数要占用 4 个二进制位,所以 2 个十六进制数恰好占用 1 个字节,也即 1 个字符的长度。

2. 字符串常量

用一对双引号""""括起来的字符序列称为字符串常量。例如,以下是合法的字符串常量:

"CHINA"

"This is a C Program."

"1020376"

"******"

" "(表示 1 个空格)

""(表示什么字符也没有)

"\n"(表示 1 个转义字符"换行")

"ab"

由上例可知,字符串中可以是任意字符,包括转义字符,但字符串中出现双引号字符时,必须使用转义字符"\""表示。

字符串常量在内存中存放时,系统仅存放双引号之间的字符序列,即将这些字符按顺序以其 ASCII 码值存放(包括空格符)。为了表示字符串的结束,系统自动在字符串的最后加上一个字符串结束标志,即字符"\0"(ASCII 码值为 0)。因此,长度为 n 个字符的字符串常量在内存中要占用 n+1 个字节的空间。例如,字符串"C program"的长度为 9,但在内存中所占的字节数为 10,其内存中的存储如图 2-3 所示。

图 2-3   "C program"在内存中的存储

再如,字符常量'A'与字符串常量"A"在内存中的存储方式如图 2-4 所示。

A

(a) 字符常量'A'的存储

A	\0

(b) 字符串常量"A"的存储

图 2-4   字符'A'与字符串"A"的存储比较

字符常量与字符串常量的区别如下:

(1) 定界符不同。字符常量使用单引号"'",而字符串常量使用双引号""""。

(2) 长度不同。字符常量的长度恒定为 1,而字符串常量的长度可以是 0,也可以是某个整数。

（3）存储不同，字符常量存储的是字符的 ASCII 码值，而字符串常量除了要存储字符串常量中每个字符的 ASCII 码值外，最后还要存储字符串结束标志"\0"字符。

2.3 变 量

2.3.1 变量的概念、定义与初始化

1. 变量的概念
程序运行过程中，其值可以变化的量称做变量。由于变量的值在不断变化，用一个具体的值已无法来表示变量，因此变量必须用名字（标识符）标识。程序语言中的变量具有如下特点：

（1）程序中的每一个变量在计算机内存中都有相应的存储单元，用来存放该变量不断变化的当前值；对一个变量的访问就是对其存储单元中当前值进行访问，给一个变量赋值就是把值送入该变量对应的存储单元中，即成为这个变量的"当前值"。

（2）由于存储单元长度的限制，允许放入值的大小也是有限的，故变量值的变化范围也是有限的。

因此，每个变量都有三个特征：一是它有一个变量名，变量名的命名方式应符合标识符的命名规则，例如可用 name、sum 作为变量名；二是变量有类型之分，因为不同类型的变量占用的内存单元（字节）不同，存储的方式也不同（如后面介绍的整型变量和实型变量，其存储方式是不同的），故每个变量都有一个确定的类型，例如整型变量、实型变量、字符变量等；三是变量可以存放值，程序运行过程中用到的变量必须有确切的值，也即变量在使用前必须赋值，变量的值存储在该变量对应的内存单元中，在程序中通过变量名来引用变量的值。

需要注意：变量名和变量值这两个概念的区别。如图 2-5 所示，在程序运行过程中从变量 x 里取值，实际上是通过变量名 x 找到存放其值的内存地址，然后由这个地址指示的内存单元中取出值（即 30）。

图 2-5 变量名与变量值示意

此外，还要注意的是变量名和变量地址。每个变量都对应一个变量地址，这个变量地址就是变量定义时系统分配给该变量的内存单元首地址。我们可以通过取地址运算符"&"得到变量对应的变量地址，如变量 x 的变量地址就是"&x"。读取一个变量的值可以通过变量名获得，但将一个值赋给变量时就可能需要通过变量地址来完成。

2. 变量的定义与初始化
在 C 语言程序中，常量可以不经过定义就直接使用，而用到的所有变量都必须先定义后使用。变量是程序中的重要成分，对变量的定义（说明）不仅是给变量起名字，而且指出了该变量所具有的数据类型，系统根据数据类型为这个变量分配相应大小的内存单元。没有定义（说明）过的变量，在程序中不得使用。变量的处理原则是：先定义（说明），再赋值，然后使用。每个变量的定义只有一次，赋值以后的变量可以在其定义范围内随意引用，变量的值也可以随意更改，但任何时刻变量只有一个确定的当前值（即最后一次放入的值）。

变量定义的一般形式如下：

数据类型标识符 变量名 1[，变量名 2，变量名 3，…，变量名 n]；

其中，"[ ]"表示可选项。

例如：

```
int a;           /* 定义 a 为整型变量 */
int m,n;         /* 定义 m 和 n 为整型变量 */
float x,y,z;     /* 定义 x、y、z 为单精度实型变量 */
char ch;         /* 定义 ch 为字符型变量 */
```

定义变量应注意以下几点：

(1) 允许在一个数据类型标识符之后定义和说明多个相同类型的变量，各变量名之间用逗号"，"隔开。

(2) 数据类型标识符与变量名之间至少用一个空格隔开。

(3) 最后一个变量名后必须以分号"；"结束。

(4) 变量的定义必须放在使用变量的语句之前，一般放在函数体的开头部分。

(5) 在同一个函数中的变量不允许同名，即不允许重复定义。

例如，下面的定义是非法的：

```
int x,y,z;
float a,b,x;                        /* 变量 x 被重复定义 */
```

在定义变量的同时可以给变量赋初值，称为变量的初始化。变量初始化的一般形式为

数据类型标识符 变量名 1＝常量 1[，变量名 2＝常量 2，…，变量名 n＝常量 n]；

例如：

```
int m=3, n=5;            /* 定义 m 和 n 为整型变量,并分别赋予了初值 3 和 5 */
float x=0, y=0, z=0;     /* 定义 x、y、z 为单精度实型变量,并都赋了初值 0 */
char ch='a';             /* 定义 ch 为字符型变量并赋初值字符'a' */
```

例 2.2 输入任意两个整数，输出它们的和、差、积。

```
#include<stdio.h>
void main()
{
    int a,b;                        /* 定义 a、b 为整型变量 */
    printf("Input a,b=");           /* 输出提示信息 Input a,b= */
    scanf("%d,%d",&a,&b);           /* 由键盘输入 a 和 b 的值 */
    printf("%d+%d=%d\n",a,b,a+b);   /* 计算 a+b 并输出结果 */
    printf("%d-%d=%d\n",a,b,a-b);   /* 计算 a-b 并输出结果 */
    printf("%d*%d=%d\n",a,b,a*b);   /* 计算 a*b 并输出结果 */
}
```

程序运行结果：

```
Input a,b=5,8 ↵
5+8=13
5-8=-3
5*8=40
```

2.3.2　整型变量、实型变量与字符型变量

1. 整型变量

整型变量的基本类型符为 int,可根据数值的范围将整型变量定义为基本整型变量、短整型变量或长整型变量:

(1) 基本整型变量用 int 表示。

(2) 短整型变量用 short int 表示,或用 short 表示。

(3) 长整型变量用 long int 表示,或用 long 表示。

由表 2.3 可知,在 VC++6.0 环境中,基本整型 int 和长整型 long 变量所占的字长都是 4 个字节,它们值的变化范围为 $-2^{31} \sim (2^{31}-1)$,也就是 $-2147483648 \sim 2147483647$;短整型 short 变量所占字长是 2 个字节,它的值的变化范围为 $-32768 \sim 32767$。

整型变量根据是否有符号可以分为有符号(signed)和无符号(unsigned)两种类型的整型变量。为了充分利用变量值的范围,可以将整型定义为无符号的 unsigned 类型,如无符号基本整型变量用 unsigned 表示,无符号短整型用 unsigned short 表示,而无符号长整型则用 unsigned long 表示,无符号整型变量值的变化范围为 $0 \sim 4294967295$(见表 2.3)。如果既不指定为 signed 也不指定为 unsigned,则系统默认为有符号 signed 类型,如上面的基本整型 int、短整型 short 和长整型 long 都是 signed 类型。

例 2.3　通过库函数 sizeof 获得 int、short、long、unsigned int、unsigned short 和 unsigned long 等数据类型所占内存的字节数。

```
#include<stdio.h>
void main()
{
    printf("int=%d\n",sizeof(int));
    printf("short=%d\n",sizeof(short));
    printf("long=%d\n",sizeof(long));
    printf("unsigned int=%d\n",sizeof(unsigned int));
    printf("unsigned short=%d\n",sizeof(unsigned short));
    printf("unsigned long=%d\n",sizeof(unsigned long));
}
```

运行结果:

```
int=4
short=2
long=4
unsigned int=4
unsigned short=2
unsigned long=4
```

注意,Turbo C 的整型数据占 2 个字节,短整型数据占 1 个字节,无符号整型数据占 2 个字节,无符号短整型数据占 1 个字节,这和 VC 环境下的整型数据表示是不同的。

有符号整型数据的存储中,最高位是符号位(为 0 表示正,为 1 表示负),其余为数值位,无

符号整型数据的存储中是没有符号位的，即内存单元全部用于数值表示，这也是有符号整型数据和无符号整型数据值的变化范围不同的原因。例如，10 的有符号表示和无符号表示如图2-6所示。

（a）10 的有符号表示

（b）10 的无符号表示

图 2-6　有符号和无符号整数表示示意

实际上，整型数据在计算机中的存储形式是以补码来表示的。一个正整数的补码和该数的原码（即该数的二进制形式）相同；一个负整数的补码则是将该数绝对值（即正整数）的原码按位取反后再加 1 而得到。例如，10 的补码如图 2-7 所示。

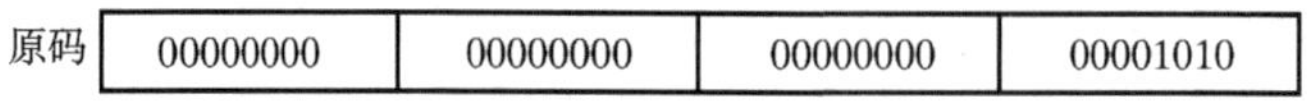

原码 | 00000000 | 00000000 | 00000000 | 00001010

图 2-7　10 的补码表示

—10 的补码如图 2-8 所示。

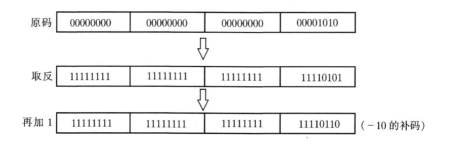

图 2-8　—10 的补码表示

补码的表示主要是为了方便计算机的加、减法运算，即所有的加、减运算在计算机中都是进行加法运算，这也是计算机硬件中只有加法器而没有减法器的原因。例如，10－10 可由图 2-7 和图 2-8 得到 10＋（—10）的结果如下：

```
     0000 0000 0000 0000 0000 0000 0000 1010        （10 的补码）
  +  1111 1111 1111 1111 1111 1111 1111 0110        （—10 的补码）
     ─────────────────────────────────────
     0000 0000 0000 0000 0000 0000 0000 0000         （0 的补码）
```

2. 实型变量

实型数据与整型数据在内存中的存储方式完全不同，实型数据是按指数形式存放的。系统把一个实数分成小数部分和指数部分来分别存放。例如 123.5678 在内存中的存放形式如图2-9所示。

由于实数采用小数点"浮动"这种存放方式，故实数又称为浮点数。(注:图 2-9 所示为早期浮点数的存储形式,这种存储形式更便于说明问题。目前浮点数采用的是 IEEE754 标准,指数部分不含阶符且全部采用正指数表示,如 8 位二进制数所表示的指数范围为十进制数 −126～127;为处理负指数的情况,IEEE754 要求指数加上 127 后再存储,输出运算结果时指数再减去 127)。

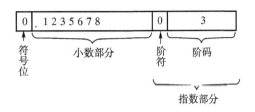

图 2-9　实数在内存中的存放形式

实型变量分为单精度(float)、双精度(double)和长双精度(long double)三种(见表 2.3)。实型变量是用有限的存储单元进行存储的,因此存储实数的位数总是有限的。当实数表示的位数较多时,存放不下的后面那些数字将被舍去,由此会产生一些精度误差。

例 2.4　通过库函数 sizeof 获得 float、double 和 long double 三种数据类型所占内存的字节数。

```
#include<stdio.h>
void main()
{
    printf("float= % d\n",sizeof(float));
    printf("double= % d\n",sizeof(double));
    printf("long double= % d\n",sizeof(long double));
}
```

运行结果:

```
float=4
double=8
long double=8
```

单精度实数只能保证 7 位有效数字(十进制),双精度实数只能保证 15 位有效数字(十进制),多余位数的数字将因舍入误差而变得没有意义。例如:

```
float a=12345.678;
float b=12345.6789;
```

变量 a 和 b 的有效数值都是 12 345.67。在内存中存储时,a 为 12 345.677 734,而 b 为 12 345.678 711,忽略无效位后,两者相等。

由于实数存在舍入误差,则在使用中应注意以下几点:

(1) 不要试图用一个实数去精确表示一个大整数。

(2) 由于实数在计算和存储时会产生误差,因此实数一般不要进行"相等"判断,而是判断两数差的绝对值小于某一个很小的数时就认为两者相等。

(3) 避免直接将一个很大的实数与一个很小的实数相加或相减,否则会"丢失"这个很小的实数。

(4) 根据实际要求选择单精度或双精度。

例 2.5　实数的误差。

```
#include<stdio.h>
void main()
{
    float a;
    a=123456.789e5;
    printf("a=%f\n",a);
}
```

运行结果：

    a=12345678848.000000

即一个很大的实数会产生存储误差。

3. 字符型变量

字符型变量用来存放字符常量,且只能存放一个字符。例如：

```
char c1,c2,c3,c4,c5;
c1='a';         正确
c2="a";         错误
c3='abc';       错误
c4='\107';      正确
c5='6';         正确
```

将一个字符常量存入到一个字符变量中,实际上并不是把该字符本身放到字符变量对应的内存单元中去,而是将该字符的 ASCII 码值放入到内存单元中。例如：

```
char c1,c2;
c1='a'; c2='b';
```

字符'a'为 ASCII 码值十进制数 97,字符'b'为 ASCII 码值十进制数 98。在内存中,变量 c1 和 c2 的值实际上是以二进制形式存放的(如图 2 - 10 所示)。

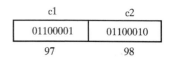

图 2 - 10　c1 和 c2 在内存中值的存储

由于字符型数据在内存中是以 ASCII 码值存储的,因此它的存储形式与整型数据的存储形式是类似的。所以,字符型数据和整型数据之间的转换就很容易;也即字符型和整型可以通用,字符型数据既可以以字符形式输出,也可以以整数形式输出。以字符形式输出时,先将内存中的 ASCII 码值转换成对应的字符,然后再输出;以整数形式输出时,则按整数存储方式直接将 ASCII 码值作为整数输出。字符数据还可以参与算术运算,此时相当于对它们的 ASCII 码值进行算术运算,即先将其由 1 个字节转换为 4 个字节(一个整型数据的长度),然后再进行运算。

此外,可以将一个整型数据赋值给字符变量(但该数据仅最低的 1 个字节赋给了字符变量);也可以将字符数据赋给一个整型变量(但由于字符型只占 1 个字节,故作为整数其范围为 0～255(无符号数时)和－128～127(有符号数时))。

注意,char 型字符数据值的范围为－128～127,当将 128～255 之间的数赋给一个 char 型变量时,则是将该数作为有符号数(即默认为－128～－1 之间的数)赋给这个 char 型变量的,而且这个数是不可显示的。如果确实需要将 128～255 之间的数赋给一个字符型变量,则可将该变量定义为 unsigned char 型。

例 2.6　字符型变量和整型变量可以相互赋值。

```
#include<stdio.h>
void main()
{
    int k;
    char ch;
    k='b';                    /*将字符'b'赋给整型变量*/
    ch=66;                    /*将整数 66 赋给字符变量 ch*/
    printf("%d %c\n",k,k);    /*以整型和字符型方式输出整型变量 k 的值*/
    printf("%d %c\n",ch,ch);  /*以整型和字符型方式输出字符变量 ch 的值*/
}
```

运行结果：

　　98 b

　　66 B

此外要说明，在 C 语言中没有专门的字符串变量，字符串常量如果要存放在变量中是通过字符数组的方式实现的(见第 4 章)。

2.4　运算符与表达式

2.4.1　C 语言运算符简介

我们已经介绍了数据类型、常量和变量的概念，那么如何对这些数据进行处理呢？这就需要用代表一定运算功能的运算符将运算对象(即数据)连接起来，并按 C 语言的语法规则构成一个表达运算过程的式子，即表达式来进行数据处理。

1. C 语言运算符的种类及功能

C 语言的运算符十分丰富，应用也非常广泛，可以按运算功能和运算对象个数来进行分类。

(1)按照功能分类。运算符可按其功能大致分为 5 类：算术运算符、关系运算符、逻辑运算符、位运算符和特殊运算符。

① 算术运算符	＋　－　＊　／　％　＋＋　－－
② 关系运算符	＞　＞＝　＜　＜＝　＝＝　！＝
③ 逻辑运算符	！　&&　‖
④ 位运算符	＜＜　＞＞　～　｜　&　^
⑤ 赋值运算符	＝　复合赋值运算符(＋＝　－＝　＊＝　／＝　％＝)
⑥ 条件运算符	？　：
⑦ 逗号运算符	，
⑧ 指针运算符	＊　&
⑨ 求字节运算符	sizeof
⑩ 强制类型转换运算符	(类型标识符)
⑪ 分量运算符	.　－＞

⑫ 下标运算符   [ ]

⑬ 其他   如函数调用运算符（ ）

（2）按照其连接运算对象的个数分类。运算符可按其运算对象的多少分为单目运算符、双目运算符和三目运算符。单目运算符的运算对象有一个,双目运算符两侧各有一个运算对象。

① 单目运算符(仅对 1 个运算对象进行操作)：

!   ~   ++   --   -(取负运算)   *(指针运算)   &(指针运算)
sizeof (类型标识符)

例如,求负数单目运算符"-"和强制类型转换运算符"(类型标识符)"：

-5   (float)

② 双目运算符(对 2 个运算对象进行操作)：

+   -   *   /   %   <   <=   >   >=   ==   !=   && ||
<<   >>   &(位运算) | ^   ~   =   复合赋值运算符(+=
-=   *=   /=   %=)

例如,乘法双目运算符" * "和求余双目运算符"%"：

2 * 3   3%5

③ 三目运算符(对 3 个运算对象进行操作)：

? :

例如：

a>b? a:b

其含义是：如果 a>b 则结果为 a 值,否则为 b 值。

④ 其他：

（ ） [ ] . ->

2. C 语言运算符的优先级及结合性

运算符除了各自的功能及可连接的运算对象个数外,彼此之间还存在着优先级和结合性。按优先级从高到低可将运算符分为 15 个等级,如表 2.5 所示。

表 2.5　运算符的优先级与结合性

优先级	运算符	含义	运算量个数	结合性
1	（ ）	括号运算符		自左至右
	[ ]	下标运算符		
	->	指定结构体成员运算符		
	.	成员运算符		
2	!	逻辑非运算符	单目运算符	自右至左
	~	按位取反运算符		
	++、--	自加、自减运算符		
	-	负号运算符		
	(类型标识符)	强制类型转换运算符		
	* &	指针和地址运算符		
	sizeof	取长度运算符		

优先级	运算符	含义	运算量个数	结合性
3	＊、/、％	乘、除、求余运算符	双目运算符	自左至右
4	＋、−	算术加、减运算符		
5	＜＜、＞＞	位左移、右移运算符		
6	＜、＜＝、＞、＞＝	关系运算符		
7	＝＝、！＝	关系运算符		
8	&	按位与运算符		
9	^	位异或运算符		
10	|	位或运算符		
11	&&	逻辑与运算符		
12	||	逻辑或运算符		
13	?:	条件运算符	三目运算符	自右至左
14	＝、＋＝、−＝、＊＝、/＝、％＝	组合算术运算符	双目运算符	自右至左
	＜＜＝、＞＞＝、&＝、|＝、^＝	组合位运算符		
15	,	逗号运算符		自左至右

(1) 优先级。求解表达式时总是按运算符的优先次序由高到低进行操作。优先级是用来标识运算符在表达式中的运算顺序的,相当于加括号。

(2) 结合性。当一个运算对象两侧的优先级相同时,则按运算符的结合性来确定表达式的运算顺序。运算符的结合性分为两类:一类运算符的结合性为左结合(自左至右),大多数运算符都是这种结合性;另一类运算符的结合性为右结合(自右至左)。例如:$3-5 \times 2$,按运算符的优先次序先乘后减,即表达式的值为-7;又如$3 \times 5/2$,因5的两侧"＊"和"/"优先级相同则按结合性处理,由于算术运算符的结合性为"自左至右",故先乘后除,表达式的值为7。

一般来说,单目运算符、三目运算符和赋值运算符(即组合算术运算符和组合位运算符)的结合性是自右至左,而其他双目运算符的结合性基本上都是自左至右。

2.4.2　算术运算符和算术表达式

1. 基本算术运算符

基本算术运算符按操作数的个数是一个还是两个分为单目运算符和双目运算符两类:

(1) 单目运算符:"＋"(取正)、"−"(取负)。

(2) 双目运算符:"＋"(加)、"−"(减)、"＊"(乘)、"/"(除)、"％"(求余)。

使用基本算术运算符要注意以下几点:

(1) 加、减、乘、除和求余运算都是双目运算符,结合性都是自左至右;取负(−)是单目运算符,它的结合性是自右至左,并且其优先级高于＋、−、＊、/和％等双目运算符。

(2) 除法运算符"/"的运算结果与运算对象有关。当除数和被除数均为整数时,除的结果也是整数;这种整除的方法是舍去结果的小数部分,只保留结果的整数部分。例如,7/4的结果为1,4/5的结果为0。

(3) 求余运算符"％"要求参与运算的两个操作数均为整型,运算所得结果的符号与被除数的符号相同。设a和b是两个整型数据,并且b≠0,则有a％b的值与a−(a/b)＊b的值相等。例如,5%3 的结果为 2,−5%3 的结果为−2,5%−3 的结果为 2。

2. 自增和自减运算符

C 语言中有两个特殊的算术运算符,即自增运算符"++"和自减运算符"−−"。这两个运算符都是单目运算符,都具有右结合性,并且运算对象只能是整型变量或指针变量(指针变量在第 6 章介绍)。"++"的功能是使变量的值增 1,"−−"的功能是使变量的值减 1。这两个运算符可以有以下四种表示方式:

(1) ++i:变量 i 值先加 1 后再参与其他运算;

(2) −−i:变量 i 值先减 1 后再参与其他运算;

(3) i++:变量 i 先参与其他运算,之后 i 值再加 1;

(4) i−−:变量 i 先参与其他运算,之后 i 值再减 1。

使用自增、自减运算符应注意以下几点:

(1) 自增、自减运算符的运算对象只能是整型变量,不能是常量或表达式。例如:6−−、++(a=2*b)、++(−i)等都是错误的。

(2) 自增、自减运算符的结合性为:前置时(即++或−−位于变量之前)是自右至左的,后置时(即++或−−位于变量之后)是自左至右的。例如,x= −k++等价于 x= −(k++),即先用变量 k 的当前值求负后赋给 x,然后 k 再加 1。该表达式不等于 x=(−k)++,因为这样++的运算对象就是表达式"−k"了,这是(1)中指出的错误。

(3) 如果两个运算对象之间连续出现多个运算符,则 C 语言采用"最长匹配"原则,即在保证有意义的前提下,从左到右尽可能多地将字符组成一个运算符。因此,i+++j 就被解释成(i++)+j。同样 i++++j 被解释成(i++)++j,但这种解释是没有意义的,因此是错误的;而 i+++++j 被解释成((i++)++)+j 也是没有意义的,正确的写法应是(i++)+(++j)。

下面,我们通过几个例子来了解自增、自减运算符的作用。

例 2.7　变量自增、自减运算后的输出。

```
#include<stdio.h>
void main()
{
    int i=3;
    printf("%d\n",i++);
    printf("%d\n",i);
    i=3;
    printf("%d\n",++i);
    printf("%d\n",i);
}
```

运行结果:

3

4

4

4

解　从程序的运行结果来看,i++是变量 i 先参加运算(在此是输出其值),然后再加 1,因此第 1 个 printf 语句输出的 i 值为 3,然后 i 值增 1 变为 4,故第 2 个 printf 语句输出的 i 值为 4。也即,可以将 i++的"++"操作看做是运算级别最低的运算,即它所在的表达式其他操作都结束后,再给 i 执行加 1 操作。

++i 是先使变量 i 值增 1 然后再参加运算,因此第 3 个 printf 语句是先给 i 值加 1,即 i 值由 3 变为 4,然后再输出,即输出值为 4;第 4 个 printf 语句输出的 i 值没有发生变化也为 4。因此,可将++i 的"++"操作看作是运算级别最高的运算。

例 2.8　变量连续自增后的输出。

```c
#include<stdio.h>
void main()
{
    int i=5;
    printf("%d\n",(i++)+(i++)+(i++));
    printf("%d\n",i);
    i=5;
    printf("%d\n",(++i)+(++i)+(++i));
    printf("%d\n",i);
}
```

运行结果:

15

8

24

8

解　对于 i++,我们可以将++看做运算级别最低的操作,即 i 值先参加表达式的其他运算然后再给 i 增 1,因此(i++)+(i++)+(i++)是先将 3 个 i 值相加后的结果 15 输出,然后再对 i 执行三次"++"操作,即 i 值由 5 变为 8;也即第 1 个 printf 语句的输出是 15,而第 2 个 printf 语句的输出是 8。

对于++i,是先使变量 i 值增 1 然后再参加运算。即(++i)+(++i)+(++i)先执行三次自增运算,即 i 值由 5 变为 8,然后这个值 8 相加两次,即结果为 24。

3. 算术表达式

算术表达式是由常量、变量、函数和算术运算符组合起来的式子。一个算术表达式有一个确定类型的值,即求解算术表达式所得到的最终结果。算术表达式求值过程是按运算符的优先级和结合性规定的顺序进行。例如,(x+y)*2-z,sin(x)/2+3 等都是算术表达式。

当一个算术表达式中存在多个算术运算符时,各个运算符的优先级与常规算术运算相同,即先乘、除和取余,然后再计算加、减。同级运算符的计算顺序自左至右,当然也可以用圆括号"( )"来改变表达式计算的先后顺序。

例如,对算术表达式 10+5*6-(7+4)/2,将按图 2-11 中的①、②、③、④、⑤所示的先后顺序进行运算。

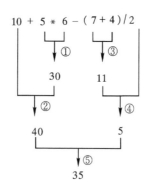

图 2-11　算术表达式计算的先后顺序示意图

在程序中必须正确地书写算术表达式,否则将导致错误的结果。算术表达式的书写规则如下:

(1) 所有字符必须大小一样地写在同一水平线上。

(2) 凡是相乘的地方必须写上"＊",不能省略也不能用中圆点"·"代替。

(3) 表达式中出现的括号一律使用圆括号"( )",并且一定要成对出现;不能使用方括号"[ ]"和花括号"{ }"。

(4) 函数的自变量(即函数的参数)必须写在圆括号"( )"内。

(5) 书写表达式时应注意数据的类型、运算符的优先级及结合性。

例如:

$\dfrac{1}{3}\sin^2\left(\dfrac{1}{2}\right)$　　　　应写为　　$\sin(0.5) * \sin(0.5)/3$

$\sqrt{\left|n^x + e^x\right|}$　　　　应写为　　$\mathrm{sqrt}(\mathrm{fabs}(\mathrm{pow}(n,x) + \exp(x)))$

$\dfrac{2}{3}(x+y)(x-b)$　　　应写为　　$2.0/3 * (x+y) * (x-b)$　　　(注,如写为 2/3 则结果为 0)

2.4.3　关系运算符和关系表达式

在程序中经常需要比较两个数据量的大小关系,以决定程序执行的下一步走向。比较两个量的运算符称为关系运算符,由关系运算符组成的式子称为关系表达式。关系表达式有且只有两个值:真和假。在 C 语言中没有专门用于表示"真""假"的逻辑型数据,因此规定用数值 0 表示"假",用非 0 表示"真"(运算结果用数值 1 来表示"真")。

1. 关系运算符及其优先次序

C 语言提供了以下六种关系运算符,这些关系运算符分成两个优先级。下面的关系运算符中,前四种关系运算符的优先级高于后两种关系运算符:

$>$　　　(大于)
$>=$　　(大于等于)
$<$　　　(小于)
$<=$　　(小于等于)
　　　　　　　　　　优先级相同(高)

$$\left.\begin{matrix} == & （等于） \\ != & （不等于） \end{matrix}\right\} \text{优先级相同(低)}$$

　　关系运算符都是双目运算符,其结合性均为左结合,并且关系运算符的优先级低于算术运算符,关系运算符的优先级高于赋值运算符“＝”。即算术运算符、关系运算符和赋值运算符的运算次序为

　　　　算术运算符 → 关系运算符 → 赋值运算符

　　例如:

　　　　x＞a＋b　　等价于　x＞(a＋b)

　　　　x＝a==b　等价于　x＝(a==b)

　　　　x==y＜z　等价于　x==(y＜z)

　　如果关系运算符的运算对象为字符数据,则大小比较是按其 ASCII 码值进行的。例如′a′＞′b′的值为假。此外,由于计算机中的数值是以二进制形式存储的,数值的小数部分可能是近似值,因此不能使用“==”和“!＝”来判断两个实型数据(float 型或 double 型)的相等和不等。

2. 关系表达式

　　用关系运算符将两个表达式连接起来的式子称为关系表达式。这两个表达式可以是算术表达式、关系表达式、逻辑表达式、赋值表达式或字符表达式。关系表达式的一般形式为

　　　　表达式　关系运算符　表达式

　　例如,下面都是合法的关系表达式:

　　　　a＋b＞c＋d

　　　　a＞b==c＞d

　　　　x!＝′d′

　　　　(x＝2)＞＝(b＝a)

　　关系表达式的值是一个逻辑值,即真或假。C 语言在判断一个数据项的逻辑值时,认为非 0 就是真,等于 0 就是假。

　　例如,i＝1,j＝2,k＝3,则表达式 k＞j＞i 的值为 0。该表达式的计算过程是:先计算 k＞j,k 大于 j 成立,为真,即值为 1;再计算 1＞i,1 大于 i 不成立,为假,即值为 0。但是这种写法容易出错,最好是和将要介绍的逻辑运算符结合起来表示则更加清楚,如 k＞j&&j＞i。

　　例 2.9　以下选项中,当 x 为大于 1 的奇数时,值为 0 的表达式是_____。

　　A. x%2==1　　　　B. x/2　　　　C. x%2!＝0　　　　D. x%2==0

　　解　A 项中,因为 x 是大于 1 的奇数,所以它除以 2 所得的余数为 1,而 1==1 成立,即表达式结果为真,值为 1。

　　B 项中,因为 x 是大于 1 的奇数,即 x 至少是 3,所以 x 整除 2 的值大于等于 1,不为 0。

　　C 项中,由于 x%2 为 1,而 1!＝0 成立,所以表达式结果为真,值为 1。

　　D 项中,由于 x%2 为 1,而 1==0 不成立,故表达式结果为假,即值为 0,所以应选 D。

2.4.4　逻辑运算符和逻辑表达式

　　关系运算符只能对单一条件进行判断,如 a＞b、a＜c 等。如果要对多个组合在一起的条件进行判断,如 a＞b 且同时 a＜c,就需要使用逻辑运算来完成。逻辑运算与关系运算结果相

同,也只有真或假这两个值,即非 0 为真,0 为假。

1. 逻辑运算符及其优先次序

C 语言提供了三种逻辑运算符:"&&"(与运算符)、"||"(或运算符)、"!"(非运算符)。这三种逻辑运算符与其他运算符的优先次序如下:

优先级由高到低

! (非运算符)

算术运算符

关系运算符

&&(与运算符)、||(或运算符)

赋值运算符

逗号运算符

例如:

((a+b)>c)&&(x+y)<b	可写成	a+b>c && x+y<b
(a%2==0)&&(b%2!=0)	可写成	a%2==0 && b%2!=0
(! x)&&(y<=z)	可写成	! x && y<=z
(a<-5)||(b>9)	可写成	a<-5 || b>9

"&&"和"||"是双目运算符,要求有两个运算量(操作数),并具有左结合性。"!"是单目运算符,具有右结合性。

2. 逻辑表达式

用逻辑运算符连接起来的式子称为逻辑表达式。逻辑表达式的一般形式为

表达式   逻辑运算符   表达式

其中,表达式又可以是一个逻辑表达式,即形成了逻辑表达式的嵌套。

例如:

(a>c&&b>d)||(! c&&d<e)

逻辑表达式的值是一个逻辑值,即 1(真)或 0(假)。逻辑运算符两边的运算对象不但可以是 0 或 1,也可以是 0 或非 0 的整数,还可以是任何类型的数据,如实型、字符型和指针类型的数据,系统最终是以 0 和非 0 来判断它们的假或真。例如:$'a'\&\&'d'$,由于 a 和 d 的 ASCII 码值均不是 0,则按"真"处理,即表达式的值为 1。注意:逻辑表达式进行判断时是非 0 为真、0 为假,而运算的结果则是真为 1、假为 0。

3. 逻辑表达式的求值规则

三种逻辑运算符"&&""||""!"的求值规则如下:

(1) 与运算"&&":当参与运算的两个量都为真时,结果才为真,否则为假。

(2) 或运算"||":参与运算的两个量只要有一个为真,结果就为真;当两个量都为假时,结果才为假。

(3) 非运算"!":当参与运算的量为真时,结果为假;当参与运算的量为假时,结果为真。

例如:

5>3&&8>5	由于 5>3 为真、8>5 为真,故结果为真。
5>3&&6>9	由于 5>3 为真、6>9 为假,故结果为假。

|　　　5<0||8>5 | 由于 5<0 为假、8>5 为真,故结果为真。|

　5<0||8>5　　　　　由于 5<0 为假、8>5 为真,故结果为真。

　3>4||6>9　　　　　由于 3>4 为假、6>9 为假,故结果为假。

　! 5　　　　　　　由于 5 不等于 0,即为真值,所以! 5 的值为假。

三种逻辑运算的运算规则可用表 2.6 表示。

表 2.6　逻辑运算真值表

a	b	a&&b	a‖b	! a
1	1	1	1	0
1	0	0	1	0
0	1	0	1	1
0	0	0	0	1

需要指出,在计算逻辑表达式时,并不是所有的表达式都被求解,只有在必须执行下一个表达式才能求解时,才继续求解下一个表达式:

(1) 在逻辑与运算表达式中,只要前面有一个表达式被判定为"假",就不再求解其后的表达式,整个表达式的值为 0。例如,对于 a&&b&&c,当 a=0 时,表达式的值为 0,不必判断 b、c;当 a=1、b=0 时,表达式的值为 0,不必判断 c;只有当 a=1、b=1 时,才判断 c。

(2) 在逻辑或运算表达式中,只要前面有一个表达式被判定为"真",就不再求解其后的表达式,整个表达式的值为 1。例如:对于 a‖b‖c,当 a=1(非 0)时,表达式的值为 1,不必判断 b、c;当 a=0、b=1 时,表达式的值为 1,不必判断 c;只有当 a=0、b=0 时,才判断 c。

例 2.10　已知字母 A 的 ASCII 码值为 65,若变量 k 为 char 型,以下不能正确判断出 k 值为大写字母的表达式是_____。

A. k>='A'&&k<='Z'　　　　　　　B. k>='A'‖k<='Z'

C. k+32>='a'&&k+32<='z'　　　　D. k>='A'&&k<91

解　A 项中 k 值要同时满足 k>='A'和 k<='Z',即是一个大写字母时表达式为真。

B 项只要满足 k>='A'或者 k<'Z'中的一项表达式即为真,如果 k 为'a',即其值为 97,这时 k 值满足 k>='A'('A'值为 65),即表达式为真,所以 B 项不能正确判断 k 值为大写字母,故选 B。

C 项中,k+32>='a'等价于 k>='a'-32,由于对相同的大小写字母,小写字母的 ASCII 码值要比大写字母的 ASCII 码值大 32,所以'a'-32 等于'A',而'z'-32 等于'Z',故选项 C 与选项 A 等价。

对于 D 项,我们知道小写字母的 ASCII 码值范围是 97～122,大写字母的 ASCII 码值范围是 65～90,所以 D 项中 k>='A'已确定 k 的 ASCII 码值必须大于等于 65,而 k<91 又确定 k 的 ASCII 码值范围只能在 65～90 之间,故必为大写字母。

2.4.5　赋值运算符与复合赋值运算符

1. 赋值运算符

赋值运算用来改变一个变量的值。赋值符号"="就是赋值运算符。赋值表达式的一般形式为

　　变量=表达式　或　变量=表达式;

赋值运算符的作用是:首先计算赋值号"＝"右边表达式的值,然后将这个值赋给赋值号"＝"左边的变量,实际上是将这个值存储到变量所对应的内存单元中。

例如:

```
int a,x;
a＝5                /＊将5赋值给变量a＊/
x＝3＊a＋2           /＊将表达式3＊a＋2的计算结果17赋值给变量x＊/
```

使用赋值运算符应注意以下几点:

(1) 赋值运算符的优先级只高于逗号运算符,但比其他任何运算符的优先级都低,且具有右结合性,例如

```
x＝a＋6/b
```

由于所有其他运算符的优先级都比赋值运算符高,所以先计算赋值运算符右边的表达式值,然后再将此值赋给变量x。

(2) 赋值运算符的左侧只能是变量,不能是常量或表达式,而赋值运算符的右侧可以是常量、已赋值的变量或表达式,即赋值运算符的操作是将赋值运算符"＝"右边表达式的值赋给赋值运算符"＝"左边的变量,这种赋值操作是单方向的操作。例如,当a值为1时,下面是不合法的赋值表达式:

```
12＝a              /＊赋值运算符左侧是常量＊/
2＊x＝3＊a＋6        /＊赋值运算符左侧是表达式＊/
x＝b               /＊赋值运算符右侧的b是没有赋过值的变量＊/
```

(3) 赋值运算可以连续进行。例如:a＝b＝c＝5,这个表达式等价于a＝(b＝(c＝5))(因赋值运算符结合方向自右至左),即先将5赋给c,然后将c值5再赋给b,接着继续将b值5赋给a,即此时a、b、c的值都是5。

(4) 赋值表达式的值就是赋值运算符"＝"左边变量的值,而赋值表达式中的"表达式"还可以是一个赋值表达式。例如:

```
a＝(x＝5)＊(y＝3)  /＊x的值为5,y的值为3,表达式的值为15,也即a的值为15＊/
x＝20＋(y＝7)      /＊y的值为7,表达式的值为27,也即x的值为27＊/
```

(5) 当赋值运算两边的类型不一致时,要进行类型转换。实型数据赋值给整型变量时,舍去小数部分。整型数据赋值给实型变量时,数值不变但是以实数形式赋给实型变量。例如:

```
int k;
float x;
k＝5.7;
x＝2;
```

则k值为5,而x值为2.000 000。

2. 复合赋值运算符

在赋值运算符前面加上其他运算符,就构成了复合赋值运算符:

＋＝	例如:a＋＝b	等价于a＝a＋b
－＝	例如:a－＝b	等价于a＝a－b
＊＝	例如:a＊＝b	等价于a＝a＊b
/＝	例如:a/＝b	等价于a＝a/b

%＝　　例如：a%＝b　　等价于 a＝a%b

例如：

　　　a－＝b＋4 等价于 a＝a－(b＋4)

即在复合赋值运算符中,是将赋值号"＝"的右边表达式看做一个整体,即

　　　a－＝b＋4 不等价于 a＝a－b＋4

为了便于记忆,可以这样理解：

a　＋＝　b　/＊将赋值号"＝"左边的部分一起平移到赋值号"＝"右边的开始处＊/

　　　＝a＋b　/＊平移后的结果＊/

a　　＝a＋b　/＊在赋值号"＝"左边补上原来在"＝"左边的变量＊/

使用复合赋值运算符应注意以下几点：

(1) 如果赋值号"＝"右边是一个表达式,则将它看成一个整体,即相当于它位于圆括号"( )"之中。例如：

　　　a%＝b＋5 等价于 a＝a%(b＋5)

(2) 赋值表达式也可以包含复合赋值运算符。例如：

　　　int a＝12;

　　　a＋＝a－＝a＊a;

赋值运算符的结合方向是"自右至左",即先计算 a－＝a＊a,它等价于 a＝a－a＊a,即 a＝12－12＊12＝－132;再计算 a＋＝－132,它等价于 a＝a＋(－132)＝－264。

(3) 复合运算符在书写时,两个运算符之间不能有空格,否则会出错。

例 2.11　分析下面程序的运行结果。

```
＃include＜stdio.h＞
void main()
{
    int n＝2;
    n＋＝n－＝n＊n;
    printf("n＝%d\n",n);
}
```

运行结果：

　　　n＝－4

解　在程序中,复合赋值运算符自右至左结合,因此对于 n＋＝n－＝n＊n 来说,先执行 n－＝n＊n,即为 n＝n－n＊n＝－2;再执行 n＋＝－2,即为 n＝n＋(－2)＝－2－2＝－4,所以输出为 n＝－4。

2.4.6　表达式中数据类型的自动和强制转换

整型和实型数据可以混合运算,字符型数据和整型数据可以通用,因此整型、实型以及字符型数据之间可以混合运算。C 语言规定：相同类型的数据可以直接进行运算,其运算结果还是原来的数据类型;而不同类型的数据运算,则需先将这些数据转换成同一类型,然后再进行运算。类型转换的方法有两种,一种是自动转换(隐式转换),另一种是强制转换。

1. 自动类型转换

自动类型转换发生在不同类型的数据混合运算时,它由编译系统自动完成。自动类型转换遵循以下规则:

(1) 当参与运算的数据类型不同时,先转换成同一类型,然后再进行运算。

(2) 转换按数据长度增加的方向进行,以保证精度不至于降低。如 int 型和 double 型进行运算,应先将 int 型转换成 double 型后再进行运算。

(3) 所有的实数运算都是以双精度进行的,即使是仅含 float 型的单精度运算表达式也要先转换成 double 型,然后再进行运算。

(4) char 型和 short 型参与运算时必须先转换成 int 型。

(5) 在赋值运算中,如果赋值号两边的数据类型不同,则赋值号"＝"右边表达式值的类型将转换为左边变量的类型。如果右边表达式值的类型所占的内存长度大于左边变量数据类型所占内存长度,则在转换过程中将丢失一部分数据。例如:

    int x; float y＝5.718;

    x＝y;

则 x 值为 5,即丢失了小数点后的 0.718 数据。

各数据类型自动转换的规则如图 2-12 所示。

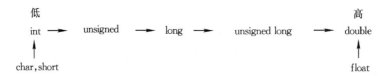

图 2-12 各种数据类型的转换顺序

例如:变量的定义为

    int i;

    float f;

    double d;

    char ch;

则在计算 ch/i＋f＊d－(f＋i)的过程中,类型转换示意如图 2-13 所示。

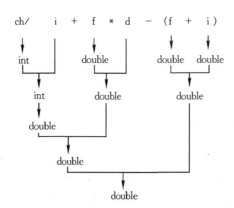

图 2-13 计算表达式 ch/i＋f＊d－(f＋i)时数据类型转换示意

2. 强制类型转换

有时需要根据实际情况改变某个表达式的数据类型,这时就需要强制类型转换。强制类型转换是通过类型转换运算来实现的,其一般形式为

　　　　(类型标识符)(表达式)

其功能就是把表达式的运算结果强制转换成类型标识符所表示的类型。

例如:

　　　　(float)5/7

　　　　(int)3.5%2

　　　　(double)6

使用强制类型转换应注意以下几点:

(1) 如果表达式中的项数大于 1,则当强制类型转换这个表达式时,该表达式一定要用括号"( )"括起来,否则仅对表达式中紧跟强制类型转换运算符的第一项进行类型转换。而对单一数值或变量进行强制类型转换时,该数值或变量可不加括号。例如:

　　　　(int)a+b　　/*将变量 a 转换成整型再与 b 相加*/

　　　　(int)(a+b)　/*将 a+b 的值转换成整型*/

(2) 强制类型转换只是为了本次运算的需要而进行的临时性转换,它并不改变原来变量定义时的类型。

例如:

　　　　int n;

　　　　float x=5.85;

　　　　n=(int)x%3;

即对 x 的强制转换得到一个整型值 5,但变量 x 的 float 类型以及存放在内存中的 x 值 5.85 并没有改变。

(3) 强制类型转换是一种不安全的数值转换,因为强制类型转换在将高类型数据转换为低类型数据时可能造成数据精度的损失。

例如:

　　　　(int)6.5/8

对 6.5 强制转换得到一个整型值 6,而 6/8 是两个整型数相除,结果将舍去小数部分而得到 0 值。

2.5　数据的输入/输出

数据的输入/输出是程序的基本功能,它是程序运行中与用户交互的基础。C 语言没有自己的输入/输出语句,要实现数据的输入/输出功能,必须调用标准输入/输出库函数,而这些函数是在头文件"stdio. h"中定义的。因此,在使用标准输入/输出函数之前,要用预编译命令"♯include"将头文件包含到源文件(程序)中。

使用预编译命令将标准输入/输出函数包含到源文件的格式如下:

　　　　♯include<stdio. h>

或者

```
#include"stdio.h"
```

2.5.1 字符输入/输出函数

1. 字符输出函数

putchar 函数的一般形式为

```
putchar(ch);
```

putchar 函数的作用是将一个字符输出到标准输出设备（通常指显示器）上，ch 可以是一个字符变量或字符常量、整型变量或整型常量，也可以是转义字符。

例如：

```
char a='A';
int k=65;
putchar(a);
putchar('A');
putchar(k);
putchar(65);
putchar('\101');
```

都可以输出大写字母 A。

2. 字符输入函数

getchar 函数的一般形式为

```
getchar();
```

getchar 函数的作用是从标准输入设备上（通常指键盘）读入一个字符。调用 getchar 函数不需要提供参数，调用该函数的返回值就是从输入设备读入字符的 ASCII 码值。

例 2.12 输入并输出 1 个字符。

```
#include<stdio.h>
void main()
{
    char c;
    c=getchar();           /*从键盘上输入1个字符*/
    putchar(c);            /*将存入字符变量c中的字符输出到显示器上*/
    putchar('\n');         /*输出一个换行符*/
}
```

程序运行时，如果从键盘上输入 H 并按【Enter】键（以后用"⌴"表示），则可在屏幕上看到输出的字符 H。

使用 getchar 函数应注意以下几点：

（1）getchar 函数得到的字符可以赋给一个字符变量或整型变量，但也可以不赋给任何变量而作为表达式的一部分。例如

```
c=getchar();
putchar(c);
```

可用下面一条语句取代:

      putchar(getchar());

如果 getchar()的函数值为′H′,则 putchar(getchar())的输出也为′H′。

(2) getchar 函数只能接收单个字符,输入数字也是按字符处理的。如果输入多于一个字符,则只接收第一个字符。

(3) 用 getchar 函数输入字符时不需加单引号"′",输入字符后必须按回车键"␘",字符才能送给相应的变量。

2.5.2　格式输出函数

putchar 函数仅能输出一个字符,当要输出一个字符串或是具有某种格式的数据时,就要使用格式输出函数 printf 了。printf 的最后一个字母 f 即为"格式(format)"之意,也即按照用户指定的格式把数据或信息输出到标准设备显示器上。

printf 函数的一般形式为

      printf(″格式控制字符串″,输出项列表);

其中,格式控制字符串用于指定输出格式,它可包含三类内容:

(1) 普通字符:按字符原样输出。

(2) 转义字符:按转义字符的含义输出。例如,′\n′表示换行,′\b′表示退格(光标回退一个字符位置)。

(3) 格式字符:以"%"开始后跟一个或几个规定的字符组成了格式字符。格式字符的作用有两项:其一是确定该格式字符在输出显示时所处的位置;其二是在格式控制字符串中按顺序出现的每个格式字符,依次对应输出项列表的每一个输出项,并且按格式字符指定的格式对输出项的值进行转换,然后取代格式字符输出在该格式字符所处的位置上。

输出项列表是由若干个用逗号分隔的输出项组成,每一个输出项可以是一个常量、变量或表达式。输出项的个数一般应与格式字符的个数相同,并且每个输出项的数据类型必须与所对应的格式字符指定的类型一致。如果输出项的个数多于格式字符的个数,那么多余的输出项将不输出。

常用的格式字符功能如表 2.7 所示(表中只给出"%"后的字符)。

表 2.7　常用的输入/输出格式字符

格式字符	说　明	
	输出(printf)	输入(scanf)
d	以带符号的十进制形式输出整数(正数不输出正号)	输入有符号的十进制整数
o	以无符号的八进制形式输出整数(不输出前导符 0)	输入无符号的八进制整数
x 或 X	以无符号的十六进制形式输出整数,用 x 则十六进制用小写字符 a~f,用 X 则用大写 A~F	输入无符号的十六进制整数(大小写作用一样)

续表 2.7

格式字符	说　　明	
	输出(printf)	输入(scanf)
u	以无符号的十进制形式输出整数	输入无符号的十进制整数
c	输出 1 个字符	输入 1 个字符
s	输出字符串	输入 1 个字符串
f	以小数形式输出实数(单精度、双精度)隐含输出 6 位小数	输入实数,可用小数形式或指数形式输入
e 或 E	以指数形式输出实数;用 E 时,指数部分的 e 用大写 E	作用与 f 相同

此外,在"％"和表 2.7 的输出格式字符之间还可以插入表 2.8 所示的格式修饰符。

表 2.8　printf 函数的格式修饰符

修饰符	说　　明
－	输出默认为右对齐,加"－"后改为左对齐
＋	正数输出带正号
♯	输出八进制数时前面加数字 0,输出十六进制时前面加 0x
数字	指定数据输出的宽度(即位数)
. 数字	指定小数点之后显示的位数(默认为 6 位小数);对于 s 格式,则指定输出的字符个数
l 或 L	输出是长整型数(long)或长双精度型(long double)浮点数

因此,用于输出的格式字符和格式修饰符组合的一般形式为

　　　％[标志][数字][. 数字][长度]类型

其中,方括号"[ ]"中的内容为可选项;"类型"即表示输出数据类型的类型字符,也就是表 2.7中的格式字符;"标志"即表 2.8 中的修饰符"－"、"＋"、"♯";"数字"和". 数字"见表 2.8 中的"数字"和". 数字";"长度"即表 2.8 中的"l"或"L"。当输出的数据实际长度小于指定数据输出的宽度时,则根据有无修饰符"－"而在数据后或前补足空格;如果输出的数据实际长度超出指定数据输出的宽度时,则不受指定宽度的限制,按数据的实际长度输出(对于％s 格式,如果指定数据输出宽度含有". 数字"这种修饰符,则按". 数字"中"数字"指定的宽度输出,而不管数据的实际长度)。

例如:

　　　printf("x＋y＝ ％10.4f, x－y＝ ％8.2f", x＋y, x－y);
　　　　　　格式控制字符串　　　　　　输出项列表

其中,"x＋y＝"和"x－y＝"是普通字符,而"％10.4f"和"％8.2f"是格式字符,它们分别对应输出项 x＋y 和 x－y。

此外,如果要在屏幕上输出"％",则应在格式控制字符串中连续使用两个％。

例如:

```
printf("%5.2f%%\n",1.0/3*100);
```
输出：
```
33.33%
```

例 2.13　使用不同格式字符的输出。
```
#include<stdio.h>
void main()
{
    int a=88,b=89;
    printf("%d %d\n",a,b);
    printf("%d,%d\n",a,b);
    printf("%c,%c\n",a,b);
    printf("a=%d,b=%d\n",a,b);
}
```
运行结果如下：
```
88 89
88,89
X,Y
a=88,b=89
```
本例中 4 次输出了 a、b 的值，但由于格式控制字符串的不同，每次输出的结果也不同。第 1 个输出语句 printf 中，两个格式字符%d 之间加了 1 个空格（为普通字符），故输出的 a、b 值之间有 1 个空格；第 2 个 printf 语句中，两个格式字符%d 之间加了 1 个 "," 字符（也是普通字符），故输出 a、b 值之间有一个逗号；第 3 个 printf 语句的两个格式字符%c 要求按字符型输出 a、b 值，故输出的是 "X，Y"；第 4 个 printf 语句在格式控制字符串中又增加了字符串 "a=" 和 "b="，即在输出中照字符串原值输出。

例 2.14　不同类型数据在不同格式字符控制下的输出。
```
#include<stdio.h>
void main()
{
    int a=15;
    double f=123.456;
    printf("%d,%6d,%o,%x\n",a,a,a,a);
    printf("%f,%10f,%10.2f,%-10.2f,%.2f\n",f,f,f,f,f);
    printf("%8s,%3s,%7.2s,%-5.3s,%.4s\n","China","China","China",
        "China","China");
}
```
运行结果如下：
```
15,    15,17,f
123.456000,123.456000,    123.46,123.46    ,123.46
   China,China,     Ch,Chi  ,Chin
```

程序中,第 1 个 printf 语句是分别以十进制、八进制和十六进制形式输出整型数 15,其中"%6d"要求输出整型数的宽度为 6,即在 15 前补上 4 个空格后输出。

第 2 个 printf 语句是对实型数的输出,"%10.2f"在输出 123.46(占 6 位)时在其前面补上 4 个空格,"%−10.2f"为向左对齐,即在输出 123.46 的右边补上 4 个空格;而"%.2f"仅指出了小数点后的位数,所以输出 123.46 前面不空格。

第 3 个 printf 语句是对字符串的输出,"%8s"指定输出的字符串占 8 个字符位,即输出的"China"前补上 3 个空格;而"%3s"由于指定的位数小于字符串的实际位数,故按字符串的实际位数输出,因此输出的"China"前不空格;"%7.2s"指定位数为 7 位但只在最后两位输出字符串"China"的头两个字符,即输出为"　　　　　Ch";"%−5.3s"表示按左对齐输出字符串头 3 个字符,后面补上两个空格,即输出为"Chi　　";而"%.4s"指定了输出字符串"China"的前 4 个字符,即"Chin"。

例 2.15　printf 语句的输出列表中输出项求值顺序分析。

```
#include<stdio.h>
void main()
{
    int i=2;
    printf("%d,%d\n",i,++i);
    i=2;
    printf("%d,%d\n",++i,i);
}
```

运行结果:

　　3,3
　　3,2

这个结果和我们预想的结果

　　2,3
　　3,3

不一样。这是因为在 Visual C++ 中,printf 函数对输出列表中各输出项的求值顺序是自右至左进行的,但是求值结束后的输出顺序仍然是自左至右。因此会得到上面的运行结果。

例 2.16　对有多个输出项的 printf 语句输出结果进行分析。

```
#include<stdio.h>
void main()
{
    int i=8;
    printf("%d,%d,%d,%d,%d,%d\n",++i,--i,i++,i--,-i++,
            -i--);
    printf("%d\n",i);
}
```

运行结果如下:

　　8,7,8,8,−8,−8

8

解　我们知道,像 i＋＋或 i－－这类自增或自减运算符,其增 1 或减 1 的操作可以看做是运算级别最低的操作,即当 printf 语句输出完结果后再进行增 1 或减 1 操作;而对像＋＋i 或－－i 则先进行增 1 或减 1 操作,然后再参加运算。

此外,由于 printf 函数对输出列表中各输出项的求值顺序是自右至左,故先对最后一项"－i－－"求值,即其值为－8(减 1 操作待输出后再进行);接着对"－i＋＋"求值,即其值为－8;接下来对"i－－"求值,其值为 8;然后对"i＋＋"求值,其值为 8;继续对"－－i"求值,减 1 后其值为 7;最后对"＋＋i"求值,增 1 后值为 8。然后由左到右将刚才的计算结果输出,即为

8,7,8,8,－8,－8

输出后对 i 值(等于 8)执行输出列表中"i＋＋、i－－、i＋＋和－i－－"中未进行的增 1 和减 1 操作,由于是 2 个"＋＋"和 2 个"－－",故 i 值未发生变化,仍为 8。

例 2.17　将例 2.16 改为用一个 printf 语句输出一项,然后对结果进行分析。

```
#include<stdio.h>
void main()
{
    int i＝8;
    printf("%d,",＋＋i);
    printf("%d,",－－i);
    printf("%d,",i＋＋);
    printf("%d,",i－－);
    printf("%d,",－i＋＋);
    printf("%d\n",－i－－);
}
```

运行结果如下:

9,8,8,9,－8,－9

解　第 1 个 printf 语句中的输出项为"＋＋i",即 i 值先由 8 增 1 为 9,然后输出这个 i 值 9。
第 2 个 printf 语句中的输出项为"－－i",即 i 值先由 9 减 1 为 8,然后输出这个 i 值 8。
第 3 个 printf 语句中的输出项为"i＋＋",即 i 值先输出这个 i 值 8,然后 i 增 1 为 9。
第 4 个 printf 语句中的输出项为"i－－",即 i 值先输出这个 i 值 9,然后 i 减 1 为 8。
第 5 个 printf 语句中的输出项为"－i＋＋",即 i 值先输出这个－i 值－8,然后 i 增 1 为 9。
第 6 个 printf 语句中的输出项为"－i－－",即 i 值先输出这个－i 值－9,然后 i 减 1 为 8。
由此可以看出,对多个输出项输出时,用一个 printf 语句输出多个输出项和用多个 printf 语句逐个输出每一输出项的结果是不同的。

2.5.3　格式输入函数

格式输入函数 scanf 的作用是从键盘输入数据,该输入数据按格式字符指定的输入格式被赋给相应的输入项地址。

scanf 函数的一般形式为

scanf("格式控制字符串",输入项地址列表);

其中,格式控制字符串用于指定输入格式,它包含下面两类内容:

(1) 普通字符:要求用户必须按字符原样输入,不得做任何改变。

(2) 格式字符:格式字符的书写格式和功能与 printf 的格式字符完全相同。区别在于一个是用于输入,而另一个是用于输出。

输入项地址列表由一个或若干个用逗号分隔的变量地址项组成,每个变量地址项是一个在变量名前加地址运算符"&"的变量地址,也可以是由数组名表示的地址常量,或者是一个指向变量地址的指针变量(见第 6 章)。

scanf 函数输入项与 printf 函数输出项的区别如下:

(1) printf 函数是将表达式或变量的值输出显示,所以输出项只要给出表达式或变量的名字即可计算出表达式的值或取出变量的值用于输出。

(2) scanf 函数用于给变量输入数据,即将数据读入到变量对应的内存单元中,因此输入项必须是变量的存储地址而不是变量名。由于表达式没有对应的存储单元,因此也不能作为输入项地址。

例如:

scanf ("%d,%d",&x,&y);

scanf 函数常用的输入格式字符见表 2.7。此外,在"%"和表 2.7 的输入格式字符之间还可以插入表 2.9 所示的格式修饰符。

表 2.9　scanf 函数的格式修饰符

修饰符	说　　　　　明
l	可用"%ld"、"%lo"、"%lx"来输入长整型数据,也可用"%lf"、"%le"输入 double 型数据
数字	指定输入数据所占的宽度(必须为正数)
*	赋值抑制符,即可以输入当前数据,但不传送给对应的输入项(变量)

因此,用于输入的格式字符和格式修饰符组合的一般形式为

%[*][数字][长度]类型

其中,方括号"[ ]"中的内容为可选项,类型即表示输入数据类型的类型字符,也就是表 2.7 中的格式字符,"*"和"数字"见表 2.9 中的说明;长度即表 2.9 中的"l"。

注意,如果输入的数据是 double 类型,则格式字符必须用"%lf"表示,例如

double x;

scanf ("%lf",&x);

如果用语句"scanf ("%f",&x);"读入 double 型变量 x 的值,则系统在编译时并不指出格式错误,但运行结果是错误的。这一点与 printf 语句不同,对于 double 类型变量 x 值的输出,printf 语句的格式字符用"%f"或"%lf"都可以,即语句"printf("%f\n",x);"和语句"printf("%lf\n",x);"的功能完全相同。

例 2.18　不同类型数据在不同格式字符控制下的输入。

```
#include<stdio.h>
void main()
{
```

```
        int a,b,x,y;
        char c1,c2;
        scanf("%2d%3d",&a,&b);
        scanf("%d,%*d,%d",&x,&y);
        scanf("%3c%3c",&c1,&c2);
        printf("a=%d,b=%d\n",a,b);
        printf("x=%d,y=%d\n",x,y);
        printf("c1=%c,c2=%c\n",c1,c2);
    }
```

运行结果：

```
    12345 ↵
    123,45,567 ↵
    abcdef ↵
    a=12,b=345
    x=123,y=567
    c1=
    ,c2=c
```

对于第 1 个 scanf 语句,输入"123456 ↵",系统根据格式字符"%2d%3d"分别将开头的两个数 12 赋值给 a,并将接下来的 3 个数 345 赋值给 b。对第 2 个 scanf 语句,由表 2.9 可知,如果在 % 后面有 1 个" * ",则表示本项输入不赋值给相应的变量,因此系统将 123 赋给 x,但第 2个数据 45 被跳过,而将 567 赋给了 y。对于第 3 个 scanf 语句,由于字符型变量只能存放一个字符,则由格式字符"%3c%3c"控制,将第 2 行输入数据的回车符" ↵"和第 3 行输入字符串"abcdef"中前两个字符"ab"组成的三个字符中的第 1 个字符回车符" ↵"赋给了 c1,而将后 3个字符中的第 1 个字符'c'赋给了 c2。

例 2.19　有以下程序

```
    #include<stdio.h>
    void main()
    {
        int i;
        float y;
        scanf("%2d%f",&i,&y);
        printf("%.1f\n",y);
    }
```

当执行上述程序并从键盘上输入"55566 7777 ↵"后,输出的 y 值为_____。

A. 55566.0　　　　B. 566.0　　　　C. 7777.0　　　　D. 5667777.0

解　在 scanf 函数的格式控制字符串中,"%2d"表示输入一个 2 位的整数;"%f"表示输入一个浮点数。因此,从键盘上输入"55566 7777 ↵"后,前两位"55"作为 2 位整数赋给了变量 i,而"566"被当作浮点数赋给了变量 y。

例 2.20　指出下面程序中的错误。

```
#include<stdio.h>
void main()
{
    int a;
    float x;
    scanf("Input data: %d\n",&a);
    scanf("%5.2f",x);
    printf("%d,%f\n",a,x);
}
```

解 第 1 个 scanf 语句存在两个错误:

(1) scanf 函数本身不能显示提示信息,即此处格式控制字符串中的"Input data"必须是由用户输入的信息,而不是提示给用户的显示信息,即不要将 scanf 与 printf 搞混了。通常是先采用 printf 语句输出提示信息,然后再用 scanf 语句来输入数据。

(2) 在 scanf 函数的格式控制字符串中尽量不要使用转义字符"\n",这个"\n"是要用户输入的字符,它与输入数据结束时的回车相同,这样就造成了输入的混乱。这个错误非常严重,往往造成程序不能正常运行甚至死机。

第 2 个 scanf 语句也存在两个错误:

(1) scanf 函数中没有对输入数据的精度控制,仅可指定输入数据宽度。因此,格式字符"%5.2f"是非法的。此外,对于宽度控制也要慎用。

(2) scanf 函数中的输入项 x 是一个变量名,在它的前面缺少了地址符"&"。这种错误在程序编译时并不指出,而是在程序运行时会弹出一个出错窗口。

在使用 scanf 函数时,还需要注意以下几个问题:

(1) scanf 函数格式控制字符串中除了格式字符以外的其他字符,在输入数据时必须照原样输入。例如:

scanf ("%d,%d,%d",&a,&b,&c);

在输入数据时,数据之间必须按要求输入一个逗号",",即输入应为如下形式:

12,56,78 ⏎

同样,对

scanf ("%d %d %d",&a,&b,&c);

则应输入

12 56 78 ⏎

而对

scanf ("a=%d,b=%d,c=%d",&a,&b,&c);

则应输入

a=12,b=56,c=78 ⏎

(2) 在用"%c"格式字符输入字符时,空格字符、回车符等均作为有效字符被输入给作为输入项的字符变量地址。例如

scanf ("%c%c%c",&a,&b,&c);

若输入"x y z ⏎",则 a 值为'x',b 值为空格字符,c 值为'y'。

又如

　　　scanf ("%c%c%c",&a,&b,&c);

若输入"x,y,z ⏎",则 a 值为 ′x′,b 值为 ′,′,c 值为 ′y′。

　　再如

　　　scanf ("%c%c%c",&a,&b,&c);

若输入

　　　x ⏎

　　　y ⏎

　　　z ⏎

则 a 值为 ′x′,b 值为回车符 ′\n′,c 值为 ′y′。

　　(3) 在输入数据时,遇到以下情况时则认为数据输入结束:

　　① 遇到空格、回车或 tab 键。

　　② 读入数据到达指定的宽度。例如"%3d"则只取数据的前 3 位。

　　③ 遇到非法输入。例如,对语句"scanf ("%f",&x);",当输入为"123o.45 ⏎"时,由于读入数据 123 后面遇到了字母"o",这是一个非法字符,故认为输入结束,即将 123 赋给了 x。

　　(4) 当格式字符指定的类型和与其对应的输入项类型不符时将出错。例如

　　　int x;

　　　scanf ("%f",&x);

或

　　　float y;

　　　scanf ("%d",&y);

在编译时不产生错误,但运行中出错或者得到错误的结果。

习题 2

1. 下面给出的标识符中,能作为变量的标识符是_____。

　　A. for　　　　　B. int　　　　　C. word　　　　　D. sizeof

2. 在 C 语言中,下列属于构造类型的是_____。

　　A. 整型　　　　B. 字符型　　　　C. 实型　　　　D. 数组类型

3. 下面四个选项中,均是合法整型常量的选项是_____。

　　A. 160　　　　　B. −0xcdf　　　　C. −01　　　　　D. −0x48a

　　　−0xffff　　　　01a　　　　　　986.012　　　　2e5

　　　011　　　　　0xe　　　　　　0667　　　　　0x

4. 下面四个选项中,均是合法实型常量的选项是_____。

　　A. +1e+1　　　B. −.60　　　　C. 123e　　　　D. −e3

　　　5e−9.4　　　　12e−4　　　　1.2e−4　　　　0.8e−4

　　　03e2　　　　　−8e5　　　　　+2e−1　　　　5.e−7

5. 下面不合法的字符常量是_____

　　A. ′\018′　　　B. ′\"′　　　　C. ′\\′　　　　D. ′\xcc′

6. 在 C 语言中,将其值可以被改变的量称为变量,变量具有的基本特征是_____。
   A. 变量名　　　　B. 变量类型　　　　　C. 变量值　　　　　D. A～C 三项

7. C 语言中,int 类型数据在内存中的存储形式是_____。
   A. ASCII 码　　　B. 原码　　　　　C. 反码　　　　D. 补码

8. 能够正确定义且赋值的语句是_____。
   A. int n1＝n2＝10;　　　　B. char c＝32;
   C. float f＝f+1.1;　　　　　D. double x＝12.3E2.5;

9. 设有定义"char x1,x2,x3;",且给 x1、x2、x3 都赋字符'a',则出错的一组赋值语句是_____。
   A. x1＝'a';　　　B. x1＝'\141';　　　C. x1＝'\x61';　　　D. x1＝97;
   　　x2＝'\x61';　　　x2＝0x61;　　　　x2＝97;　　　　　x2＝"a";
   　　x3＝97;　　　　x3＝0141;　　　　x3＝0x61;　　　　x3＝'\141';

10. 设有定义"float a＝2,b＝4,h＝3;",下列表达式中与代数式 $\frac{1}{2}(a+b)h$ 计算结果不符的是_____。
    A. (a+b)＊h/2　　　　B. (1/2)＊(a+b)＊h
    C. (a+b)＊h＊1/2　　　D. h/2＊(a+b)

11. 设有定义"int a＝2,b＝3,c＝4;",则下面选项中值为 0 的表达式是_____。
    A. (! a==1)&&(! b==0)　　　　B. (a<b)&&! c ||1
    C. a&&b　　　　　　　　　　D. a||(b+b)&&(c-a)

12. 当整型变量 c 的值不为 2、4、6 时,值也为"真"的表达式是_____。
    A. (c==2) || (c==4) || (c==6)
    B. (c>=2&&c<=6) || (c! = 3) || (c! = 5)
    C. (c>=2&&c<=6) && ! (c%2)
    D. (c>=2&&c<=6) && (c%2! = 1)

13. 设有定义"int k＝0;",下面选项的四个表达式中与其他三个表达式的值不相同的是_____。
    A. k++　　　B. k+=1　　　C. ++k　　　D. k+1

14. 若定义"int k＝7;float a＝2.5,b＝4.7;",则表达式 a+k%3 ＊ (int)(a+b)%2/4 的值是_____。
    A. 2.500000　　　B. 2.750000　　　C. 3.500000　　　D. 0.000000

15. 若有代数式 $\sqrt{|n^2+e^2|}$(其中 e 仅代表自然对数的底数,不是变量),则下面能够正确表示该代数式的表达式是_____。
    A. sqrt(abs(n^x+e^x))　　　　　B. sqrt(fabs(pow(n,x)+pow(x,e)))
    C. sqrt(fabs(pow(n,x)+exp(x)))　　D. sqrt(fabs(pow(x,n)+exp(x)))

16. 下面关于 scanf 语句叙述中,叙述正确的是_____。
    A. 输入项地址可以是一个实型常量,如:scanf("%f",3.5)
    B. 只有格式控制字符串而没有输入项地址也能正确输入数据,如 scanf("a=%d,b=%d")

C. 当输入数据时必须指明输入项地址,如:scanf("%f",&f)

D. 由于是给变量输入数据,所以输入项地址也可以是一个变量,如:scanf("%f",f)

17. 下面程序的功能是:给 r 输入数据后计算半径为 r 的圆面积 s,但程序在编译时出错。出错的原因是_____。

```
#include<stdio.h>
void main()
/* program */
{
    int r;
    float s;
    scanf("%d",&r);
    s=π*r*r;
    printf("s=%f\n",s);
}
```

A. 注释语句书写位置错误　　　　B. 存放圆半径的变量 r 不应该定义为整型

C. 输出语句中格式描述符非法　　D. 计算圆面积的赋值语句中使用了非法变量

18. 以下程序执行的结果是_____。

```
#include<stdio.h>
void main()
{
    int x=102,y=012;
    printf("%2d,%2d\n",x,y);
}
```

A. 10,01　　　B. 02,12　　　C. 102,10　　　D. 02,10

19. 以下程序执行的结果是_____。

```
#include<stdio.h>
void main()
{
    int m=0256,n=256;
    printf("%o,%o\n",m,n);
}
```

A. 0256,0400　　　B. 0256,256　　　C. 256,400　　　D. 400,400

20. 以下程序执行的结果是_____。

```
#include<stdio.h>
void main()
{
    int a=666,b=888;
    printf("%d\n",a,b);
}
```

A. 错误信息　　　B. 666　　　C. 888　　　D. 666,888

21. 以下程序执行的结果是_____。

```
#include<stdio.h>
void main()
{
    char a='a',b;
    printf("%c,",++a);
    printf("%c\n",b=a++);
}
```

A. b,b　　　B. b,c　　　C. a,b　　　D. a,c

22. 以下程序执行的结果是_____。

```
#include<stdio.h>
void main()
{
    int a=0,b=0;
    a=10;                    /* 给 a 赋值
    b=20;                      给 b 赋值 */
    printf("a+b=%d\n",a+b);   /* 输出计算结果 */
}
```

A. a+b=10　　　B. a+b=30　　　C. 30　　　D. 出错

23. 设有定义语句"int i=2;",则表达式"(i++)+(++i)+(++i)"的值是 。

A. 9　　　B. 10　　　C. 11　　　D. 12

24. 试求下面语句段的输出结果：

```
int a=2;
printf("%d ",! a++ && ++a);
printf("%d\n",a);
```

25. 有以下程序,若想从键盘上输入数据,使变量 m 中的值为 123,n 中的值为 456,p 中的值为 789,则正确的输入是_____。

```
#include<stdio.h>
void main()
{
    int m,n,p;
    scanf("m=%dn=%dp=%d",&m,&n,&p);
    printf("%d %d %d\n",m,n,p);
}
```

A. m=123n=456p=789 ↵　　　B. m=123 n=456 p=789 ↵
C. m=123,n=456,p=789 ↵　　　D. 123 456 789 ↵

26. 有以下语句段：

```
int n1=10,n2=20;
```

printf("_____",n1,n2);

要求按以下格式输出 n1 和 n2 的值,每个输出从第一列开始,请填空。

n1＝10

n2＝20

27. 计算下列表达式的值。

(1) (1＋3)/(2＋4)＋8％3　　　　(2) 2＋7/2＋(9/2＊7)

(3) (int)(11.7＋4)/4％4　　　　(4) 2.0＊(9/2＊7)

28. 阅读程序,若从键盘上输入"10 20 30 ⏎",给出程序的运行结果。

```
# include＜stdio.h＞
void main()
{
    int i＝0,j＝0,k＝0;
    scanf("%d% *d%d",&i,&j,&k);
    printf("%d %d %d\n",i,j,k);
}
```

29. 下面程序段输出的结果是_____。

```
int i＝1;
printf("%d,",i,－－i,i＋＋);
printf("%d",i);
```

A. 0,1　　　　　B. 1,2　　　　　C. 1,1　　　　　D. 2,2

30. 阅读程序,给出程序的运行结果。

```
# include＜stdio.h＞
void main()
{
    int x,y,z;
    x＝y＝2;z＝3;
    y＝x＋＋－1; printf("%d,%d\n",x,y);
    y＝＋＋x－1; printf("%d,%d\n",x,y);
    y＝z－－＋1; printf("%d,%d\n",z,y);
    y＝－－z＋1; printf("%d,%d\n",z,y);
}
```

第 3 章 三种基本结构的程序设计

3.1 程序基本结构及 C 程序语句分类

3.1.1 程序的基本结构

计算机程序的一个重要方面就是描述问题求解的计算过程,即计算步骤。在程序设计语言中,一个计算步骤可用一个基本语句实现,或者用一个控制结构实现。控制结构主要由控制条件和被控制的语句组成。不同的控制结构用于描述不同的控制方式,实现对程序中各种成分语句的顺序、选择和循环等方式的控制。

1966 年,Bohm 和 Jacopini 的研究表明,只需要采用顺序结构、选择结构和循环结构这三种控制结构就能够编写所有的程序。

对于一些规模较大而又比较复杂的问题,解决的方法往往是把它们分解成若干个较为简单和基本的问题进行求解,这在程序设计中则表现为:将一个大程序分解为若干个相对独立且较为简单的子程序,这些子程序就是过程与函数。大程序通过调用这些子程序来完成预定的任务。过程与函数的引入不仅可以较容易地解决一些复杂问题,而且更重要的是使程序有了一个层次分明的结构,这就是结构化程序设计"自顶向下、逐步求精、模块化"的基本思想。

因此,一个结构化程序是由顺序、选择和循环三种基本结构和过程(函数)结构组成的。结构化程序的开创者 N. Wirth 就曾这样说过:"在程序设计技巧中,过程是很少几种基本工具中的一种,掌握了这种工具,就能对程序员工作的质量和风格产生决定性的影响"。N. Wirth 所说的过程就是 C 语言中的函数,我们将在第 5 章介绍,下面只对三种基本结构进行介绍。

(1) 顺序结构。顺序结构是按照语句的书写顺序依次执行各语句序列。图 3-1(a)给出了顺序结构的流程。图 3-1(a)中 A 框和 B 框表示基本的操作处理,可以是一条语句也可以是多条语句,它表示程序在执行完 A 框操作后,将顺序去执行 B 框的操作,即严格按照语句的书写顺序进行。因此,顺序结构是一种最基本的程序结构。

(2) 选择结构。选择结构是按照条件判断选择执行某段语句序列。图 3-1(b)给出了选择结构的流程。需要指出的是,在选择结构程序中 A 框和 B 框的操作只能二选一,即执行了 A 框操作,就不能再执行 B 框操作,而执行了 B 框操作,就不能再执行 A 框操作。无论是执行了 A 框操作,还是执行了 B 框操作,接下来都会继续向下顺序执行后继的操作。

(3) 循环结构。循环结构能够通过条件判断控制循环执行某段语句序列。按照条件和循环执行的语句段之间的关系,可以细分为当型循环结构和直到型循环结构。图 3-1(c)和图 3-1(d)分别给出了当型循环结构和直到型循环结构的流程。在当型循环结构中,需要先判断条件 P,然后执行 A 框操作,若一开始 P 就不成立,则 A 框操作一次也不执行。直到型循环与当型循环的区别是这种循环要先执行 A 框操作,然后再判断条件 P,也即在直到型循环中,无论 P 条件成立与否,A 框操作至少会被执行一次。

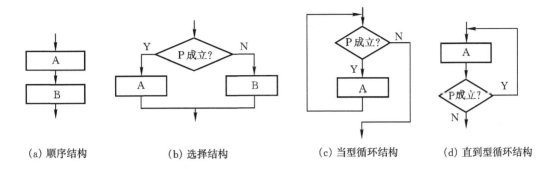

(a) 顺序结构　　　　　(b) 选择结构　　　　　(c) 当型循环结构　　　(d) 直到型循环结构

图 3-1　结构化程序设计的三种基本结构

关于三种基本结构有以下几点说明：

(1) 无论是顺序结构、选择结构还是循环结构，它们的共同特点是只有一个入口和一个出口，整个程序由若干个这样的基本结构组合而成。

(2) 三种基本结构中的 A、B 操作是广义的，它们可以是一个操作，也可以是另一个基本结构或者几种基本结构的组合。

(3) 在选择结构和循环结构中都会出现判断框。但是，选择结构会根据条件 P 的成立与否决定执行 A、B 中的哪一个操作，且执行后就会脱离该选择结构而顺序执行下面的其他结构，也即选择结构中的 A、B 只能选择一个且只能执行一次。循环结构则是在条件 P 成立时反复执行 A 操作，直到条件 P 不成立时才跳出该循环结构而顺序执行下面的其他结构。

3.1.2　C 程序中的语句分类

C 语言中的语句分为简单语句和结构语句两类。简单语句是指那些不包含其他语句成分的基本语句；结构语句则指那些"句中有句"的语句，它是由简单语句或结构语句根据某种规则构成的。C 语言的语句分类情况如下所示：

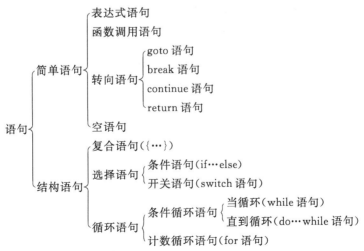

(1) 表达式语句。在 C 语言中，由一个表达式加上一个分号";"就构成了一个表达式语句。最典型的是由赋值表达式加上分号";"，就构成了赋值语句。表达式语句的一般形式为

```
表达式;
```
例如:
```
i++;
k=k+2;
m=n=j=3;
a=1;
```
按照 C 语言的语法,任何表达式后面加上分号";"都可构成表达式语句。例如"x+y;"也是一个 C 语言的语句,但这种语句没有实际意义。一般来说,语句的执行能使某些变量的值被赋予或改变,或者表达式能产生某种效果才能成为有意义的表达式语句。

(2) 函数调用语句。由一个函数调用加一个分号";"构成函数调用语句,其作用主要是完成该函数指定的操作。函数调用语句的一般形式为
```
函数名(实际参数表);
```
例如:
```
printf("s= %d\n",s);
```
该语句是由一个 printf 格式输出函数加上一个分号构成了一个函数调用语句。

(3) 空语句。仅由一个分号";"构成的语句就是空语句,其一般形式为
```
;
```
空语句是不执行任何操作的语句。C 语言引入空语句出于以下考虑:

① 为了构造特殊控制结构的需要。例如,循环控制结构的语法上需要一个语句作为该循环语句的循环体(这种结构语句必须"句中有句"),当要循环执行的动作已经由循环控制部分完成时,就不再需要循环体语句了,但是为了满足结构语句这种"句中有句"的要求,此时就必须用一个空语句作为循环体。

② 在复合语句的末尾设置一个空语句来作为转向的目标位置,以便 goto 语句能够将控制转移到复合语句的末尾。

(4) 复合语句。用一对花括号"{ }"括起来的若干条语句称为复合语句,它在语法上相当于一条语句(即从外部看一个复合语句就相当于一个语句)。复合语句的一般形式为
```
{
    语句 1;
    ⋮
    语句 n;
}
```
需要注意,复合语句内的各条语句都必须以分号结束,并且在复合语句的标识"}"外不能加分号";"。

(5) 控制语句。控制语句用来规定语句的执行顺序。C 语言有如下 9 种控制语句:
```
if…else        (条件语句)
switch         (多分支选择语句又称开关语句)
while          (循环语句)
do…while       (循环语句)
for            (循环语句)
```

continue	（结束本次循环）
break	（退出循环或 switch 语句）
goto	（转移语句）
return	（返回语句）

这些语句的使用方法将在以后的章节中介绍。

3.2 顺序结构程序设计

3.2.1 赋值语句

顺序结构的程序在第 2 章中已多次出现，其中出现的函数调用语句如 printf 和 scanf 也已在第 2 章介绍。下面，我们介绍顺序结构中出现的赋值语句。

赋值语句就是由赋值表达式与分号";"构成的，赋值语句的功能和特点都与赋值表达式相同，它是程序中使用最多的语句之一。赋值语句的一般形式为

　　　变量＝表达式；

例如：

　　　a＝b＋3；

与赋值表达式相同，赋值运算符"＝"左边是变量而不能是常量或表达式。并且，赋值语句可以写成下面的形式：

　　　变量＝变量＝ … ＝变量＝表达式；

它表示将最右边的表达式逐一赋给赋值运算符左边的每一个变量。例如

　　　a＝b＝c＝d＝10；

C 语言中有赋值表达式和赋值语句的概念，两者只差一个分号";"，而其他大多数高级语言没有"赋值表达式"这一概念。因此，赋值表达式可以包含在其他表达式之中，例如：

　　　if ((a＝b)＞0)

　　　　x＝a；

按大多数语言的语法规定，if 后面的括号内是一个条件，例如"if(x＞0)… "而 C 语言中，这个 x 的位置可以是一个赋值表达式，如"a＝b"，其作用是：先进行赋值运算（即先将 b 的值赋给 a）然后再判断 a 是否大于 0，如果大于 0，则执行 x＝a(if 语句见选择结构程序设计一节)。但是在 C 语言中，像 if、while 和 do 语句的圆括号"()"中一定是表达式，而不能是一个语句，如写成下面形式的语句就错了：

　　　if ((a＝b;)＞0)

　　　　x＝a；

C 语言把赋值语句和赋值表达式区别开来，增加了表达式的种类，因此能够实现其他高级语言难以实现的功能。例如：

　　　if ((ch＝getchar())＝＝´\n´);

这条语句的作用是：先从键盘输入一个字符赋给变量 ch，然后判断 ch 是否等于换行符´\n´，如果等于换行符´\n´，则什么也不做。

此外要注意，必须清楚在变量定义中给变量赋初值和赋值语句的区别。给变量赋初值是

变量说明的一部分,即必须一个变量一个变量地定义,各变量之间包括赋初值的变量和不赋初值的变量必须用逗号","隔开。例如:

```
int a=10, b;
```

但不允许在变量定义时连续用赋值号给多个变量赋初值。如下面的变量定义方式是错误的:

```
int a=b=c=10;
```

应该写成

```
int a=10, b=10, c=10;
```

而赋值语句则允许连续赋值。例如

```
int a, b, c;
a=b=c=10;
```

3.2.2　顺序结构程序

顺序结构的程序基本由函数调用语句和表达式语句构成,这种结构的程序在执行中的特点是:一个操作执行完成后就接着执行紧随其后的下一操作。由于顺序结构非常简单,因此其求解的问题是有限的。

例 3.1　输入三角形的三条边长,求三角形的面积。

解　已知三角形的三条边长 a、b、c,则求三角形的面积可用下面的公式求出:

$$p=\frac{1}{2}(a+b+c) \qquad s=\sqrt{p(p-a)(p-b)(p-c)}$$

程序如下:

```
# include<stdio.h>
# include<math.h>
void main()
{
    float a,b,c,p,s;
    printf("Input a,b,c=");
    scanf("%f,%f,%f",&a,&b,&c);
    p=1.0/2*(a+b+c);
    s=sqrt(p*(p-a)*(p-b)*(p-c));
    printf("s=%6.2f\n",s);
}
```

运行结果:

```
Input a,b,c=3,4,5 ↵
s= 6.00
```

该程序要注意如下两点:

(1) 由于程序中使用了 C 语言的库函数 sqrt 来求平方根,因此必须在程序开始处用include命令给出所使用库函数的说明。include 命令必须以"#"开头,所说明的库函数文件名以".h"作为其后缀,且该文件名用一对尖括号"<>"或一对双引号" ""括起来。由于以#include开头的命令行不是语句,因此其末尾不加分号";",在此使用的库函数为数学函数

math. h。

（2）求 p 值时的"$\frac{1}{2}$"在程序中必须写成"1.0/2"，如果写为"1/2"，则因两个整数相除后将舍去结果的小数部分而仅保留结果的整数部分，这样"1/2"的结果为 0，而"1.0/2"则是一个单精度数和一个整数相除，其结果为单精度数，故不受影响。这一点在编写程序中要尤为注意，否则会产生很大的误差。

例 3.2　从键盘上输入 a 和 b 的值，然后交换它们的值并输出交换后的 a、b 值。

解　在计算机中进行数据交换，如交换变量 a 和 b 的值，则不能简单地通过下面两条赋值语句实现：

```
a＝b；
b＝a；
```

因为当执行第 1 条赋值语句"a＝b；"后，将变量 b 的值送入变量 a 的内存单元而覆盖了变量 a 原有的值，即 a 的原值已经丢失，此时已具有变量 b 的值（即 a 和 b 中都保存着 b 值）；接下来再执行第 2 条赋值语句"b＝a；"，则是将 a 中所保存的 b 值又送回变量 b 的内存单元，这样就无法实现将两个变量值相互交换的目的。因此，必须借助于一个中间变量（如下面的 t）的过渡才能实现 a、b 值交换的目的，其实现过程是用连续的三个赋值语句实现的：

```
t＝a；
a＝b；
b＝t；
```

即执行"t＝a；"后将 a 值保存于 t 中，再执行"a＝b；"将 b 值赋给 a（此时 a 中已为 b 值），最后执行"b＝t；"将 t 中所保存的原 a 值赋给 b，即实现了 a 与 b 值的交换。图 3-2 给出变量 a、b 值的交换示意。

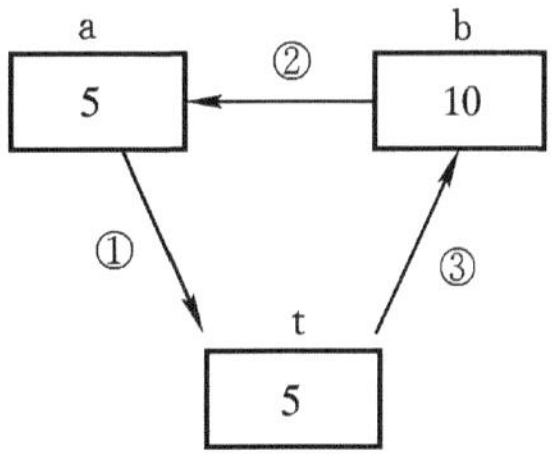

图 3-2　按①、②、③步实现 a 与 b 之间数据的交换

程序如下：

```
＃include＜stdio.h＞
void main()
{
    int a,b,t；
    printf("Input a,b=")；
    scanf("%d,%d",&a,&b)；
    printf("old data：a=%d,b=%d\n",a,b)；  /＊输出变量 a 和 b 的原值＊/
    t＝a；
    a＝b；
    b＝t；                              /＊实现变量 a 和 b 值的交换＊/
    printf("new data：a=%d,b=%d\n",a,b)；ノ/＊输出交换后 a 和 b 的新值＊/
}
```

运行结果：

```
Input a,b=5,10 ⏎
old data：a=5,b=10
```

new data：a＝10,b＝5

3.3 选择结构程序设计

选择结构通过选择语句实现。选择语句是根据条件满足与否来选择相应执行的语句,从而控制程序的执行顺序。选择语句共有两个:一个是 if 语句,一个是 switch 语句。这两个语句用来实现程序的选择结构。

3.3.1 if 语句

if 语句是 C 语言中用来实现选择结构的重要语句,它根据给定的条件进行判断来决定执行某个分支语句(可以是复合语句)。C 语言的 if 语句有三种基本形式。

1. 单分支 if 语句

单分支 if 语句的一般形式为

    if (表达式)
        语句;

单分支 if 语句的功能首先是计算表达式的值,如果表达式的值为非 0(即为真),则执行语句;若表达式的值为 0(即为假),则该 if 语句不起作用(相当于一个空语句),继续执行其后继的其他语句。单分支 if 语句的执行流程如图 3-3 所示。

例如:

    int a＝5, b＝3;
    if (a＝＝b) printf("a=b");
    if (3) printf("OK!");
    if ('a') printf(" % d",'a');

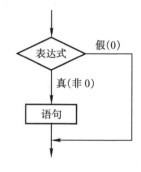

图 3-3 单分支 if 语句
执行流程

都是合法的。第 1 个 if 语句因表达式"a＝＝b"的值为"假"而相当于一个空语句;第 2 个 if 语句因表达式的值为 3(即非 0)按"真"处理,即输出"OK!";第 3 个 if 语句的表达式为字符'a'(非 0)也按"真"处理,即输出'a'的 ASCII 码值 97。

例 3.3 输入任意两个整数,并按由大到小的次序输出。

解 程序如下:

```
＃include＜stdio.h＞
void main()
{
    int a,b,t;
    printf("Input a,b=");
    scanf(" % d, % d",&a,&b);
    if(a＜b)                    /* 如果 a＜b 则交换 a、b 的值 */
    {
        t=a;
        a=b;
```

```
            b=t;
        }
        printf("%d,%d\n",a,b);
    }
```

运行结果：
```
    Input a,b=5,10 ↵
    10,5
```

2. 双分支 if 语句

双分支 if 语句的一般形式如下：
```
    if (表达式)
        语句 1;
    else
        语句 2;
```

双分支 if 语句的功能是：如果表达式的值为非 0（即为真），则执行语句 1，否则执行语句 2。双分支 if 语句的执行流程如图 3-4 所示。

例 3.4　输入任意两个整数，并按由大到小的次序输出。

解　程序如下：
```
    #include<stdio.h>
    void main()
    {
        int a,b;
        printf("Input a,b=");
        scanf("%d,%d",&a,&b);
        if(a<b)
            printf("%d,%d\n",b,a);
        else
            printf("%d,%d\n",a,b);
    }
```

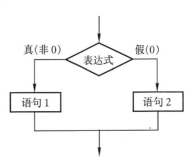

图 3-4　双分支 if 语句执行流程

运行结果：
```
    Input a,b=5,10 ↵
    10,5
```

例 3.5　判断下面的(1)和(2)是否等效。

(1) if(a>0&&b>0)　a=a+b;
　　 if(a<=0&&b<=0)　b=a-b;

(2) if(a>0&&b>0)　a=a+b;
　　 else　b=a-b;

解　当 a>0 并且 b>0 时(1)和(2)等效，因为二者都执行的是"a=a+b;"语句，而其余语句均不执行。但是，当 a>0 或 b>0 这两个条件中有一个不满足时，(1)和(2)就不等效了，这是因为(1)中的第 2 个 if 语句是在 a≤0 和 b≤0 同时满足的条件下执行"b=a-b;"语句，而

（2）的 else 则是当 a≤0 和 b≤0 中有一个满足时就执行"b＝a－b；"语句。也即，（2）中 else 后面语句执行的条件范围比（1）中第 2 个 if 语句的要宽，所以（1）、（2）不等效。

3. 多分支 if 语句

多分支 if 语句通过多个双分支 if 语句的复合来实现多分支的功能。多分支 if 语句的一般形式为：

```
if (表达式 1)
    语句 1;
else if (表达式 2)
        语句 2;
    else if (表达式 3)
            语句 3;
                ⋮
        else if (表达式 n)
                语句 n;
            else
                语句 n＋1;
```

多分支 if 语句的功能是：依次判断每一个表达式的值，当某个表达式 i 的值为真（非 0）时，则执行语句 i，然后结束整个多分支 if 语句的执行，接下来执行后继的其他语句；如果所有表达式的值都为假（即为 0），则执行语句 n＋1。多分支 if 语句的执行流程如图 3-5 所示。

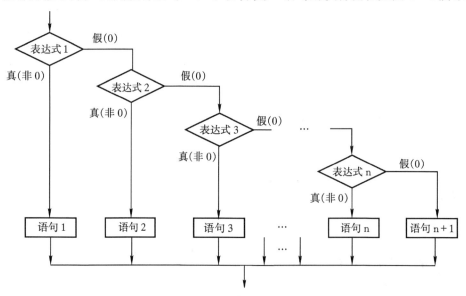

图 3-5　多分支 if 语句执行流程

例 3.6　判断由键盘输入的字符类型。

解　判断键盘输入的字符类别，可根据附录 1 的 ASCII 码表来判别，即 ASCII 码值小于 32 时为控制字符，在′0′～′9′之间为数字字符，在′A′～′Z′之间为大写字母，在′a′～′z′之间为小写字母，其余则为其他字符。这是一个多分支的选择问题，因此用多分支 if 语句实现。程序如下：

```
#include<stdio.h>
void main()
{
    char c;
    printf("Input a character:");
    c=getchar();
    if(c<32)
        printf("This is a control character.\n");
    else
        if(c>='0'&&c<='9')
            printf("This is a digit.\n");
        else
            if(c>='A'&&c<='Z')
                printf("This is a capital letter.\n");
            else
                if(c>='a'&&c<='z')
                    printf("This is a small letter.\n");
                else
                    printf("This is another character.\n");
}
```

在 if 语句的使用中应注意以下几点：

(1) if 语句中的表达式一般为关系表达式或逻辑表达式，C 语言在判断时只要表达式的值不为 0 就认为是真，只有为 0 时才认为是假。因此表达式可以是任意类型的表达式（如整型、实型、字符型、指针类型的表达式等），这是 C 语言与其他高级语言的不同之处。例如：

```
if (c=getchar ())
    printf ("%c",c);
```

即输入一个字符并赋给一个变量 c，只要 c 值不等于 0(为真)就输出所输入的字符。

(2) 分号";"是语句的标志，因此 else 之前的语句必须有分号";"。例如下面的 if 语句是错误的：

```
if (a>b)
    printf ("a>b")
else
    printf ("a<b");
```

(3) 分支语句可以是一条语句，也可以是多条语句复合而成的一条语句。当条件成立或不成立所需执行的不止一条语句时，则必须使用复合语句。例如，当 a>b 时需交换 a、b 值的 if 语句写成如下形式：

```
if (a>b)
    t=a;
```

```
        a＝b；
        b＝t；
```

是错误的。因为属于 if 语句范围的仅是一条"t＝a；"语句，而"a＝b；b＝t；"则是 if 语句的后继语句。交换要求当条件"a＞b"为真时，"t＝a；a＝b；b＝t；"三条语句都执行；当条件"a＞b"为假时，"t＝a；a＝b；b＝t；"三条语句都不执行。而实际执行则是：当条件"a＞b"为真时，"t＝a；a＝b；b＝t；"三条语句都将执行，但后两条语句"a＝b；b＝t；"是作为 if 语句的后继语句来执行的；当条件"a＞b"为假时，if 语句相当于一个空语句，即语句"t＝a；"并不执行，这时仍执行 if 语句之后的后继语句"a＝b；b＝t；"，执行这两条本不该执行的语句将得到错误的程序结果。因此，正确的写法应是：

```
        if (a＜b)
        {
                t＝a；
                a＝b；
                b＝t；
        }
```

(4) 在 if 语句表达式的括号"( )"之后不能加分号"；"。例如：

```
        if (a＞b)；
            printf (″a＞b″)；
```

是错误的。因为当表达式 a＞b 为真时执行的语句为空语句"；"，而"printf (″a＞b″)；"语句则是 if 语句的后继语句，即无论 a＞b 成立与否都将执行该语句，所以该 if 语句失去了判断的意义，即无论 a＞b 是否为真，最终都输出同一个结果：a＞b。

3.3.2　if 语句的嵌套

当 if 语句中的内嵌语句又是一个或多个 if 语句时，就形成了 if 语句的嵌套。下面就给出了三种不同的 if 语句嵌套形式：

```
(1) if (表达式 1)
        if (表达式 2) 语句 1；
        else 语句 2；
    else
        if (表达式 3) 语句 3；
        else 语句 4；
(2) if (表达式 1)
        if (表达式 2) 语句 1；
        else 语句 2；
    else 语句 3；
(3) if (表达式 1) 语句 1；
    else
        if (表达式 2) 语句 2；
        else 语句 3；
```

注意:else 总是与它之前最近的尚未与 else 匹配的那个 if 配对,这就是 else 的"就近匹配"原则。如果要求 else 并不遵循这个"就近匹配",则可用花括号"{ }"来改变匹配关系。例如:

```
if (表达式 1)
{   if (表达式 2) 语句 1;   }
else 语句 2;
```

此时,else 就改为与第 1 个 if 匹配,如果没有花括号"{ }",则这个 else 则与第 2 个 if 匹配。

例 3.7

```
#include<stdio.h>
void main()
{
    int x=1,y=2,z=3;
    if(x>y)
        if(y<z)
            printf("%d",++z);
        else
            printf("%d",++y);
    printf("%d\n",x++);
}
```

程序运行的结果是_____。

A. 331　　　　　B. 41　　　　　C. 2　　　　　D. 1

解　由于 else 总是与在它之前且离它最近的那个 if 匹配,因此程序中的 else 与第 2 个 if 匹配。程序执行时首先判断"x>y",由于 x=1 而 y=2 即 x>y 的结果为假,所以跳过内嵌的第 2 个 if…else 语句而直接执行最后一个输出语句"printf ("%d\n",x++)",即先输出 x 的值,然后 x 再增 1。故输出的结果为 1,即选 D。

例 3.8　闰年判断方法是:如果某年(以公元历表示)是 4 的倍数而不是 100 的倍数,或者是 400 的倍数,那么这一年是闰年。试编写闰年判别程序。

解　由题意可知,闰年首先能够被 4 整除(即用 4 取余为 0);在被 4 整除的年份中显然含有被 100 整除的年份,但也不能将这些被 100 整除的年份统统排除于闰年之外,因为其中能够被 400 整除的仍然是闰年,所以在能被 4 整除同时又能被 100 整除的年份中,找出能被 400 整除的那些闰年来。程序编制如下:

```
#include<stdio.h>
void main()
{
    int y,b;
    printf("Input year:");
    scanf("%d",&y);
    if(y%4==0)
        if(y%100==0)
```

```
        if(y % 400 = =0)
            b=1;                /* 能被 4、100、400 整除 */
        else
            b=0;                /* 能被 4、100 整除,但不能被 400 整除 */
        else
            b=1;                /* 能被 4 整除,但不能被 100 整除 */
    else
        b=0;                    /* 不能被 4 整除 */
    if(b)
        printf("%d is a leapyear.\n",y);
    else
        printf("%d is not a leapyear.\n",y);
}
```

此题也可将题设条件用一个布尔表达式来描述:能够被 4 整除且不能被 100 整除或者能够被 400 整除的年份是闰年。由此得到程序如下:

```
#include<stdio.h>
void main()
{
    int y;
    printf("Input year:");
    scanf("%d",&y);
    if((y % 4= =0&&y % 100! = 0)||y % 400= =0)
        printf("%d is a leapyear.\n",y);
    else
        printf("%d is not a leapyear.\n",y);
}
```

运行结果:

Input year:2010 ↵

2010 is not a leapyear.

3.3.3　条件运算符和条件表达式

如果条件语句 if 中只执行单个的赋值语句,则可以用条件表达式来取代 if 语句。条件表达式是包含条件运算符(见表 2.5)的表达式;条件运算符是 C 语言中惟一的三目运算符,即有 3 个参与运算的量。条件表达式的一般形式为

表达式 1? 表达式 2:表达式 3

其求值规则为:先求解表达式 1 的值,若表达式 1 的值为真(非 0),则表达式 2 的值即为整个条件表达式的值,否则表达式 3 的值即为整个条件表达式的值。例如:10>8? 5:15 的值是 5 而 10<8? 5:15 的值是 15。对于条件语句

if (a>b)　max=a;

```
else   max=b;
```

则可用条件表达式语句(条件表达式后加分号";"即构成条件表达式语句)写为：

```
max=(a>b)? a:b;
```

使用条件表达式应注意以下几点：

(1) 条件运算符的优先级高于赋值运算符,低于关系运算符和算术运算符。例如：

```
max=(a>b)? a:b+1
```

可以去掉括号而写为

```
max= a>b? a:b+1
```

(2) 条件运算符的结合方向为"自右至左"。例如：

```
a>b? a:c>d? c:d
```

相当于

```
a>b? a:(c>d? c:d)
```

这也是条件表达式嵌套的情况,即其中的表达式 3 又是一个条件表达式(当然表达式 2 也允许是一个条件表达式)。

(3) 条件表达式不能取代一般的 if 语句,只有 if 语句内嵌的语句为赋值语句且两个分支都给同一个变量赋值时才能代替 if 语句。

(4) 条件表达式中,表达式 1 的类型可以与表达式 2 和表达式 3 的类型不一致。例如：

```
a?´x´:´y´
```

(5) 条件运算符"?"和":"是一对运算符,不能拆开单独使用。

例 3.9　输入一个字符,如果是小写字母,则转换成对应的大写字母;如果是大写字母,则不变。

```
# include<stdio.h>
void main()
{
    char ch;
    printf("Input one char:");
    ch=getchar();
    ch=ch>=´a´&&ch<=´z´? ch-32:ch;
    putchar(ch);
    putchar(´\n´);
}
```

运行结果：

```
Input one char:h ↵
H
```

3.3.4　switch 语句

if 语句本质上是两路分支的选择结构,当用于多路分支时,if 语句就得采用嵌套形式,这使程序的可读性降低。对于多路分支问题,C 语言提供了更加简练的语句,即可直接使用多分支选择语句 switch 语句来实现多种情况的选择。switch 语句的一般形式如下：

```
switch (表达式)
{
    case 常量表达式 1：语句 1；
    case 常量表达式 2：语句 2；
              ⋮
    case 常量表达式 n：语句 n；
    default：语句 n+1；
}
```

　　switch 语句的执行过程是：首先计算表达式的值，并逐个与 case 后面的常量表达式的值相比较，当表达式的值与某个常量表达式的值相等时，则执行该常量表达式后面的语句,此后遇到下面其他 case 后的语句就不再判断(包括 default 后面的语句),即顺序往下执行直到遇到 break 语句则跳出 switch 语句,或执行到 switch 语句的结束标志"}"处；然后继续执行switch 语句之后的后继语句。如果表达式的值与所有 case 后面的常量表达式值均不相等,则执行 default 后面的语句(如果没有 default 部分,则此时 switch 语句相当于一个空语句)。例如:

```
switch (class)
{
    case 'A' : printf ("GREAT! \n");
    case 'B' : printf ("GOOD! \n");
    case 'C' : printf ("OK! \n");
    case 'D' : printf ("NO! \n");
    default : printf ("ERROR! \n");
}
```

若 class 的值为'B',则输出结果是

```
GOOD!
OK!
NO!
ERROR!
```

若 class 的值为'D',则输出结果是

```
NO!
ERROR!
```

　　因此,switch 语句的功能是:根据 switch 后面表达式的值找到匹配的入口处,然后由这个入口处开始执行下去且不再进行判断。因此,为了保证只执行一条分支上的语句,就要在每一个分支语句结束处增加一个 break 语句来强制终止继续往下执行,即跳出 switch 语句。例如:

```
switch (class)
{
    case 'A' : printf ("GREAT! \n"); break;
    case 'B' : printf ("GOOD! \n"); break;
    case 'C' : printf ("OK! \n"); break;
    case 'D' : printf ("NO! \n"); break;
```

```
            default：printf ("ERROR! \n");
    }
```

这样,若 class 的值为'B',则输出结果是

GOOD!

注意,在 switch 语句中"}"之前的语句后可不加 break 语句。

使用 switch 语句应该注意以下几点:

(1) switch 后面常量表达式的类型可以是整型、字符型或枚举型,但不能是其他类型。如单、双精度型的值由于存在计算误差而难以进行相等比较,可强制转换为整型后再进行相等比较。

(2) 常量表达式的类型应与 switch 后"( )"中的表达式类型一致。

(3) case 后面常量表达式的值必须互不相同。例如,下面的 switch 语句是错误的:

```
    switch (x)
    {
        case 2+3：语句 i;
            ⋮
        case 8-3：语句 j;
            ⋮
    }
```

(4) 多个 case 可以共享一组执行语句。例如:

```
    switch (ch)
    {
        case 'A'：
        case 'B'：
        case 'C'：
        case 'D'：printf ("Pass! \n");
            ⋮
    }
```

当 ch 的值为'A'、'B'、'C'、'D'时都会执行"printf ("Pass! \n");"语句。

(5) switch 结构可以嵌套,即在一个 switch 语句中可以嵌套另一个 switch 语句,但要注意 break 语句只能跳出当前层的 switch 语句。例如:

```
    int x=1, y=0;
    switch (x)
    {
        case 1：switch (y)
            {
                case 0：printf ("x=1, y=0\n");
                    break;
                case 1：printf ("x=1, y=1\n");
            }
```

```
        case 2：printf ("x＝2\n");
    }
```

程序运行结果如下：

```
    x＝1，y＝0
    x＝2
```

本来不应该再输出"x＝2"，这是因为 break 语句仅结束了内层 switch 语句，由于外层的"case 1"的语句后无"break"语句，则继续执行"case 2"后的语句。正确的写法如下：

```
    int x＝1，y＝0;
    switch (x)
    {
        case 1：switch (y)
                {
                    case 0：printf ("x＝1，y＝0\n");
                            break;
                    case 1：printf ("x＝1，y＝1\n");
                }
                break;
        case 2：printf ("x＝2\n");
    }
```

例 3.10　用数字 1～7 代表周一～周日，根据键盘上输入的数字，输出表示星期几的英文单词。

解　程序如下：

```
    ＃include＜stdio.h＞
    void main()
    {
        int a;
        printf("Input data：");
        scanf(" % d",&a);
        switch(a)
        {
            case 1：printf("Monday\n");
                    break;
            case 2：printf("Tuesday\n");
                    break;
            case 3：printf("Wednesday\n");
                    break;
            case 4：printf("Thursday\n");
                    break;
            case 5：printf("Friday\n");
```

```
                break;
    case 6:printf("Saturday\n");
                break;
    case 7:printf("Sunday\n");
                break;
    default:printf("Input error! \n");
    }
}
```

运行结果：

Input data:4 ↵

Thursday

例 3.11　输入 2 个运算量及 1 个运算符，如 5＋3，用程序实现四则运算并输出运算结果。

解　首先输入参加运算的 2 个数和 1 个运算符，然后根据运算符来做相应的运算。但是在做除法运算时应先判别除数是否为 0，如果为 0，则运算非法，给出错误提示；如果运算符号不是"＋""－""＊""/"则同样非法，也给出错误提示，对其他情况则输出运算结果。程序如下：

```
#include<stdio.h>
void main()
{
    float a,b,result;
    int flag=0;                          /* 0 为合法,1 为非法 */
    char ch;
    printf("Input expression:a+(-、* 、/)b:\n");
    scanf("%f%c%f",&a,&ch,&b);
    switch(ch)                           /* 根据运算符进行相关运算 */
    {
        case '+':result=a+b;
            break;
        case '-':result=a-b;
            break;
        case '*':result=a*b;
            break;
        case '/':if(! b)
            {
                printf("divisor is zero! \n");  /* 显示除数为 0 */
                flag=1;                          /* 置非法标志 */
            }
            else
                result=a/b;
            break;
```

```
        default: printf("Input error! \n");          /*显示输入错误*/
                  flag=1;                             /*置非法标志*/
        }
        if(! flag)                                    /*如果合法,则输出计算结果*/
            printf("%f %c %f=%f\n",a,ch,b,result);
    }
```

运行结果:

Input expression:a+(-、*、/)b:

8+3 ⏎

8.000000 + 3.000000＝11.000000

3.4 循环结构程序设计

程序的循环结构是用循环语句实现的。程序中有时需要反复执行某一段语句序列,这一语句序列我们称之为循环体。每次循环前都要作出是继续执行循环体还是退出循环的判定,这个循环终止条件的判定是由表达式来完成的。所以,循环语句至少要包含循环体和判定循环终止条件的表达式这两部分。

循环语句分为两种类型:一种是条件循环语句,包括当型(while)循环和直到型(do…while)循环两种形式的循环语句;另一种是计数(for)循环语句。如果能预先确定循环的次数则使用 for 循环语句,否则应使用 while 或 do…while 循环语句。虽然 C 语言已经将 for 语句的功能扩展到足以取代 while 和 do…while 语句的地步,但是从程序的易读性考虑,最好是根据具体情况来选择使用这三种循环语句。

3.4.1　while 语句

while 语句用来实现当型循环,其一般形式为

    while (表达式)

        语句;

其中:表达式是循环条件,语句为循环体。在执行 while 语句时,先对表达式的循环条件进行计算,若其值为真(非 0),则执行循环体中的语句,然后继续重复刚才表达式值的计算并判断,是真则再次执行循环体语句,直到表达式的值为假(为0)时循环结束,程序控制转至 while 循环语句之后的下一条语句继续执行。while 语句的执行流程如图 3-6 所示。

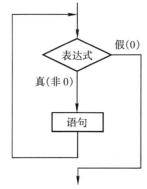

图 3-6　while 语句的执行流程

使用 while 语句时应注意以下几点:

(1) 循环体是一条语句。当循环体由多条语句组成时,则必须用花括号"{ }"括起来的复合语句表示。

(2) 循环体内一定要有使表达式(即循环条件)的值变为假(即 0)的操作,否则循环将永远进行下去而形成"死循环"。

(3) while 语句中的表达式一般是关系表达式或逻辑表达式,但也可以是数值表达式或字

符表达式,只要其值非 0 就执行循环体语句。

（4）while 语句的特点是"先判断,后执行",如果表达式的值一开始就为 0,则循环体语句一次也不执行（相当于一空语句）。但是要注意的是:由于要先判断,所以表达式至少要执行一次。

例 3.12　分析下面程序的运行结果。

（1）# include<stdio.h>
```
void main()
{
    int x=2;
    while(x－－)
        printf("%d\n",x);
}
```

（2）# include<stdio.h>
```
void main()
{
    int x=2;
    while(x－－);
    printf("%d\n",x);
}
```

（3）# include<stdio.h>
```
void main()
{
    int x=2;
    while(x)
        printf("%d\n",x);
}
```

（4）# include<stdio.h>
```
void main()
{
    int x=0;
    while(x－－)
        x－－;
    printf("%d\n",x);
}
```

解　程序（1）中的"x－－"是 x 先参与操作然后再减 1。因此,while 语句中的表达式"x－－"就是先判断 x 值是否为 0,非 0 则执行循环体语句 printf,为 0 则结束 while 语句的循环。但是在判断后且在执行循环体语句 printf 或者结束 while 循环语句之前,还应执行 x 的自减 1 操作。也即,该 while 语句的执行步骤如下:

① 对 x 值进行判断;

② x 自减 1;

③ 根据①的判断结果,如果非 0,则执行循环体语句 printf 然后转①,否则结束while 循环。

因此每次判断 x 不等于 0 时都要执行这个 printf（当然在执行 printf 语句之前 x 先减 1）;当 x 等于 0（判断后 x 仍要减 1）时则不再执行 printf 语句而结束循环。因此,程序的执行结果如下:

　　　　1

　　　　0

程序（2）中 while 语句的表达式与程序（1）中的相同,而循环体语句是一空语句（即分号";"）,即什么也不执行。因此 x 每判断（判断后再减 1）一次只要其值非 0 则执行一次循环体,即空语句。当 x 为 0 时,先判断再减 1,因判断时 x 值为 0 而意味着要结束循环,并且判断后 x 减 1 则使 x 值为－1。所以,结束循环后的 printf 语句（它不属于循环体语句）输出值为－1。

程序（3）中 while 语句的表达式为 x,循环体语句与程序（1）中的相同,即每次判断 x 不等于 0 时都要执行这个 printf 语句。由于表达式中及循环体语句中都没有对 x 值进行修改,也即 x 值始终为 2,因此每次判断 x 值都为非 0,所以该程序的 while 循环是一个死循环,即无休止地输出 2。

程序(4)中 x 初值为 0,也即 while 语句的表达式在判断 x 值时已为 0,即不执行循环体语句"x－－;",并结束循环,但表达式"x－－"则是先判断后减 1,因此循环结束后由 printf 语句输出－1。

例 3.13 利用下面公式求 π 值,要求 n＝10000。

$$\frac{\pi}{4}=1-\frac{1}{3}+\frac{1}{5}-\frac{1}{7}+\cdots+\frac{1}{4n-3}-\frac{1}{4n-1}+\cdots$$

解 本题为求累加和问题,因此可用 while 语句实现,但是在循环体语句中应分解为两步实现求累加和任务,即:①计算出通项 $\frac{1}{4n-3}-\frac{1}{4n-1}$(n＝1,2,…,10000)的值存于 m;②用语句"sum＝sum＋m;"求累加和。程序编写如下:

```
# include<stdio.h>
void main()
{
    int n=1;
    float m,sum=0;
    while(n<=10000)
    {
        m=1.0/(4*n-3)-1.0/(4*n-1);          /* 求通项的值 */
        sum=sum+m;                          /* 求累加和 */
        n++;
    }
    printf("PI=%f\n",4*sum);
}
```

运行结果:

PI＝3.141384

该程序要注意两点:

(1) 变量 sum 和 n 的初始值:sum 必须先置 0,否则是一随机数,如不置 0 则结果必然出错;n 初始值为 1 是求通项的需要。

(2) 在求通项的语句中,决不能写成"m＝1/(4*n－3)－1/(4*n－1);",这样,两个整数相除则所得结果会舍去小数部分,那么在求通项中除了第一次所求通项值为 1 外,其后所有的通项值都为 0,也即无法得到正确的结果。

例 3.14 求自然对数 e 的近似值,其中 $e\approx1+\frac{1}{1!}+\frac{1}{2!}+\cdots+\frac{1}{n!}$,$\frac{1}{n!}\geqslant10^{-7}$。

解 这也是求累加和问题,循环结束的条件是 $\frac{1}{n!}\geqslant10^{-7}$。程序如下:

```
# include<stdio.h>
void main()
{
```

```
    int i＝1;
    float e＝1,n＝1;
    while(1/n＞＝1e－7)
    {
        n＝n＊i;                    /＊形成 n! ＊/
        e＝e＋1/n;                  /＊求累加和＊/
        i＋＋;
    }
    printf("e＝％f\n",e);
}
```

运行结果:

　　e＝2.718282

　　编写程序时,若对循环结束的条件搞不清楚,往往会写成了"1/n＜1e－7",这样当 n 值为 1 时该条件为假,即根本不执行循环体,也就得不到正确的 e 值了。此外,由公式可以看出,有规律的计算是 $\frac{1}{1!}+\frac{1}{2!}+\cdots+\frac{1}{n!}$,而第 1 项这个 1 不属于这个规律范围,所以将这个 1 作为初值先赋给了 e。另一点是要形成 n!,所以必须先给 n 赋初值 1,而 i 值则从 1 开始每次加 1,这样每次循环相应得到 1!,2!,3! …最后要说明的是,由于 1/n 中的两个除数分别是整型和实型,故结果为实型,即不会产生两个整数相除其结果的小数部分被舍去的问题。

3.4.2　do…while 语句

do…while 语句用来实现直到型循环,其一般形式为

　　do

　　　　语句;

　　while（表达式）;

其中:表达式是循环条件,语句为循环体。do…while 语句的执行过程是:先执行 do 后的循环体语句,然后对表达式的循环条件进行计算,若其值为真(非 0),则继续循环重复上述过程;如果表达式值为假(即 0),则结束循环,程序控制转至 do…while 语句的下一条语句继续执行。do…while 语句的执行流程如图 3－7 所示。

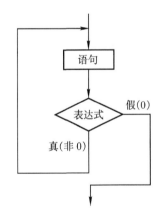

图 3－7　do…while 语句的执行流程

　　使用 do…while 语句时应注意以下几点:

　　(1) 循环体是一条语句。当循环体由多条语句组成时,则必须用花括号"｛｝"括起来的复合语句表示。

　　(2) 循环体内一定要有使表达式的值变为假(即 0)的操作,否则循环将永不停止。

　　(3) do 和 while 都是关键字,缺一不可;while（表达式)后面的分号";"不能缺少。

　　(4) do…while 语句是表达式的值为真时继续循环,否则结束循环,这一点与当型循环的 while 语句是一样的。

　　(5) do…while 语句是先执行,后判断,因此循环体至少要执行一次。从概念上讲,while

语句的循环体可以执行 0~n 次,而 do…while 语句的循环体则只能执行 1~n 次。所以从相容原则来看,while 语句包含着 do…while 语句,也就是说,do…while 语句可以由 while 语句取代,反之则不一定成立。

例 3.15 对下面的 while 和 do…while 循环进行比较。

```
(1) #include<stdio.h>              (2) #include<stdio.h>
    void main()                        void main()
    {                                  {
        int i=1;                           int i=1;
        while(i<0)                         do
            i++;                               i++;
        printf("%d\n",i);                  while(i<1);
    }                                      printf("%d\n",i);
                                       }
```

解 程序(1)中的 while 循环是"先判断,后执行",因此当表达式"i<0"其值为假时并不执行循环体语句"i++;",而程序(2)中的 do…while 循环是"先执行,后判断",即先执行循环体语句"i++;",然后再判断表达式"i<1"的值为假而结束循环。所以,程序(1)的输出 i 值为 1,而程序(2)的输出 i 值为 2。

例 3.16 利用下面公式求 π 值,要求 n=10000。

$$\frac{\pi}{4}=1-\frac{1}{3}+\frac{1}{5}-\frac{1}{7}+\cdots+\frac{1}{4n-3}-\frac{1}{4n-1}+\cdots$$

解 累加和问题也适用于 do…while 语句实现。程序编写如下:

```
#include<stdio.h>
void main()
{
    int n=1;
    float m,sum=0;
    do
    {
        m=1.0/(4*n-3)-1.0/(4*n-1);        /* 求通项的值 */
        sum=sum+m;                        /* 求累加和 */
        n++;
    }while(n<=10000);
    printf("PI=%f\n",4*sum);
}
```

运行结果:

```
PI=3.141384
```

与例 3.13 相对照,除了 do…while 是先执行后判断之外,其实现的方法完全与例 3.13 相同。

例 3.17 求自然对数 e 的近似值,其中 $e\approx1+\frac{1}{1!}+\frac{1}{2!}+\cdots+\frac{1}{n!},\frac{1}{n!}\geqslant10^{-7}$。

解　程序设计如下:

```
#include<stdio.h>
void main()
{
    int i=1;
    float e=1,n=1;
    do
    {
        n=n*i;              /*形成 n! */
        e=e+1/n;            /*求累加和*/
        i++;
    }while(1/n>=1e-7);
    printf("e=%f\n",e);
}
```

运行结果:

```
e=2.718282
```

3.4.3　for 语句

C 语言的 for 语句不同于其他高级语言中的 for 语句,其功能更加强大,使用更加灵活,不仅可用于计数型循环,也可以用于条件型循环,因此完全可以取代 while 和 do…while 循环语句。for 循环语句的一般形式为

for (表达式 1;表达式 2;表达式 3) 语句;

其中,语句为循环体,它可以是一条语句或是用花括号"{ }"括起来的复合语句。for 语句圆括号中两个分号分隔的三个表达式其作用如下:

(1) 表达式 1:给循环控制变量赋初值,只在循环开始时执行一次。

(2) 表达式 2:作为控制循环的条件在每次循环之前进行计算,如果条件成立(非 0),则执行循环体语句;如果条件不成立(为 0),则结束循环并终止 for 语句的执行 。

(3) 表达式 3:用于改变循环控制变量的值,使得循环条件趋向于不成立(以便结束循环)。

for 语句的执行流程如图 3-8 所示。

for 语句的执行过程分解为如下几步:

(1) 计算表达式 1;

(2) 求解表达式 2,若值为真(非 0)则执行循环体语句,然后转(3),若值为假(0)则转(5);

(3) 计算表达式 3;

(4) 转(2)继续执行;

(5) 结束循环,程序控制转至 for 语句之后的第一条语句继

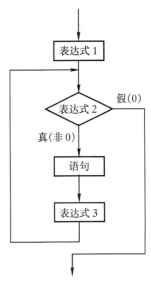

图 3-8　for 语句的执行流程

续执行。

因此,

    for (表达式 1;表达式 2;表达式 3) 语句;

就相当于

    表达式 1;

    while (表达式 2)

    {

        语句;

        表达式 3;

    }

使用 for 语句时应注意以下几点:

(1) 表达式 1 可以省略,省略后形式如下:

    for (;表达式 2;表达式 3) 语句;

这时缺省了给循环控制变量赋初值的操作,所以应在 for 语句之前给循环控制变量赋初值。

(2) 表达式 3 可以省略,省略后形式如下:

    for (表达式 1;表达式 2;) 语句;

这时缺省了改变循环控制变量值的操作,所以应在循环体语句中添加改变循环控制变量值的语句,使循环能够正常结束(否则可能陷入死循环)。

(3) 表达式 1 和表达式 3 可以同时省略,省略后形式如下:

    for (;表达式 2;) 语句;

没有了给循环控制变量赋初值的操作,也没有了改变循环控制变量值的操作,这种情况下 for 语句就完全等同于 while 语句。因此像 while 语句那样,需要在 for 循环语句之前给循环控制变量赋初值,而在循环体语句中还需要改变循环控制变量的值以便最终能够结束循环。

(4) 表达式 2 一般情况下不能省略,省略后形式如下:

    for (表达式 1;;表达式 3) 语句;

由于没有表达式 2,故没有判断循环结束与否的条件,若在循环体内没有 break 和 goto 等结束循环的语句,则容易使程序陷入死循环。同样,同时省略 3 个表达式的情况也是如此。

(5) for 语句圆括号"( )"内的两个分号";"在任何情况下都不能省略。

(6) 表达式 2 的值也可以是任何类型。系统只看它的值,非 0 就执行循环体语句,为 0 就结束循环。

例 3.18 分析下面程序的运行结果。

(1)
```c
#include<stdio.h>
void main()
{
    int i;
    for(i=0;i<=10;i++)
        printf("%d",i);
}
```

(2)
```c
#include<stdio.h>
void main()
{
    int i;
    for(i=0;i<=10;i++);
    printf("%d",i);
}
```

(3) #include<stdio.h>

(4) #include<stdio.h>

```
void main()
{
    int i=0;
    for( ;i<=10;i++)
        printf("%d",i);
}
```

(5) #include<stdio.h>
```
void main()
{
    int i;
    for(i=0;i<=i+10;i++)
        printf("%d",i);
}
```

(7) #include<stdio.h>
```
void main()
{
    int i;
    for(i=0;i<=10; )
        printf("%d",i);
}
```

```
void main()
{
    int i,j=0;
    for(i=0;i<=10;j++)
        printf("%d",i);
}
```

(6) #include<stdio.h>
```
void main()
{
    int i;
    for(i=0; ;i++)
        printf("%d",i);
}
```

(8) #include<stdio.h>
```
void main()
{
    int i=1;
    for( ;i>0;i++)
        if(i==10) break;
    printf("%d",i);
}
```

解　程序(1)循环体语句为"printf ("%d",i);",因此当表达式 2"i<=10"为真时输出当时的 i 值,所以程序的运行结果为 012345678910,当 i 值等于 11 时表达式 2"i<=10"为假而结束循环。

程序(2)中的循环体语句为空语句(即分号";"),因此当表达式 2"i<=10"为真时不执行任何语句,当循环结束后执行语句"printf ("%d",i);"输出 i 值 11。

程序(3)中仅是将给 i 赋初值 0 提到 for 语句前,其余与程序(1)相同,因此结果与程序(1)的相同。

程序(4)中由于表达式 3"j++"并没有改变循环控制变量 i 的值,因此是死循环。

程序(5)中随着 i 值的增加,表达式 2"i<=i+10"始终为真,即也是死循环。

程序(6)同程序(5),因无表达式 2,则始终执行循环体语句 printf,也是死循环。

程序(7)同程序(4),因无表达式 3,也即没有改变循环控制变量 i 的值,故也是死循环。

程序(8)中表达式"i>0"永远为真,但循环体语句"if (i==10) break;"则是当 i 值为 10 时强制结束 for 循环,因此不是死循环,循环结束后输出 i 值为 10。

例 3.19　利用下面公式求 π 值,要求 n=10000。

$$\frac{\pi}{4}=1-\frac{1}{3}+\frac{1}{5}-\frac{1}{7}+\cdots+\frac{1}{4n-3}-\frac{1}{4n-1}+\cdots$$

解　本题为求累加和问题,且又知道了求和范围,所以特别适合用计数循环 for 语句实现,程序如下:

```
#include<stdio.h>
void main()
{
    int n;
    float m,sum=0;
    for(n=1;n<=10000;n++)
    {
        m=1.0/(4*n-3)-1.0/(4*n-1);
        sum=sum+m;
    }
    printf("PI=%f\n",4*sum);
}
```

例 3.20　求自然对数 e 的近似值,其中 $e \approx 1+\dfrac{1}{1!}+\dfrac{1}{2!}+\cdots+\dfrac{1}{n!},\dfrac{1}{n!} \geqslant 10^{-7}$。

解　程序如下:

```
#include<stdio.h>
void main()
{
    int i;
    float e=1,n=1;
    for(i=1;1/n>=1e-7;i++)
    {
        n=n*i;
        e=e+1/n;
    }
    printf("e=%f\n",e);
}
```

由程序可以看出,for 语句圆括号"( )"中的表达式 2"1/n>=1e-7"与表达式 1 和表达式 3 的循环控制变量 i 看起来没有直接关系,但它仍能正确地控制循环的进行,且本题中表达式 2 是难以用有关 i 的表达式来实现对循环次数的控制的。从程序中我们还可以看到:用 while 或 do…while 循环实现的功能都能用 for 语句实现,即除了计数循环,条件循环也可以用 for 语句实现。

3.4.4　逗号运算符及逗号表达式

C 语言提供了一种特殊的运算符——逗号运算符,用它将两个表达式连接起来。例如:
　　65+8,7+8
称为逗号表达式。逗号表达式的一般形式为
　　表达式 1, 表达式 2, …, 表达式 n
逗号表达式的求解过程是:先求解表达式 1,再求解表达式 2,…,最后求解表达式 n,并且整个逗号表达式的值是表达式 n 的值。

例如,逗号表达式"65+8,7+8"的值为 15。又如,逗号表达式"a=3*5,4*a",由于赋值运算符的优先级高于逗号运算符,因此先求解"a=3*5",得到 a 值为 15,然后求解 4*a 得到 60,即整个逗号表达式的值为 60。

并不是在所有出现逗号的地方都是逗号运算符,如在变量定义中、函数参数表中出现的逗号","只是用作各变量之间的分隔符。

在许多情况下,使用逗号表达式只是需要分别得到各个表达式的值,而并非需要整个逗号表达式的值,但逗号表达式用于 for、while、do…while 或 if 语句的条件表达式时,就需要注意了。例如:

```
for (i=0,j=5; i<3,j>0; i++,j--)
    printf ("%d,%d\n",i,j);
```

作为循环控制条件的表达式 2 是由逗号表达式"i<3,j>0"组成的,当循环到 i 等于 3 时,表达式"i<3"结果为假,但并不结束循环,因为整个逗号表达式的值"j>0"仍然为真,只有当循环到 j 等于 0 时,整个逗号表达式的值为假才结束循环,即输出结果如下:

```
0,5
1,4
2,3
3,2
4,1
```

又如:

```
for (i=0,j=2; i<5,j>0; i++,j--)
    printf ("%d,%d\n",i,j);
```

由于逗号表达式"i<5,j>0"的作用,当 j 等于 0 时结束循环,即输出结果如下:

```
0,2
1,1
```

此时 i<5 仍为真,但由于整个逗号表达式的值取决于"j>0",所以在"j--"的作用下 j 值已为 0,即"j>0"为假,因此循环不再进行下去。

再如:

```
i=3;
if (i<10,i=0) printf ("pass! \n");
else printf ("OK! \n");
```

则因条件语句 if 的表达式是一个逗号表达式,并且整个逗号表达式的值"i=0"为 0 而输出

```
OK!
```

3.4.5 break 语句、continue 语句和 goto 语句

1. break 语句

break 语句的一般形式为

```
break;
```

break 语句的作用是在 switch 语句中或在 for、while、do…while 语句的循环体中,当执行

到 break 语句时则终止相应的 switch、for、while、do…while 语句的执行,并使控制转移到被终止的 switch 语句或循环语句的下一条语句去执行。也即,通过使用 break 语句,可以不必等到循环语句或 switch 语句的执行结束,而是提前结束这些语句的执行。注意,break 语句只能结束当前它所在的这一层 switch 语句或循环语句,而不能同时结束多层 switch 语句或循环语句。

2. continue 语句

continue 语句的一般形式为

```
continue;
```

continue 语句只能出现在 for、while、do…while 语句的循环体中。continue 语句的作用是结束本次循环,即跳过循环体中尚未被执行的语句,转而进行下一次是否继续进行循环的判断。也即,如果 continue 语句出现在 while 或 do…while 语句的循环体中,当执行完 continue 语句后,则跳过位于 continue 之后的那些循环体语句,使程序控制转到该循环语句对循环条件表达式的计算和判断;如果 continue 语句出现在 for 语句的循环体中,当执行了 continue 语句后则跳过位于 continue 之后的那些循环体语句,使程序控制转到 for 语句控制结构的表达式 3 去求值。通常,continue 语句出现在循环体内的某一 if 语句中。

3. goto 语句

任何语句都可以带语句标号,带语句标号的语句一般形式为

```
标识符:语句;
```

其中,标识符称为语句的标号,例如

```
L1: t=2*k;
```

如果语句有标号,程序就可以用 goto 语句将程序的控制无条件地转移到指定标号的语句处去继续执行。goto 语句的一般形式为

```
goto 语句标号;
```

当执行 goto 语句后,控制就立即转移到 goto 后标号所标识的那条语句去继续执行。

由于 goto 语句的无条件转向改变了程序的执行顺序,使得程序的静态描述(即书写的程序)与程序的执行次序不一致,给程序的易读性和修改都造成了影响,同时也增加了程序出错的机会;此外,goto 语句作为非正常的出口也破坏了程序模块结构。因此,结构化程序设计要求尽量不使用 goto 语句,而是采用结构化控制结构去编写程序。

若要使用 goto 语句,也应注意以下几点:

(1) 不允许多个语句之前出现相同标号,否则 goto 语句将无法确定应转到哪一个语句去执行。

(2) 出现在 goto 语句之后的语句,如果语句前没有标号的话就将永远得不到执行。

(3) 不允许转到结构语句的内部。这种转向实际上是转移到像 if、switch、while、do…while 和 for 语句的中间开始执行。由于没有执行一条完整的语句,因此会造成逻辑混乱而导致出错,但允许从结构语句的内部转出来。

(4) 不得由一个函数通过 goto 语句转到另一个函数的内部,否则也会出错。

(5) 使用 goto 语句必须在要转移到的那条语句前面设置标号,否则会因不知转到何处而出错。

例 3.21　分析下面程序的运行结果。

(1)
```c
#include<stdio.h>
void main()
{
    int i,x=0;
    for(i=0;i<=10;i++)
    {
        x++;
        break;
        x=x+10;
    }
    printf("x= % d\n",x);
}
```

(2)
```c
#include<stdio.h>
void main()
{
    int i,x=0;
    for(i=0;i<=10;i++)
    {
        x++;
        continue;
        x=x+10;
    }
    printf("x= % d\n",x);
}
```

(3)
```c
#include<stdio.h>
void main()
{
    int i,x=0;
    for(i=0;i<=10;i++)
    {
        x++;
        if(i==5) goto L1;
        x=x+10;
    }
    L1: printf("x= % d\n",x);
}
```

解　程序(1)的 for 语句循环体中,当执行完"x++;"语句后,就因执行"berak;"语句而终止 for 语句的执行,因此 printf 语句输出的 x 值为 1。

程序(2)的 for 语句循环体中,当执行完"x++;"语句后,就因执行"continue;"语句而跳过后面的"x=x+10;"语句,转去执行 for 语句圆括号"( )"中的表达式 3,即"i++",这样循环了 11 次(即执行了 11 次"x++"),当 i 值为 11 时结束循环,故输出的 x 值为 11。

程序(3)的 for 语句循环体中,条件语句"if (i==5) goto L1;"是当 i 值为 5 时才跳出 for 循环语句,因此当 i<5 时,循环体中的"x++;"和"x=x+10;"这两条语句都要执行,即实际执行了 5 次(i 值由 0～4),所以输出的 x 值为 56。

例 3.22　有一张纸厚 0.5 mm,假如它足够大且不断把它对折,问对折多少次后它的厚度可以达到珠穆朗玛峰的高度(8848 m)。

解　8848 m=8 848 000 mm。程序如下:

```c
#include<stdio.h>
void main()
{
```

```
        int n=0;
        float h=0.5;
        while(1)
        {
            n++;
            h=h*2;
            if(h>=8848000)
                break;
        }
        printf("n=%d\n",n);
    }
```

运行结果：

    n=25

程序也可以写成

```
    #include<stdio.h>
    void main()
    {
        int n=0;
        float h=0.5;
        while(1)
        {
            n++;
            h=2*h;
            if(h<8848000)
                continue;
            printf("n=%d\n",n);
            break;
        }
    }
```

程序还可以写成

```
    #include<stdio.h>
    void main()
    {
        int n=0;
        float h=0.5;
        while(1)
        {
            n++;
            h=2*h;
```

```
            if(h<8848000)
                continue;
            printf("n=%d\n",n);
            goto L1;
        }
    L1: ;
    }
```

3.4.6 循环嵌套

一个循环体内又包含另一个完整的循环结构时,就称为循环的嵌套。而内嵌的这个循环结构内还可以继续嵌套循环,这就构成了多层循环。

前面介绍的 while、do…while 和 for 三种循环可以相互嵌套,会出现多种复杂的嵌套方式。在阅读和编写循环嵌套的程序时,要注意每一层上的循环控制变量的变化规律。例如,下面的两个 for 语句嵌套:

```
    for (i=0; i<3; i++)
    {
        for (j=0; j<4; j++)
            printf ("   i=%d,j=%d",i,j);
        printf ("\n");
    }
```

外层的循环控制变量是 i,内层的循环控制变量是 j;在执行过程中,它们的变化规律是:外层的 i 值每变化一次,内层的 j 相应就要经历由 0~3 的变化,即该程序段执行后将输出:

```
    i=0,j=0   i=0,j=1   i=0,j=2   i=0,j=3
    i=1,j=0   i=1,j=1   i=1,j=2   i=1,j=3
    i=2,j=0   i=2,j=1   i=2,j=2   i=2,j=3
```

当内层 for 语句循环一遍输出一行数据后,属于外层 for 循环的"printf ("\n");"语句则接着输出一个回车换行符,然后开始新的一行输出。

例 3.23 按下面格式输出九九乘法表。

```
    1*1=1
    1*2=2   2*2= 4
    1*3=3   2*3= 6   3*3= 9
      ⋮       ⋮           ⋱
    1*9=9   2*9=18    …        9*9=81
```

解 我们可以用变量 i 来控制行的变化(由 1~9),且 i 可以作为乘数,而用 j 来控制每行中项(每一项共有 8 个字符)的变化,且 j 可以做为被乘数;每行结束时还要换一行。程序如下:

```
    #include<stdio.h>
    void main()
    {
```

```
        int i,j;
        for(i=1;i<=9;i++)
        {
            for(j=1;j<=i;j++)
                printf("%3d*%d=%2d",j,i,i*j);
            printf("\n");
        }
    }
```

也可用 while 循环的嵌套实现,程序如下:

```
    #include<stdio.h>
    void main()
    {
        int i=1,j;
        while(i<=9)
        {
            j=1;
            while(j<=i)
            {
                printf("%3d*%d=%2d",j,i,i*j);
                j++;
            }
            printf("\n");
            i++;
        }
    }
```

编写循环程序时要注意:内外循环必须层次分明,内循环必须完整地嵌套在外循环的里面;可以有多个循环嵌套并列,但决不允许出现交叉;循环中各语句的位置一定不要搞错,如上面两个求乘法表的程序中,如果将"printf("\n");"语句放到内循环中,将得不到要求格式的乘法表。

例 3.24 用程序实现下面图形的输出。

```
            *
          * * *
        * * * * *
      * * * * * * *
        * * * * *
          * * *
            *
```

解 从本题的图形来看,前 4 行为一正三角,而 5～7 行为一倒三角,正三角图形字符"*"随着行的增加而增加,而倒三角图形字符"*"则随着行的增加而减少。基于这一规律,程序必须对这两部分图形的输出分别控制实现。具体到正三角或倒三角图形,我们可以用两层 for 循环来控制实现图形的输出:外层 for 循环用来控制图形的行,即图形总共需要输出几行;内层 for 循环控制当前行中总共需要输出多少个图形字符。由于每行第 1 个图形字符的输出位置并不是该行的第 1 个位置,而是随着行数的变化而变化的,因此在这个内层控制图形字符输出的 for 循环之前,还要并列的增加另一个内层 for 循环用来控制该行空格字符的输出,即从该行第 1 个位置起一直到要输出第 1 个图形字符位置之前的所有位置,都由这个 for 循环实现空格字符的输出,这样内层的第 2 个 for 循环才能由正确的图形字符位置开始输出本行的所有图形字符。实际上,内层第 1 个 for 循环是控制位于字符图形左侧空白三角图形的输出,而内层第 2 个 for 循环才是控制位于空白字符图形右侧三角字符图形的输出。

因此,内层循环中共有两个 for 循环,第 1 个 for 循环完成本行空格字符的输出并定位于本行第 1 个图形字符的输出位置上,第 2 个 for 循环则由这个确定的图形字符位置开始完成本行图形字符的输出。

在内层循环中,我们用变量 n 来控制空格字符的输出。对正三角图形,空格字符随着行数的增加而减少,即每输出一行,n 值减 1;对倒三角图形,空格字符随着行数的增加而增加,即每输出一行,n 值加 1。对于图形字符的输出,由 1 个图形字符开始每行增加 2 个,因此用 $2*i-1$(i 为控制行数的变量)即可控制每行图形字符输出的个数。

对二维规则图形的输出,都可以采用这种两层循环的方法来控制实现。

程序设计如下:

```
#include<stdio.h>
void main()
{
    int i,j,n=5;
    for(i=1;i<=4;i++)
    {
        for(j=1;j<=n;j++)
            printf("");                        /*输出 2 个空格*/
        for(j=1;j<=2*i-1;j++)
            printf(" *");
        printf("\n");
        n--;
    }
    n=3;
    for(i=3;i>=1;i--)
    {
        for(j=1;j<=n;j++)
            printf("");                        /*输出 2 个空格*/
        for(j=1;j<=2*i-1;j++)
            printf(" *");
```

```
        printf("\n");
        n++;
    }
}
```

3.5　典型例题精讲

例 3.25　判断下面的 if 语句是否正确,并给出说明。

(1) if(x>y);　　　　　　(2) if(x>y) m=x　　　　　(3) if(x>y) {;}
　　　else m=y;　　　　　　　　　else m=y;　　　　　　　　　else m=y;

(4) if(x=1) m=x;　　　　(5) if(x>y) { }
　　　else m=y;　　　　　　　　　else m=y;

解　(1) 正确,当表达式"x>y"为真时执行的是一个空语句。

(2) 错误,当表达式"x>y"为真时应执行一个语句,而"m=x"是一个表达式,即少了一个";"。

(3) 正确,当表达式"x>y"为真时执行的是由一个花括号"{}"括起来的复合语句,而复合语句复合的仅是由空语句";"组成的语句。

(4) 正确,但表达式"x=1"其值始终为真,故"else m=y;"是多余的。

(5) 错误,其中的花括号"{}"中无任何语句,故构不成复合语句。

例 3.26　下面是计算 $1+\dfrac{1}{1\times 2}+\dfrac{1}{2\times 3}+\dfrac{1}{3\times 4}+\cdots+\dfrac{1}{(n-1)\times n}$ 的程序,其中最后一项值小于 10^{-3}。试分析程序中的错误,并将其改为正确的程序。

```
#include<stdio.h>
void main()
{
    int m=n=1;
    float s=1;
    while(1/m<0.001)
    {
        n++;
        m=m*n;
        s=s+1/m;
    }
    printf("s=%d\n",s);
}
```

解　程序中的错误如下:

(1) 在变量定义时不能写成"int m=n=1;"这种形式(m=n=1 是赋值表达式形式),而必须分开定义变量 m 和 n,即写成"int m=1, n=1;"。

(2) while 语句中判断循环与否的表达式"1/m<0.001"是错误的,这种情况下(m 初值为

1），表达式"1/m<0.001"在第一次判断时就为假值而结束循环，所以是错误的。此外，由于1/m是两个整数相除，故其运算结果将舍去小数点后的数据，这样误差太大。因此应改为"1.0/m>=0.001"。

（3）语句"m=m＊n;"是错误的，它实现的是 n！而不是(n−1)×n，因此应参照公式中的通项将其改为"m=(n−1)＊n;"。

（4）语句"s=s+1/m;"中 1/m 的错误同（2）。

（5）语句"printf("s=%d\n",s);"中的%d是错误的，应该为%f，因为与它对应的输出项是 s，而 s 为单精度类型。

正确的程序如下：

```
#include<stdio.h>
void main()
{
    int m=1,n=1;
    float s=1;
    while(1.0/m>=0.001)
    {
        n++;
        m=(n−1)*n;
        s=s+1.0/m;
    }
    printf("s=%f\n",s);
}
```

例 3.27　已知程序如下：

```
#include<stdio.h>
void main()
{
    int k=5,n=0;
    do
    {
        switch(k)
        {
            case 1:
            case 3: n=n+1; k−−; break;
            default: n=0; k−−;
            case 2:
            case 4: n=n+2; k−−; break;
        }
        printf("%d",n);
    }while(k>0&&n<5);
```

　　　　}
程序运行后的输出结果是_____。
　　A. 235　　　　　B. 0235　　　　　C. 02356　　　　　D. 2356

解　switch 语句的执行过程如下：

(1) 计算出 switch 后的表达式值,设为 E;

(2) 计算每个 case 后的常量表达式,设它们的值分别为 $C_1,C_2,\cdots,C_n$;

(3) 将 E 依次与 $C_1,C_2,\cdots,C_n$ 比较,如果 E 与某个 C_i 相等,则从该 C_i 值所在的 case 标号处开始执行语句序列,在不出现 break 语句的情况下将一直执行到 switch 语句结束;

(4) 如果 E 与所有的 $C_i(i=1,2,\cdots,n)$ 都不相等且存在 default 标号,则从 default 标号处开始往下执行,在不出现 break 语句的情况下将一直执行到 switch 语句结束;

(5) 如果 E 与所有的 $C_i(i=1,2,\cdots,n)$ 都不相等且不存在 default 标号,则 switch 语句不会执行任何操作,即相当于一个空语句。

　　本题程序开始执行时,首先初始化 k=5、n=0,然后进入 do…while 循环并执行 switch 语句,此时 k 值为 5 而没有对应的 case 标号,所以从 default 标号处开始执行"n=0;k－－;"语句,即 n 被赋 0,k 减 1 后其值为 4,由于"n=0;k－－;"语句之后没有 break 语句,故继续执行 case 4 标号处的语句;n 加 2 后其值为 2,k 减 1 后其值为 3,此时 switch 语句执行结束,printf 语句输出的 n 值为 2。

　　由于 do…while 语句的循环条件"k>0&&n<5"被满足,故再次从 do 后开始执行,并又进入 switch 语句,因为 k 值为 3 所以从 case 3 标号处执行:n 加 1 后其值为 3,k 减 1 后其值为 2,然后由 break 语句结束 switch 语句的执行,此时 printf 语句输出的 n 值为 3。

　　由于 do…while 语句的循环条件"k>0&&n<5"仍被满足,则第 3 次进入 do 后的 switch 语句,因为 k 值为 2,则从 case 2 标号处执行:n 加 2 其值为 5,k 减 1 后其值为 1,并由 break 语句结束 switch 语句的执行,此时 printf 语句输出的 n 值为 5。

　　这时,由于 do…while 语句的循环条件"k>0&&n<5"中的 n 值已为 5,故退出 do…while 循环,程序运行结束。所以,程序执行的最终结果是 235,故选 A。

　　例 3.28　下面不构成死循环的语句或语句组是_____。

　　A. n=0;　　　　　　　　　　　　　B. n=0;
　　　　do{＋＋n;}while (n<=0);　　　　　　while(1) {n++;}

　　C. n=10;　　　　　　　　　　　　　D. for (n=0,i=1; ; i++) n+=i;
　　　　while(n); {n－－;}

　　解　A 项中,n 初始值为 0,执行循环语句"＋＋n;"使 n 值为 1,此时表达式"n<=0"条件为假,即结束 do…while 循环,因此不构成死循环。

　　B 项中,因 while 语句中的表达式始终为 1,即循环条件永远满足,而循环体中也无 break 语句来结束循环,故构成了死循环。

　　C 项中,开始 while 语句中的表达式 n 值为 10,即循环条件满足,但循环体语句是空语句";",因没有改变循环控制变量 n 值的语句,所以 n 值永远为真,故构成了死循环。

　　D 项中,for 语句圆括号"( )"中的表达式 2 为空,也即循环条件为空,这种没有循环条件的 for 语句将永远循环下去,除非循环体中有 break 语句,而在此循环体中并无 break 语句,故也构成了死循环。

综上所述,应选 A。

例 3.29　求解一元二次方程 $ax^2 + bx + c = 0$。

解　由一元二次方程解法可知,根据系数 a、b、c 的不同取值,方程的解可为下面六种情况:

(1) $a=0,b=0$,方程退化;

(2) $a=0,b \neq 0$,方程有 1 个单根;

(3) $c=0$,方程的 1 个根为 0;

(4) $b^2-4ac=0$,方程有 2 个相等的实数根;

(5) $b^2-4ac>0$,方程有 2 个不等的实数根;

(6) $b^2-4ac<0$,方程有 2 个复数根。

因此,程序中对这六种情况采用多分支语句 switch 进行处理,求解程序如下:

```c
#include<stdio.h>
#include<math.h>
void main()
{
    int a,b,c,d,k;
    float r,i;
    printf("Input a,b,c:");
    scanf("%d,%d,%d",&a,&b,&c);
    if(a==0&&b==0) k=1;
    if(a==0&&b!=0) k=2;
    if(c==0) k=3;
    if(a!=0&&b!=0&&c!=0)
    {
        d=b*b-4*a*c;
        r=-b/(2.0*a);
        i=sqrt(abs(d))/(2*a);
        if(d==0) k=4;
        if(d>0) k=5;
        if(d<0) k=6;
    }
    switch(k)
    {
        case 1: printf("Error! \n"); break;
        case 2: printf("Single root is %f\n",-(float)c/b); break;
        case 3: printf("The roots are %f and 0\n",-(float)b/a); break;
        case 4: printf("Two roots are %f\n",r); break;
        case 5: printf("Two roots are %f and %f\n",r+i,r-i); break;
        case 6: printf("Complex roots:%f+i%f and %f-i%f\n",r,i,r,i);
```

```
        }
    }
```

例 3.30 编写程序,输出下面的数字金字塔图形。

```
                1
               1 2 1
              1 2 3 2 1
             1 2 3 4 3 2 1
            1 2 3 4 5 4 3 2 1
           1 2 3 4 5 6 5 4 3 2 1
          1 2 3 4 5 6 7 6 5 4 3 2 1
         1 2 3 4 5 6 7 8 7 6 5 4 3 2 1
        1 2 3 4 5 6 7 8 9 8 7 6 5 4 3 2 1
```

解 我们知道,输出图形必须通过两重循环实现,外层循环控制行的变化,而内层循环则控制当前行上字符图形的输出。

本题我们采用两层 for 循环来实现数字金字塔图形的输出。外层 for 循环用来控制输出的行数(号),内层 for 循环用于控制每一行上各列数字的输出。

首先,需要确定每一行开始输出数字的位置。我们用变量 n 来记录每行第 1 个数字输出前所应空出的字符个数,即输出相应的空格来对第 1 个数字进行定位,这由内层的第 1 个 for 循环实现。由于数字金字塔中最大数字是 9,且为了输出图形的好看,所以每个数字占用 2 个字符位置。这样,下一行的第 1 个数字的输出位置应超前于上一行第 1 个数字位置 2 个字符位,也即内层的第 1 个 for 循环控制输出空格个数的 n 值也相应减 1(因空格的输出是每次 2 个)。程序中的 n 值初始化时设为 10。

其次,通过分析数字金字塔图形,我们可以发现:每一行中出现的最大数字恰好就是此行的行号,且总是位于本行中间位置。由此,内层控制各行数字输出的 for 循环可以分为两个:第 1 个 for 循环控制变量 j 由 1 递增到该行行号时为止,而第 2 个 for 循环控制变量 j 则由行号减 1 开始递减到 1 时为止。而且,这两个 for 语句循环控制变量 j 变化的顺序恰好就是该行数字的变化顺序,所以只需输出这两个循环控制变量 j 的值即可。

也即,内层 for 循环共有 3 个:第 1 个 for 循环用于输出空格,即定位于当前行输出数字的起始位置;第 2 个 for 循环用于当前行递增输出由 1 到该行行号为止的数字;第 3 个 for 循环用于当前行递减输出由该行行号减 1 到 1 为止的数字。实现数字金字塔的程序如下:

```
#include<stdio.h>
void main()
{
    int i,j,n=10;
    for(i=1;i<=9;i++)
    {
        for(j=1;j<=n;j++)
            printf("  ");                    /*每次输出2个空格*/
        for(j=1;j<=i;j++)
```

```
        printf("%2d",j);
    for(j=i-1;j>=1;j--)
        printf("%2d",j);
    printf("\n");
    n--;
    }
}
```

例 3.31　求 Fibonacci 数列前 20 个数。这个数列有如下特点:第 1 和第 2 两个数为 1,从第 3 个数开始,该数是其前面两个数之和,即

$$\begin{cases} f_1=1, & n=1 \\ f_2=1, & n=2 \\ f_n=f_{n-1}+f_{n-2}, & n\geqslant3 \end{cases}$$

解 1　我们用 for 循环来控制 Fibonacci 数列中顺序每一个数的计算和输出。初始时置 f1 和 f2 为 1,进入 for 循环后先输出 f1 和 f2 的值,然后再计算 f3 的值,即 f3 的值为 f1+f2,我们将这个 f1+f2 的值保存于 f1 中(此时的 f1 即为 f3);接下来再计算 f4,其值为 f2+f3,由于 f3 已存于 f1 中,故这时的 f4 值为 f2+f1,同样,我们将 f4 值保存在 f2 中(此时的 f2 即为 f4)。至此,已经将下一次循环时要输出的 2 个 Fibonacci 数准备好了,并且同样是保存在 f1 和 f2 中,这样就可以继续上述的输出和计算,这种循环输出和计算过程直到完成要求的输出个数为止。注意,在每 1 次循环中,实际上是输出 2 个 Fibonacci 数列值,因此循环的次数应是要求输出个数的一半。程序编写如下:

```
#include<stdio.h>
void main()
{
    int i,f1,f2;
    f1=1;
    f2=1;
    for(i=1;i<=10;i++)
    {
        printf("%10d%10d",f1,f2);
        if(i%2==0)
            printf("\n");
        f1=f1+f2;
        f2=f2+f1;
    }
}
```

运行结果:

```
    1         1         2         3
    5         8        13        21
   34        55        89       144
```

| 233 | 377 | 610 | 987 |
| 1597 | 2584 | 4181 | 6765 |

在程序中,语句"if (i%2==0) printf ("\n");"是控制每循环两次(即输出 4 个数时)就输出 1 个换行符。

解 2　也可以先用语句"f3=f1+f2;"求出 f3 的值,输出该值后再将 f2 的值赋给 f1、f3 的值赋给 f2;接着,再用语句"f3=f1+f2;"则可求出 f4 的值;以此类推,最终可以求出 Fibonacci 数列前 20 项的值。程序编写如下:

```c
#include<stdio.h>
void main()
{
    int i,f1,f2,f3;
    f1=1;
    f2=1;
    printf("%10d%10d",f1,f2);
    for(i=1;i<=18;i++)
    {
        f3=f1+f2;
        printf("%10d",f3);
        if(i%4==2)
            printf("\n");
        f1=f2;
        f2=f3;
    }
}
```

例 3.32　求正整数 m 和 n 的最大公约数。

解 1　对于两个正整数 m 和 n,其最大公约数对 m 和 n 取余时,其余数必然为 0。因此,我们将 m 和 n 中值小者送入变量 k 作为循环终止标志,并采用 for 循环方式使循环控制变量 i 由 1 开始递增到 k,逐次把每一个同时满足 m%i==0 和 n%i==0 的 i 值送入变量 g 保存。由于 i 值由小到大变化,故最终保存在变量 g 中的值就是同时满足对 m 和 n 取余为 0 的最大除数,即最大公约数。相应程序如下:

```c
#include<stdio.h>
void main()
{
    int m,n,i,k,g;
    printf("Input data m n:");
    scanf("%d%d",&m,&n);
    if(m>n)
        k=n;
    else
```

```
        k=m;
        for(i=1;i<=k;i++)
            if(m%i==0&&n%i==0)
                g=i;
        printf("gcd=%d\n",g);
    }
```

解 2　我们仍然采用解 1 的思想,即用取余"%"的方法来求最大公约数。所不同的是,在解 1 中,我们采用由小到大找出能够同时整除 m 和 n 的最大值这种方法来求最大公约数;在此,我们采用由大到小找到的第一个能够同时整除 m 和 n 的数,那么这个数就是最大公约数。相应的程序如下:

```
    #include<stdio.h>
    void main()
    {
        int m,n,i;
        printf("Input data m n:");
        scanf("%d%d",&m,&n);
        if(m>n)
            i=n;
        else
            i=m;
        while(m%i!=0||n%i!=0)
            i--;
        printf("gcd=%d\n",i);
    }
```

也可用下面程序实现:

```
    #include<stdio.h>
    void main()
    {
        int m,n,i,k;
        printf("Input data m n:");
        scanf("%d%d",&m,&n);
        if(m>n)
            k=n;
        else
            k=m;
        for(i=k;m%i!=0||n%i!=0;i--);
        printf("gcd=%d\n",i);
    }
```

解 3　对于正整数 m 和 n,假定 m 大于 n,则用 m 反复减去 n 直到 m 不大于 n,如果此时

m 和 n 相等,则原 m 值必然是 n 的整数倍,那么此时的 m(或 n)值就是原 m 值和 n 值的最大公约数;如果此时 m 小于 n,则继续用 n 反复减去 m 直到 n 不大于 m,这时若 n 等于 m,则此时的 m(或 n)值就是原 m 值和原 n 值的最大公约数,否则继续执行 m 减 n 的操作;最终必然有 m 等于 n,而此时的 m(或 n)值即为原 m 和原 n 的最大公约数。相应的程序如下:

```c
#include<stdio.h>
void main()
{
    int m,n;
    printf("Input data m n:");
    scanf("%d%d",&m,&n);
    while(m!=n)
    {
        while(m>n)
            m=m-n;
        while(n>m)
            n=n-m;
    }
    printf("gcd=%d\n",m);
}
```

解 4　在解 3 中 m>n 时反复用 m 减 n 的过程或者 n>m 时反复用 n 减 m 的过程都可以用取余"%"运算所取代:当 m>n 时执行 m%n,如果余数为 0 则表示 n 为最大公约数;当 n>m 时执行 n%m,如果余数为 0 则表示 m 为最大公约数。为了简化程序及每次正确的取余,只采用 m%n 一种形式,即在 m%n 操作之后,总是将操作的结果作为新的 n 值,而原 n 值作为新的 m 值而继续进行下一次 m%n 操作,直到某次取余操作的结果为 0 时的 n 值(此时程序已将这个 n 值传给了 m,故为 m 值)即为最大公约数。相应程序如下:

```c
#include<stdio.h>
void main()
{
    int m,n,q;
    printf("Input data m n:");
    scanf("%d%d",&m,&n);
    do
    {
        q=m%n;
        m=n;
        n=q;
    }while(q!=0);
    printf("gcd=%d\n",m);
}
```

也可写成如下：

```
#include<stdio.h>
void main()
{
    int m,n,q;
    printf("Input data m n:");
    scanf("%d%d",&m,&n);
    q=m%n;
    while(q!=0)
    {
        m=n;
        n=q;
        q=m%n;
    }
    printf("gcd=%d\n",n);
}
```

注意，后面的这个程序应输出 n 值。

例 3.33 对三位数 abc，若有 abc=$a^3+b^3+c^3$，则称 abc 是水仙花数。求出所有符合条件的水仙花数，例如 $153=1^3+5^3+3^3$。

解 从题中给出的三位数可知，该数的求解范围是 100～999，故用 for 循环求解。对于三位数的每一位 a、b、c，百位数是将该三位数除以 100 而得到的（两个整数相除，结果的小数部分舍去）；对于十位数的分离，可以将三位数先除以 10，即舍去了个位数而变成一个二位数，然后再对 10 取余即可以得到这个十位上的数；个位数则是对三位数直接对 10 取余得到的。相应的程序如下：

```
#include<stdio.h>
void main()
{
    int a,b,c,i;
    for(i=100;i<=999;i++)
    {
        a=i/100;
        b=(i/10)%10;
        c=i%10;
        if(i==a*a*a+b*b*b+c*c*c)
            printf("%d=%d^3+%d^3+%d^3\n",i,a,b,c);
    }
}
```

运行结果：

```
153=1^3+5^3+3^3
```

$$370=3\hat{}3+7\hat{}3+0\hat{}3$$
$$371=3\hat{}3+7\hat{}3+1\hat{}3$$
$$407=4\hat{}3+0\hat{}3+7\hat{}3$$

注意,十位数和个位数的分离还可采用如下语句实现:

b=(i%100)/10;或者 b=(i-a*100)/10;

c=i-i/10*10;

例 3.34　鸡、兔同笼,已知鸡、兔总头数为 h,总脚数为 f(鸡、兔至少各有一只,即 2h+2≤ f≤4h-2)。求鸡、兔各有多少?

解　我们用 i 来统计兔子的头数,用 j 来统计鸡的头数。已知 f 为总脚数,则在循环中每次执行语句"f=f-4;"i 值增 1,将此时的 f 值除 2 即为鸡的头数,这时比较 i+j 是否等于总头数 h,如果等于则输出 i、j(已找到);否则继续进行上述循环查找过程,直到找到 i+j 等于 h 时输出 i、j 值为止,或者到 f<0 时无解。程序如下:

```
#include<stdio.h>
void main()
{
    int i,j,f,h;
    printf("Please input heads and feed(h,f):");
    scanf("%d,%d",&h,&f);
    i=0;
    while(f>0)
    {
        f=f-4;
        i++;
        j=f/2;
        if(i+j==h)
            break;
    }
    if(f>0)
        printf("Cock=%d,Rabbit=%d\n",j,i);
    else
        printf("Input error! \n");
}
```

运行结果:

Please input heads and feed(h,f):23,54 ↵

Cock=19,Rabbit=4

例 3.35　把 1 元整币兑换成 1 分、2 分和 5 分的硬币,并按如下两种方法进行:

(1) 可以只兑换一种硬币的方法;

(2) 必须含有三种硬币的兑换方法。

试编制程序来计算共有多少种兑换硬币的方法。

解　(1) 1 元整币可以分为 20 个 5 分硬币或 50 个 2 分硬币,或者 100 个 1 分硬币。由于可以只出现一种硬币,所以可将这些数值作为该种硬币个数的上界。我们用变量 k、j、i 来分别统计 5 分、2 分和 1 分硬币的个数,并用变量 n 来记录共有多少种兑换方法。程序如下:

```
#include<stdio.h>
void main()
{
    int i,j,k,n;
    n=0;
    for(k=0;k<=20;k++)
        for(j=0;j<=50;j++)
        {
            i=100-k*5-j*2;
            if(i>=0)
            {
                n++;
                printf("one：%d, two：%d, five：%d\n",i,j,k);
            }
        }
    printf("n=%d\n",n);
}
```

(2) 由于必须包括 3 种硬币,故 5 分硬币个数只能是 1～19,2 分硬币个数只能是 1～47 (另外 6 分为一个 5 分硬币和一个 1 分硬币)。此时原(1)求解程序中 if 语句的判断条件"i>=0"也改为"i>=1"。相应程序如下:

```
#include<stdio.h>
void main()
{
    int i,j,k,n;
    n=0;
    for(k=1;k<=19;k++)
        for(j=1;j<=47;j++)
        {
            i=100-k*5-j*2;
            if(i>=1)
            {
                n++;
                printf("one：%d, two：%d, five：%d\n",i,j,k);
            }
        }
    printf("n=%d\n",n);
```

　　　　　　}

　　通过此题求解可以看出：在不同条件下循环的上、下界可能不同，要注意循环上、下界的选取应满足题意的要求。

　　例 3.36　古希腊人认为因子之和等于它本身的数为完数，例如 28 的因子是 1、2、4、7、14，且 1+2+4+7+14=28，则 28 是完数。编写程序求 2~1000 内的完数。

　　解　实现程序如下：

```c
#include<stdio.h>
void main()
{
    int i,j,sum;
    for(i=2;i<=1000;i++)
    {
        sum=0;
        for(j=1;j<i;j++)
            if(i%j==0)
                sum=sum+j;
        if(i==sum)
        {
            printf("%4d its factors are",i);
            for(j=1;j<i;j++)
                if(i%j==0)
                    printf("%d,",j);
            printf("\n");
        }
    }
}
```

　　运行结果：

```
  6 its factors are1,2,3,
 28 its factors are1,2,4,7,14,
496 its factors are1,2,4,8,16,31,62,124,248,
```

　　该程序的外层 for 语句控制 i 在 2~1000 内变化，内层 for 循环完成对 i 由 1 到 i-1 取余的操作；如果某次余数为 0，则该数是 i 的一个因子；我们将 i 的所有因子累加并保存于 sum 中，如果最终 i 值与 sum 值相等，则这个 i 为完数。但是，在上述求余过程中我们并没有将这个完数的每一个因子保存下来，所以只好再重复一次对这个完数求其因子的过程；所不同的是这次取余找到的每一个因子都进行输出(已知其为完数的因子)，这一操作过程是由内层的 if 语句来控制完成的。如果所找的 i 值与 sum 值不等，则该 i 值不是完数，则继续进行下一次完数的寻找。

　　例 3.37　爱因斯坦(Einstein)阶梯问题如下：有一个长阶梯，如果每步跨 2 阶最后剩 1 阶，每步跨 3 阶最后剩 2 阶，每步跨 4 阶最后剩 3 阶，每步跨 5 阶最后剩 4 阶，每步跨 6 阶则最后剩 5 阶,只有当每步跨 7 阶时才恰好走完,问这个阶梯最少有多少阶?

解 1　用变量 a、b、c、d、e、f 分别对步距为 2、3、4、5、6、7 的台阶进行计数。为了便于解题,我们设 a、b、c、d、e、f 的初值分别是 1、2、3、4、5、和 0。这样,当每步跨 7 阶走完全部台阶时,其余步距也恰好走完,即最终当 a、b、c、d、e、f 具有相同的台阶值时即为所求的阶数。此外,为了保证某一时刻 a、b、c、d、e、f 都恰好走完最后台阶,我们必须对每一种步距的行走速度加以控制,即以每步跨 7 阶的 f 值作为行走标准,其余步距只能小于或等于 f 值但不得超过 f 值,并且每一个步距与 f 之间的差距也不得大于自身的一个步距,只有这样才能保证在某一时刻所有步距的计数值相等。在判断中,若有一个步距不等则继续循环使 f 增加一个步距值 7,然后重复前述判断的过程。按照这种思路设计的程序如下:

```
# include<stdio.h>
void main()
{
    int a,b,c,d,e,f;
    a=1;b=2;c=3;
    d=4;e=5;f=0;
    while(a!=f||b!=f||c!=f||d!=f||e!=f)
    {
        f=f+7;
        while(a<=f-2) a=a+2;
        while(b<=f-3) b=b+3;
        while(c<=f-4) c=c+4;
        while(d<=f-5) d=d+5;
        while(e<=f-6) e=e+6;
    }
    printf("Steps=%d\n",f);
}
```

运行结果:

```
Steps=119
```

解 2　由于已知步距为 7 时正好走完全部台阶,故我们以步距为 7 的计数变量 f 作为基准,使 f 每次增加一个步距长度 7,并且每增加一个步距时就去检查此时的 f 值是否恰好满足除 6 余 5(每步跨 6 个阶剩 5 阶)、除 5 余 4(每步跨 5 个阶剩 4 阶)……除 2 余 1(每步跨 2 阶余 1 阶)这些条件,若全部满足,则此时的 f 值就是所求的台阶数。按此思路编写的程序如下:

```
# include<stdio.h>
void main()
{
    int f=7;
    while(f%6!=5||f%5!=4||f%4!=3||f%3!=2||f%2!=1)
        f=f+7;
    printf("Steps=%d\n",f);
```

    }

例 3.38 用圆的内接正多边形面积代替圆面积的方法计算 π 值。

解 我们知道,圆的面积计算公式为 $S=\pi R^2$,当半径 $R=1$ 时,$S=\pi$。因此可以通过迭代法求半径 R 为 1 的圆内接正 $3\times 2^n (n=1,2,3,\cdots)$ 边形的面积,当 $n\rightarrow\infty$ 时正 3×2^n 边形面积就是圆的面积 π。在图 3-9 中,AB 为圆的内接正 n 边形的边,AC 为正 2n 边形的边,则正 2n 边形的面积 = 正 n 边形面积 + n × △ABC 的面积。△ABC 的高 $DC=1-OD=1-\sqrt{1^2-AD^2}$,正 2n 边形的边 $AC=\sqrt{CD^2+AD^2}$。

程序中用 m 记录圆内接正 n 边形的边数,初始时 m 为 6,圆内接正六边形面积 S 可以通过图 3-9 得到。从图 3-9 可以看出 △AOB 为等边三角形,$S_{\triangle AOD}=\dfrac{1}{2}OD\times\dfrac{AB}{2}=\dfrac{1}{4}\sqrt{OA^2-\left(\dfrac{AB}{2}\right)^2}=\dfrac{1}{8}\sqrt{3}$,即圆内接正六边形面积 $S=12\times\dfrac{1}{8}\sqrt{3}=\dfrac{3}{2}\sqrt{3}$。我们将 $\dfrac{3}{2}\sqrt{3}$ 作为圆内接正 n 边形面积的初始迭代值,并在迭代过程中用 s1、s 分别存放迭代前后的值,当 s 与 s1 差的绝对值小于 10^{-7} 时结束迭代。程序实现如下:

```
#include<stdio.h>
#include<math.h>
void main()
{
    int m;
    float a,s,s1,h;
    a=1;m=6;
    s=3 * sqrt(3)/2;
    do
    {
        printf("%6d%12.8f\n",m,s);
        s1=s;
        h=1−sqrt(1−a*a/4);
        s=s+m*a*h/2;
        a=sqrt(h*h+a*a/4);
        m=m*2;
    }while(fabs(s−s1)>1e−7);
}
```

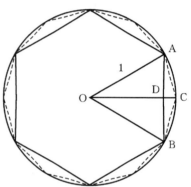

图 3-9 圆内接正六边形示意图

运行结果:

```
     6   2.59807611
    12   3.00000000
    24   3.10582852
    48   3.13262868
    96   3.13935018
   192   3.14103198
```

```
   384   3.14145255
   768   3.14155769
  1536   3.14158392
  3072   3.14159060
  6144   3.14159226
 12288   3.14159274
```

例 3.39　素数是指在大于 1 的自然数中,除了 1 和该数自身之外再不能被其他任何自然数整除的数。求 1000 以内的所有素数。

解 1　对于任意一个自然数 i,如果小于等于 $\sqrt{i}$ 的自然数都不能除尽 i 的话,则大于 $\sqrt{i}$ 的自然数也不能除尽 i,这是因为,如果有大于 $\sqrt{i}$ 的自然数 j 能够除尽 i,则它的商 k 必定小于 $\sqrt{i}$,且 k 同样能除尽 i(此时的商即是 j)。因此,对任意一个自然数 i,我们只要用 $2\sim\sqrt{i}$ 范围内的自然数去逐个除 i,如果都不能除尽的话就说明 i 为素数。相应的程序如下:

```c
# include<stdio. h>
# include<math. h>
void main()
{
    int i,j,n=0,flag;
    for(i=2;i<=1000;i++)
    {
        flag=1;
        for(j=2;j<=(int)sqrt(i);j++)
            if(i % j==0)
            {
                flag=0;
                break;
            }
        if(flag)
        {
            printf("% 6d",i);
            n++;
            if(n % 10==0)
                printf("\n");
        }
    }
    printf("\n");
}
```

解 2　对于任意一个自然数 i,我们还可由 2 到 i−1 顺序对 i 进行取余运算;如果每次运算的余数都不为 0 则表示不存在 i 的因子,同时也说明了 i 是一个素数;如果某次运算出现了余数为 0 的情况,就立即判断出 i 不是素数,因此也就没有必要再对 i 继续进行取余运算,而马上跳出当前的 for 循环再对下一个自然数进行是否为素数的判断。因此,在程序中使用了 goto 语句。相应的程序如下:

```
# include<stdio.h>
void main()
{
    int i,j,n=0;
    for(i=2;i<=1000;i++)
    {
        for(j=2;j<i;j++)
            if(i % j==0)
                goto L1;
        printf(" % 6d",i);
        n++;
        if(n % 10==0)
            printf("\n");
    L1: ;
    }
    printf("\n");
}
```

运行结果:

2	3	5	7	11	13	17	19	23	29
31	37	41	43	47	53	59	61	67	71
73	79	83	89	97	101	103	107	109	113
127	131	137	139	149	151	157	163	167	173
179	181	191	193	197	199	211	223	227	229
233	239	241	251	257	263	269	271	277	281
283	293	307	311	313	317	331	337	347	349
353	359	367	373	379	383	389	397	401	409
419	421	431	433	439	443	449	457	461	463
467	479	487	491	499	503	509	521	523	541
547	557	563	569	571	577	587	593	599	601
607	613	617	619	631	641	643	647	653	659
661	673	677	683	691	701	709	719	727	733
739	743	751	757	761	769	773	787	797	809
811	821	823	827	829	839	853	857	859	863
877	881	883	887	907	911	919	929	937	941
947	953	967	971	977	983	991	997		

例 3.40 给定一个正整数,求出它的质因子,并按如下形式输出:

$15 = 3 * 5$

$20 = 2 * 2 * 5$

解　实现程序如下：

```c
#include<stdio.h>
void main()
{
    int x,i,flag;
    i=2;
    flag=1;                          /*第1次应输出"=质因子"标志*/
    printf("Input x:");
    scanf("%d",&x);
    printf("%d",x);
    while(i<=x)
    {
        if(x%i==0)
        {
            x=x/i;
            if(flag)
            {
                flag=0;              /*置非第1次标志*/
                printf("=%d",i);
            }
            else
                printf("*%d",i);
        }
        else
            i++;
    }
    printf("\n");
}
```

运行结果：

```
Input x:68 ↵
68=2*2*17
```

　　在程序中,输入的数被保留在 x 中。为了使输出的 x 质因子由小到大排列,在 while 循环中变量 i 是由 2 开始每次增 1 来逐个值判别 x 能否被 i 值整除。具体过程是:i 值由 2 开始判断 x 是否能被 i 整除,如果能被 i 整除,则这个 i 就是 x 的一个因子,此时将 x 值缩小 i 倍同时输出这个因子 i;接下来继续判断新 x 值是否仍能被这个 i 整除,若能整除则继续将 x 值缩小 i 倍并再次输出因子 i,直到 x 的当前值不再被 i 整除为止。此时就将 i 值增 1 并重复前面的过程,直到 i 值与 x 值相等,再输出一次 i 值(i 等于 x 时 i 仍是 x 的因子)。所以 while 循环的判断条件是"i<=x"而不是"i<x"。

此外,为了按指定的输出格式进行输出,在第 1 个因子输出之前应输出"=",而其余的因子前则应输出"*"。为此,我们在程序中设置了一个变量 flag 来予以标识。初始时置 flag 为 1,输出每一个因子时先对 flag 进行判断,如果此时 flag 值为 1,则表明当前输出的因子是第 1 个因子,故在其前面应先输出"=",然后置 flag 值为 0。此后,当再次输出因子时由于 flag 值为 0,所以知道此时输出的因子已不是第 1 个因子了,因此在其前面先输出"*"。

习题 3

1. 下面叙述中错误的是_____。
   A. C 语言是一种结构化程序设计语言
   B. 结构化程序由顺序、分支、循环三种基本结构组成
   C. 使用三种基本结构构成的程序只能解决简单问题
   D. 结构化程序设计提倡模块化的设计方法

2. 下面叙述中错误的是_____。
   A. C 语言的语句必须以分号结束
   B. 复合语句在语法上被看做一条语句
   C. 空语句出现在任何位置都不会影响程序运行
   D. 赋值表达式末尾加分号就构成赋值语句

3. 在嵌套使用 if 语句时,C 语言规定 else 总是_____。
   A. 和之前与其具有相同缩进位置的 if 配对
   B. 和之前与其最近的 if 配对
   C. 和之前与其最近的且不带 else 的 if 配对
   D. 和之前的第一个 if 配对

4. 设变量已正确定义,则下面能正确计算 f=n! 的程序段是_____。
   A. f=0;
      for(i=1;i<=n;i++) f *=i;
   B. f=1;
      for(i=1;i<n;i++) f *=i;
   C. f=1;
      for(i=n;i>1;i++) f *=i;
   D. f=1;
      for(i=n;i>=2;i--) f *=i;

5. 有以下程序段:
   ```
   int n,t=1,s=0;
   scanf("%d",&n);
   do
   {
       s=s+t; t=t-2;
   }while(t! = n);
   ```
为使此程序段不陷入死循环,从键盘输入的数据应该是_____。
   A. 任意正奇数　　B. 任意负偶数　　C. 任意正偶数　　D. 任意负奇数

6. 设变量 a、b、c、d 和 y 都已正确定义并赋值。若有以下 if 语句:

```
if(a<b)
    if(c==d) y=0;
    else y=1;
```

该语句所表示的含义是_____。

A. $y=\begin{cases}0, & a<b \text{ 且 } c=d \\ 1, & a \geqslant d\end{cases}$ 　　　　　B. $y=\begin{cases}0, & a<b \text{ 且 } c=d \\ 1, & a \geqslant b \text{ 且 } c \neq d\end{cases}$

C. $y=\begin{cases}0, & a<b \text{ 且 } c=d \\ 1, & a<b \text{ 且 } c \neq d\end{cases}$ 　　　D. $y=\begin{cases}0, & a<b \text{ 且 } c=d \\ 1, & c \neq d\end{cases}$

7. 若变量已正确定义,要求程序段完成 5! 的计算。不能完成此操作的程序段是_____。
   A. for (i=1,p=1;i<=5;i++) p*=i;
   B. for(i=1;i<=5;i++) {p=1; p*=i;}
   C. i=1; p=1; while(i<=5){p*=i; i++;}
   D. i=1; p=1; do(p*=i; i++;)while(i<=5);

8. 若有定义"float x=1.5; int a=1, b=3, c=2;",则正确的 switch 语句是_____。

   A. switch(x)
   　{ case 1.0: printf("*\n");
   　　case 2.0: printf("**\n");
   　}

   B. switch((int)x);
   　{ case 1: printf("*\n");
   　　case 2: printf("**\n");
   　}

   C. switch(a+b)
   　{ case 1: printf("*\n");
   　　case 2+1: printf("**\n");
   　}

   D. switch(a+b)
   　{ case 1: printf("*\n");
   　　case c: printf("**\n");
   　}

9. 下面叙述中正确的是_____。
   A. break 语句只能用于 switch 语句体中
   B. continue 语句的作用是使程序的执行流程跳出包含它的所有循环
   C. break 语句只能用在循环体内和 switch 语句体内
   D. 在循环体内使用 break 语句和 continue 语句的作用相同

10. 以下程序执行的结果是_____。

```c
#include<stdio.h>
void main()
{
    int a=-2,b=0;
    while(a++&&++b);
    printf("%d,%d\n",a,b);
}
```

   A. 1,3　　　　　B. 0,2　　　　　C. 0,3　　　　　D. 1,2

11. 阅读程序,给出程序的运行结果。

```c
#include<stdio.h>
void main()
```

```
    {
        int a=3,b=4,c=5,t=99;
        if(b<a&&a<c) t=a; a=c; c=t;
        if(a<c&&b<c) t=b; b=a; a=t;
        printf("%d,%d,%d\n",a,b,c);
    }
```

12. 阅读程序,给出程序的运行结果。

```
    #include<stdio.h>
    void main()
    {
        int a=3,b=4,c=5,d=2;
        if(a>b)
            if(b>c)
                printf("%d",(d++)+1);
            else
                printf("%d",++d+1);
        printf("%d\n",d);
    }
```

13. 下面程序的功能是:输出 a、b、c 三个变量中的最小值。请填空。

```
    #include<stdio.h>
    void main()
    {
        int a,b,c,t1,t2;
        scanf("%d%d%d",&a,&b,&c);
        t1=a<b?   (1)   ;
        t2=c<t1?   (2)   ;
        printf("%d\n",t2);
    }
```

14. 下面程序的功能是计算:s=1+12+123+1234+12345。请填空。

```
    #include<stdio.h>
    void main()
    {
        int t=0,s=0,i;
        for(i=1;i<=5;i++)
        {
            t=i+_____;
            s=s+t;
        }
        printf("s=%d\n",s);
```

```
    }
15. 阅读程序,给出程序的运行结果。
    #include<stdio.h>
    void main()
    {
        int k=5;
        while(--k)
            printf("%d",k-=3);
        printf("\n");
    }
16. 阅读程序,给出程序的运行结果。
    #include<stdio.h>
    void main()
    {
        int y=10;
        while(y--);
        printf("y=%d\n",y);
    }
17. 阅读程序,给出程序的运行结果。
    #include<stdio.h>
    void main()
    {
        int i,j,sum;
        for(i=3;i>=1;i--)
        {
            sum=0;
            for(j=1;j<=i;j++)
                sum+=i*j;
        }
        printf("%d\n",sum);
    }
```

18. 下面程序的功能是输出如下形式的方阵:

```
13  14  15  16
 9  10  11  12
 5   6   7   8
 1   2   3   4
```

请填空。

```
    #include<stdio.h>
    void main()
```

```
    {
        int i,j,x;
        for(j=4;j   (1)   ;j--)
        {
            for(i=1;i<=4;i++)
            {
                x=(j-1)*4+   (2)   ;
                printf("%4d",x);
            }
            printf("\n");
        }
    }
```

19. 对下面的程序,若运行时从键盘上输入"18,11 ↵",请分析程序运行的结果。

```
# include<stdio.h>
void main()
{
    int a,b;
    scanf("%d,%d",&a,&b);
    while(a!=b)
    {
        while(a>b) a-=b;
        while(b>a) b-=a;
    }
    printf("%3d,%3d\n",a,b);
}
```

20. 阅读程序,给出程序的运行结果。

```
# include<stdio.h>
void main()
{
    int i=5;
    do
    {
        if(i%3==1)
            if(i%5==2)
            {
                printf("*%d",i);
                break;
            }
        i++;
```

```
        }while(i! = 0);
        printf("\n");
    }
```

21. 有以下程序段,且变量已正确定义和赋值:

```
    for(s=1.0,k=1;k<=n;k++)
        s=s+1.0/(k*(k+1));
    printf("s= % f\n",s);
```

请填空,使下面程序段的功能与之完全相同。

```
    s=1.0;k=1;
    while(   (1)   )
    {
        s=s+1.0/(k*(k+1));
          (2)  ;
    }
    printf("s= % f\n",s);
```

22. 阅读程序,给出程序的运行结果。

```
    #include<stdio.h>
    void main()
    {
        int i,n=0;
        for(i=2;i<5;i++)
        {
            do
            {
                if(i%3) continue;
                n++;
            }while(! i);
            n++;
        }
        printf("n= % d\n",n);
    }
```

23. 阅读程序,给出程序的运行结果。

```
    #include<stdio.h>
    void main()
    {
        int a=1,b;
        for(b=1;b<10;b++)
        {
            if(a>=8)
```

```
                break;
            if(a%2==1)
            {
                a+=5;
                continue;
            }
            a-=3;
        }
        printf("%d\n",b);
    }
```

24. 下面程序的功能是输入任意整数给 n 后,输出 n 行由大写字母 A 开始构成的三角形字符阵列图形。例如,输入整数 5 时(注意,n 不得大于 10),程序运行结果如下:

```
A B C D E
F G H I
J K L
M N
O
```

请填空完成该程序:

```
#include<stdio.h>
void main()
{
    int i,j,n;
    char ch='A';
    scanf("%d",&n);
    if(n<11)
    {
        for(i=1;i<=n;i++)
        {
            for(j=i;j<=n;j++)
            {
                printf("%2c",ch);
                   (1)   ;
            }
               (2)   ;
        }
    }
    else
        printf("n is too large! \n");
    printf("\n");
```

```
    }
```

25. 下面程序的功能是:将输入的正整数按逆序输出。例如:若输入 135,则输出 531。请填空。

```
# include<stdio.h>
void main()
{
    int n,s;
    scanf("%d",&n);
    do
    {
        s=n%10;
        printf("%d",s);
        _____;
    }while(n! = 0);
    printf("\n");
}
```

26. 阅读程序,给出程序的运行结果。

```
# include<stdio.h>
void main()
{
    int k=5,n=0;
    while(k>0)
    {
        switch(k)
        {
            default: break;
            case 1: n+=k;
            case 2:
            case 3: n+=k;
        }
        k--;
    }
    printf("%d\n",n);
}
```

27. 阅读程序,给出程序的运行结果。

```
# include<stdio.h>
void main()
{
    int k=5,n=0;
```

```
    do
    {
        switch(k)
        {
            case 1：
            case 3：n+=1；k——；break；
            default：n=0；k——；
            case 2：
            case 4：n+=2；k——；break；
        }
        printf("%d\n",n);
    }while(k>0&&n<5);
}
```

28. 求出 10～1000 之间能同时被 2、3、7 整除的数。

29. 编一程序,求 $s = a + aa + aaa + \cdots + \overbrace{aaa \cdots a}^{n \uparrow}$,其中 a 为小于 10 的正整数。例如,2+22+222,此时 a=2,n=3(a 和 n 由键盘输入)。

30. 按下面格式输出九九乘法表。

```
1*1=1   1*2=2   1*3=3    1*4=4    1*5=5    1*6=6    1*7=7    1*8=8    1*9=9
        2*2=4   2*3=6    2*4=8    2*5=10   2*6=12   2*7=14   2*8=16   2*9=18
                3*3=9    3*4=12   3*5=15   3*6=18   3*7=21   3*8=24   3*9=27
                                                              ⋮        ⋮
                                                      8*8=64   8*9=72
                                                               9*9=81
```

31. 用程序实现下面图形的输出:

32. 有一堆礼物准备平均分成若干份,可是从 2 个一份一直试到 6 个一份的划分却总是多出一个,试用程序求解这堆礼物至少有多少个。

33. 用程序实现字母金字塔的输出

34. 圣诞老人把 5 件礼物分发给 5 个孩子,第二年又把同样的 5 件礼物分发给这 5 个孩子,每个孩子得到的礼物与上一年都不同,用程序找出并输出分发礼物的所有方案来。

35. 编程找出 1 到 1000 之间的全部同构数。如果一个数的平方的最末几位数与该数相同,则该数就是同构数。如:

$$5^2 = 25$$
$$6^2 = 36$$
$$25^2 = 625$$

36. 设一个数列的前三项为 0、1、2,以后各项是前三项之和,求该数列的前 20 项。

37. 用程序实现下面图形的输出(提示:第 i+1 列与第 i 列同一行中的数差值为 i,第 i 行与第 i−1 行的第一个数差值也是 i)。

```
 1  2  4   7  11  16
    3  5   8  12  17
       6   9  13  18
          10  14  19
              15  20
                  21
```

38. 草地上有一堆野果,有一只猴子每天去吃掉这堆野果的一半又一个,5 天后刚好吃完这堆野果。求这堆野果原来共有多少个? 猴子每天吃多少个野果?

39. 根据下面的泰勒公式求 sinx 的近似值,要求误差小于 10^{-6}。

$$\sin x = x - \frac{x^3}{3!} + \frac{x^5}{5!} + \frac{x^7}{7!} + \cdots + \frac{(-1)^i x^{2i+1}}{(2i+1)!} + \cdots$$

第 4 章　数组

数组类型是程序设计中常用的一种构造类型。数组类型可以使一批性质相同的数据共用一个数组名,而不必为每一个数组元素指派一个名字。例如,需要统计并处理某个班级 30 个学生的数学成绩,如果我们定义 30 个整型变量来保存每一个学生成绩就太复杂了,这时定义一个一维数组"int score[30]"就能够解决全部 30 个学生成绩的存储问题。数组在处理成批数据时显得非常有效。一个数组的构成特点如下:

(1) 数组中的元素个数固定;

(2) 每个数组元素的数据类型相同;

(3) 数组中的元素按顺序排列。

在数组中,每一个数组元素都共用数组名并按排列顺序存放在内存,这种排列顺序由下标进行标识。也即,数组的每一个元素实际上是由数组名和下标来共同标识的,对数组元素的访问也是通过数组名和下标共同完成的。因此,数组是有序数据的集合,数组中每个元素的数据类型都相同,且每一个元素都由统一的数组名和对应的下标来标识。

4.1　一维数组

4.1.1　一维数组的定义

数组元素可以有多个下标,下标的个数表示数组的维数,只有一个下标时表示该数组为一维数组。数组的使用也必须遵循"先定义,后使用"这一原则。一维数组定义的一般形式如下:

  类型标识符　数组名[常量表达式]

数组定义包含以下几个要点:

(1) 类型标识符用来指明数组元素的类型,同一数组的元素其类型相同;类型标识符可以是任意一种基本数据类型或者构造数据类型。

(2) 数组名的命名规则与普通变量相同,但不得与其他变量同名;数组名表示该数组在内存中存放的首地址,是一个地址常量。

(3) 方括号"[ ]"是数组的标志,方括号中的常量表达式表示数组的元素个数,即数组的长度(大小)。

(4) 常量表达式是整型常量、符号常量及由它们组成的表达式,但不允许出现变量。例如:

  int a[5];

在此,数组 a 共有 5 个元素:a[0]、a[1]、a[2]、a[3] 和 a[4],且每个元素都是整型的。特别要注意的是,数组元素的下标从 0 开始,直至数组元素的个数减 1,数组 a 的内存分配示意见图 4-1,从中可以看到,数组名 a 实际上就是数组元素 a[0] 的地址。C 语言的编译器不对数组的越界问题进行检查,直到运行时才给出出错信息,这一点要特别注意。

例 4.1　指出下面的数组定义中哪些是正确的,哪些是错误的。

```
int x[40],y[20],z(10);
float b[7.5],s[8];
int m;
char m[15],ch[m];
```

解　对本题的数组定义说明如下:

(1) 对"int x[40],y[20],z(10);",其中数组 x、y 的定义是正确的,而数组 z 的定义有错,因为数组的标志是方括号"[ ]",而不是圆括号"( )"。

(2) 对"float b[7.5],s[8];",其中数组 s 定义是正确的,而数组 b 因其表示数组元素个数的常量表达式是一浮点型常量而不是整型常量,因此出错。

(3) 对"char m[15],ch[m];",数组 m 因其与整型变量 m 同名而出错,数组 ch 的常量表达式是一变量 m 不是常量因此出错。

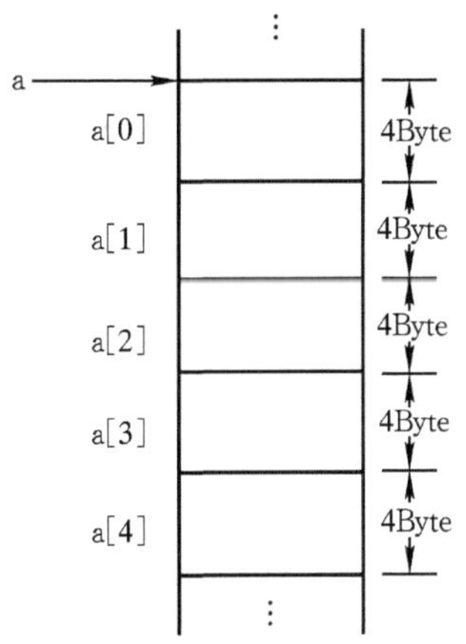

图 4-1　int a[5]的内存分配示意

4.1.2　一维数组的引用和初始化

数组必须先定义、后使用,并且只能逐个引用数组元素而不能一次引用整个数组。数组元素的引用格式为

数组名[下标]

其中,方括号"[ ]"中的下标只能是整型常量或整型表达式。例如:

```
a[5]
b[i+2*j]            /*i和j均为整型变量*/
c[i+1]              /*i为整型变量*/
```

都是合法的数组元素。

程序在引用数组元素的值之前,必须先给数组元素置初始值。数组元素的初始值可以由键盘输入,也可以通过赋值语句来设置。如果程序每次运行时数组元素的初值都固定不变,则可在数组定义时就给定数组元素的初值,这种方式称为数组的初始化。数组初始化可以有以下几种方法:

(1) 在数组定义时给数组所有元素赋初值。例如:

```
int a[5]={0,1,2,3,4};
```

将数组元素的初值用","分隔依次写在一对花括号"{ }"内。经过上面的定义和初始化之后,就有

a[0]=0、a[1]=1、a[2]=2、a[3]=3、a[4]=4

如果想使一个数组中全部元素的初值均为 0,则可写成

```
int a[10]={0,0,0,0,0,0,0,0,0,0};
```

或者

```
int a[10]={0};
```

此时,a[0]被赋初值 0,而其余未赋初值的数组元素同时由系统自动为其赋初值 0。注意,如果写成

```
int a[10]={2};
```

则 a[0]被赋初值 2,而其余数组元素均由系统自动为其赋初值 0。

(2) 数组定义时只给前面一部分元素赋初值。例如:

```
int b[10]={0,1,2,3};
```

定义 b 数组有 10 个元素,其中前 4 个元素赋予了初值,而后 6 个元素值自动被赋以"0"值(仅对数值型数组)。

(3) 如果数组的全部元素都设置了初值,则定义中可不指定数组的长度。例如:

```
int a[5]={1,2,3,4,5};
```

可以写成

```
int a[ ]={1,2,3,4,5};
```

此时,系统会根据花括号"{ }"中的初值个数来确定数组的长度,但是数组的标志"[ ]"不能省略。此外,如果提供的初值个数小于希望的数组长度时,则方括号中的常量表达式不能省略。例如,需要定义数组 a 长度为 10,但初值前 5 个为 1、2、3、4、5,则不能写成

```
int a[ ]={1,2,3,4,5};
```

而必须写成

```
int a[10]={1,2,3,4,5};
```

除了数组初始化之外,通常是通过 for 语句为数组的每一个元素读入数据或者输出数据。例如:

```
int a[10],i;
for(i=0;i<10;i++)
    scanf("%d",&a[i]);
```

来为数组 a 的每一个元素输入数据,或者通过下面的 for 语句输出每一个数组元素的值:

```
for(i=0;i<10;i++)
    printf("%4d",a[i]);
```

例 4.2 已定义数组 a 如下:

```
int a[6]={1,2,3,4,5,6};
```

现通过下面两种输出语句来输出数组 a 中每一个元素的值:

(1) printf("%4d",a[6]);

(2) printf("%4d",a);

请指出它们的错误并给出正确的输出语句。

解 语句(1)只是输出了下标序号为 6 这个数组元素的值,而没有输出所有数组元素的值,并且数组 a 只有 a[0]~a[5]这 6 个数组元素而并不存在 a[6],所以该语句是错误的。

语句(2)输出的变量是数组名 a,而 a 是一个地址常量,它代表数组 a 的首地址,所以该语句也无法输出所有数组元素值而仅输出了数组 a 的首地址。

正确的输出语句如下:

```
for(i=0;i<=5;i++)
    printf("%d",a[i]);
```

例 4.3 给数组 a 输入任意一组数据,然后实现数组元素的逆置,最后输出逆置后的数组元素值。

解　实现数组元素的逆置示意见图 4-2。

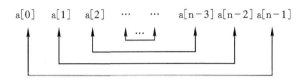

图 4-2　实现数组元素的逆置示意

因此，对 n 个数据元素进行逆置的 for 语句只能循环 n/2 次。实现逆置的程序如下：

```c
#include<stdio.h>
void main()
{
    int a[20],i,n,x;
    printf("Input number of elements:");
    scanf("%d",&n);
    printf("Input element:\n");
    for(i=0;i<n;i++)                    /*输入数据*/
        scanf("%d",&a[i]);
    printf("Before:\n");               /*输出输入的数据*/
    for(i=0;i<n;i++)
        printf("%4d",a[i]);
    printf("\n");
    for(i=0;i<n/2;i++)                  /*实现逆置*/
    {
        x=a[i];
        a[i]=a[n-i-1];
        a[n-i-1]=x;
    }
    printf("After:\n");
    for(i=0;i<n;i++)
        printf("%4d",a[i]);
    printf("\n");
}
```

运行结果：

```
Input number of elements:10 ↵
Input element:
1 2 3 4 5 6 7 8 9 10 ↵
Before:
```

```
1   2   3   4   5   6   7   8   9   10
```
After：
```
10  9  8  7  6  5  4  3  2  1
```

例 4.4　用数组实现 Fibonacci 数列前 20 项数据的输出。

解　在第 3 章求 Fibonacci 数列的方法是每求出两个值时就进行输出,然后继续求后继的两个值。这里,我们每求出一个值就保存于数组 f 中,当求出所需长度的 Fibonacci 数列后(已保存于数组 f 中),再通过 for 循环输出数组 f 中保存的 Fibonacci 数列值。程序编写如下:

```c
#include<stdio.h>
void main()
{
    int i;
    int f[20]={1,1};
    for(i=2;i<20;i++)
        f[i]=f[i-2]+f[i-1];
    for(i=0;i<20;i++)
    {
        if(i%5==0)              /*每输出 5 项换一行*/
            printf("\n");
        printf("%12d",f[i]);
    }
    printf("\n");
}
```

运行结果：

```
    1       1       2       3       5
    8      13      21      34      55
   89     144     233     377     610
  987    1597    2584    4181    6765
```

例 4.5　任意输入一个十进制数,将其转换成二进制数并按位保存于数组中,最后输出数组中所保存的二进制数。

解　由十进制转换为二进制的方法可知:将十进制重复除以 2,而每次得到的余数按先后顺序逆序排列即为该十进制数对应的二进制数。因此,我们采用的方法如下:当十进制数 n 不等于 0 时,先对 2 取余(即"%"),将余数存于数组 a 中,然后对 n 除以 2,再重复刚才的这两步操作,直到 n 等于 0。这样最终 a[0],a[1],…,a[i−1]保存着该十进制数对应二进制数的最低位、次低位……最高位的值。程序编制如下:

```c
#include<stdio.h>
void main()
{
    int i=0,j,n,a[20];
    printf("Input data:");
```

```
    scanf("%d",&n);
    while(n! = 0)
    {
        a[i]=n%2;
        n=n/2;
        i++;
    }
    printf("Output:\n");
    for(j=i-1;j>=0;j--)              /* 二进制数由高位到低位输出 */
        printf("%4d",a[j]);
    printf("\n");
}
```

运行结果：

```
    Input data:11 ↵
    Output:
     1  0  1  1
```

4.2 二维数组

4.2.1 二维数组的定义

如果一维数组看做是同一类型变量的一个线性排列,那么二维数组则可认为是同一类型变量的一个平面排列,即行和列。实际上也是这样,二维数组元素有两个下标,一个是行下标,一个是列下标。由于二维数组是多维数组中比较容易理解的一种,并且它可以代表多维数组处理的一般方法,所以在此主要介绍二维数组。

二维数组定义的一般形式如下：

>   类型标识符 数组名[常量表达式 1][常量表达式 2];

其中,常量表达式 1 表示第一维的长度(即行数),常量表达式 2 表示第二维的长度(即列数)。二维数组元素的总数为常量表达式 1 与常量表达式 2 的乘积。例如：

>   int a[3][4];

定义了一个 3 行 4 列的数组,数组名为 a,其数组元素的类型为整型,该数组共有 3×4 个元素,这些元素排列如下：

>   a[0][0],a[0][1],a[0][2],a[0][3]
>   a[1][0],a[1][1],a[1][2],a[1][3]
>   a[2][0],a[2][1],a[2][2],a[2][3]

注意,二维数组的定义不能写成

>   int a[3,4];

与一维数组的定义相同,二维数组定义中的两个常量表达式必须是常量,不能是变量。二维数组在内存中是以一维线性方式排列的,并且采用行优先原则,即先存储第一行元素,然后在第一行元素之后顺序存储第二行元素,依此类推,直至存储完二维数组中的全部元素。对于定义了 3 行 4 列的"int a[3][4];"来说,其内存分配示意如图 4-3 所示。

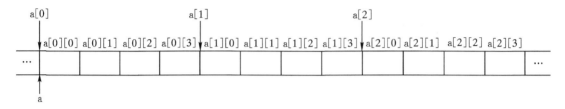

图 4-3　对应"int a[3][4];"的内存分配示意

由图 4-3 可知,数组名 a 是二维数组 a 的起始地址,也就是数组元素 a[0][0] 的地址,而 a[0]、a[1]、a[2] 则分别是二维数组 a 各行的起始地址,即 a[0] 对应数组元素 a[0][0] 的地址,a[1] 对应数组元素 a[1][0] 的地址,而 a[2] 则对应数组元素 a[2][0] 的地址。我们可以这样理解,即把二维数组看做是一种特殊的一维数组,这个数组中的每个元素又是一个一维数组。也就是说,我们把二维数组 a 看做是一个一维数组,它有 3 个元素 a[0]、a[1] 和 a[2],而每一个元素又是一个包含了 4 个元素的一维数组,而 a[0]、a[1] 和 a[2] 就是其对应的数组名。因此,a[0]、a[1] 和 a[2] 在二维数组中是数组名(即为一个地址),而决不能当作元素使用,并且 a[0] 和 a 都是指向 a[0][0] 这个数组元素的地址。

4.2.2　二维数组的引用和初始化

二维数组元素的引用方式为

　　　　数组名[行下标 1][列下标 2]

其中,方括号"[ ]"中的行、列下标既可以是整型常量也可以是整型表达式。二维数组也必须先定义后使用,并且也只能逐个引用数组元素。二维数组存在着行和列,因此二维数组的行下标由 0 到数组行数减 1 之间变化,列下标也由 0 到数组列数减 1 之间变化。同样,C 语言也不对二维数组做越界检查,所以要特别注意。例如,对二维数组的定义:

　　　　int a [2][2];

则

　　　　a[1][0]=5;

　　　　a[0][1]=a[1][1]+8;

都是正确的,而

　　　　a[1][2]=10;　　　　　　　　/ * 列越界 * /

　　　　a[0,0]=7;　　　　　　　　　/ * 行下标和列下标都必须放在方括号"[ ]"中 * /

是错误的。

二维数组的初始化可以有以下几种方法:

(1) 按行分段给每个元素赋值。例如:

　　　　int a[3][4]={{1,2,3,4},{5,6,7,8},{9,10,11,12}};

这种赋初值方法比较直观,行和列都很清楚。

(2) 按数组元素在内存中的排列顺序给每个元素赋值。例如:

　　　　int a[3][4]={1,2,3,4,5,6,7,8,9,10,11,12};

(3) 给部分元素赋值。对于整型数组,当"{}"中值的个数少于二维数组的元素个数时,只给前面的部分元素赋值,而后面的元素自动取"0"值。例如:

        int a[3][3]={{1},{2,3},{4}};

它等价于

        int a[3][3]={{1,0,0},{2,3,0},{4,0,0}};

(4) 对全部元素赋初值,则定义二维数组时第 1 维(行)大小可以省略,但第 2 维(列)大小不能省略。否则无法知道行和列各自的大小。例如:

        int a[][4]={ 1,2,3,4,5,6,7,8,9};

则系统根据每行放 4 个元素,放下这 9 个值至少需要 9 个数组元素,故需要 3 行才能满足要求,即二维数组 a 为 3 行 4 列。又如:

        int a[][4]={{1,2,3},{1,2},{4}};

对于这种按行分段赋值方式,系统会根据最外面的花括号内有几个花括号"{}"来确定行数,因此系统认为二维数组 a 有 3 行。

例 4.6 一程序如下:

```
#include<stdio.h>
void main()
{
    int x[3][2]={0},i;
    for(i=0;i<3;i++)
        scanf("%d",x[i]);
    printf("%d%d%d\n",x[0][0],x[0][1],x[1][0]);
}
```

若运行时输入"2 4 6 ↙",则输出的结果为_____。

        A. 200   B. 204   C. 240   D. 246

解 我们知道,x[0]、x[1] 和 x[2] 分别对应二维数组 x 各行的首地址,即数组元素 x[0][0]、x[1][0] 和 x[2][0] 的地址(x[i] 即为 &x[i][0])。所以,语句"scanf("%d",x[i]);"写法正确(因 x[i] 为一地址)。这样当输入为"2 4 6 ↙"时,相应的数组元素 x[0][0] 的值为 2,x[1][0] 的值为 4,x[2][0] 的值为 6,而其余数组元素的值不变仍为"0"。最后,我们得到输出结果应为 204,因此选 B。

例 4.7 定义一个 3 行 4 列的二维数组,并逐行输入二维数组元素值,再逐行输出二维数组的元素值。

解 我们知道,一维数组元素值的输入和输出都是通过一个 for 语句实现的,而二维数组的输入和输出则要用两个 for 语句组成的两重循环来实现,即外层 for 语句控制行的变化,而内层 for 语句控制列的变化。实现的程序如下:

```
#include<stdio.h>
void main()
{
    int a[3][4],i,j;
    printf("Input data:\n");
```

```
        for(i=0;i<3;i++)
            for(j=0;j<4;j++)
                scanf("%d",&a[i][j]);
        printf("Output data:\n");
        for(i=0;i<3;i++)
        {
            for(j=0;j<4;j++)
                printf("%5d",a[i][j]);
            printf("\n");
        }
    }
```

运行结果：

  Input data：

  1 2 3 4 ↲

  5 6 7 8 ↲

  9 10 11 12 ↲

  Output data：

   1 2   3   4

   5 6   7   8

   9 10 11 12

例 4.8　输入年、月、日，求这一天是该年的第几天。

解　为确定一年中的第几天，需要一张每月的天数表，该表给出每个月的天数。由于 2 月份的天数因闰年和平年相差 1 天。所以把月份天数表设计成 2 行 12 列的二维数组；数组的第 0 行给出平年各月份的天数，数组的第 1 行给出闰年各月份的天数。为了计算某月某日是这年的第几天，则首先确定这一年是平年还是闰年，然后根据各月份的天数表将前几个月的天数与当月的日期累加，就得到了某年某月某日是该年的第几天。程序编制如下：

```
#include<stdio.h>
int days[][12]={{31,28,31,30,31,30,31,31,30,31,30,31},
                {31,29,31,30,31,30,31,31,30,31,30,31}};
void main()
{
    int year,month,day,leap=0,i;
    printf("Input year、month、day:\n");
    scanf("%d%d%d",&year,&month,&day);
    if((year%4==0&&year%100!=0)||year%400==0)
        leap=1;
    for(i=0;i<month-1;i++)
        day=day+days[leap][i];
    printf("date=%d\n",day);
```

```
    }
```
运行结果：

　　Input year、month、day：

　　2016 10 12 ↵

　　date＝286

4.3　字符数组和字符串

用来存放字符数据的数组被称为字符数组。在 C 语言中没有专门的字符串类型，而是采用字符数组来存放一串连续的字符。通常使用的字符数组是一维数组（当然也可是多维数组），其数组元素的类型为字符类型，即字符数组中的每一个元素仅存放一个字符。

4.3.1　字符数组的定义、引用及初始化

1. 字符数组的定义

字符数组本质上与前面介绍的数组相同，只不过它的类型标识符是 char 类型。字符数组的定义方式如下：

　　　　char 数组名[常量表达式]；　　　　　　　　　　　　/＊定义一维字符数组＊/

或

　　　　char 数组名[常量表达式 1][常量表达式 2]；　　　　　/＊定义二维字符数组＊/

例如：

　　　　char c[5]；

表示定义了一个一维字符数组，数组名为 c，最多可以存放 5 个字符。如果给字符数组 c 赋值如下：

　　　　c[0]＝´C´；c[1]＝´h´；c[2]＝´i´；c[3]＝´n´；c[4]＝´a´；

则字符数组 c 的存储如图 4-4 所示。

由图 4-4 可知，字符数组的存储也是占用一段连续的内存空间，其存储及表示方法与前面介绍的数值型数组相同。

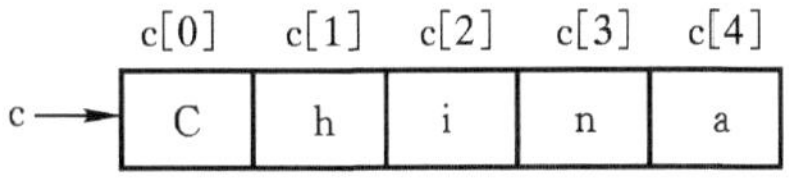

图 4-4　字符数组存放字符后的情况

2. 字符数组的引用

字符数组的引用不同于数值型数组。数值型数组仅能逐个元素地引用，而字符数组既可以逐个元素地引用，又可以通过字符串形式来整体引用。

（1）对字符数组元素的引用。对字符数组元素的引用与对数值型数组元素的引用完全相同。字符数组元素的引用方式为

　　　　数组名[下标]

其中，方括号中"[ ]"的下标只能是整型常量或整型表达式。例如：

　　　　char a[10]；

　　　　a[0]＝´a´；

（2）对字符数组的整体引用。例如：

```
char c[5]={´a´,´b´,´c´};
printf(″%s″,c);
```

在 printf 语句中,字符数组 c 是以数组名整体引用的。

3. 字符数组的初始化

如果在定义字符数组时不进行初始化,那么字符数组中各元素的值是不确定的。可以通过下列方法对字符数组进行初始化:

(1) 逐个为字符数组中的元素赋初值。例如:

```
char s[10]={´P´,´r´,´o´,´g´,´r´,´a´,´m´};
```

或者:

```
char c[6];
c[0]=´C´; c[1]=´h´; c[2]=´i´; c[3]=´n´; c[4]=´a´;
```

或者:

```
char x[10];
int i;
for(i=0;i<10;i++)
    scanf(″%c″,&x[i]);
```

(2) 将一个字符串整体赋给一个字符数组。例如:

```
char a[]={″Program″};
```

也可以去掉花括号写成

```
char a[]=″Program″;
```

注意,字符串是以空字符´\0´(ASCII 码值为 0)作为结束标志的。因此,这个空字符也放入了字符数组 a,即字符数组 a 的元素个数是 8 而不是 7。当然,我们也可如下定义字符数组 a:

```
char a[8]=″Program″;
```

另外一种整体赋值方法如下:

```
char x[10];
scanf(″%s″,x);
```

即通过 scanf 语句给字符数组读入一个字符串。

对字符数组的初始化一定要注意以下两点:

(1) 如果给字符数组赋初值的字符个数大于字符数组长度,则按语法错误处理。例如:

```
char c[5]=″China″;
char x[5]={´P´,´r´,´o´,´g´,´r´,´a´,´m´};
```

前者以字符串形式赋给字符数组 c,虽然在计算字符串长度时,´\0´不计入字符串的长度,但´\0´却占用一个字符位置。因此,字符串“China”虽然长度为 5,但占用 6 个字符元素位置,而字符数组 c 却只能放下 5 个字符,故此出错。后者花括号“{ }”中提供的初值个数已大于字符数组 x 的长度,因此也是错误的。

(2) 如果给字符数组赋初值的字符个数小于字符数组长度,则将这些字符赋给字符数组前面的那些元素,而后面未赋值的元素则由系统自动赋以空字符´\0´。例如:

```
char c[10]=″China″;或者 char c[10]={´c´,´h´,´i´,´n´,´a´};
```

则字符数组 c 的存储情况见图 4-5。

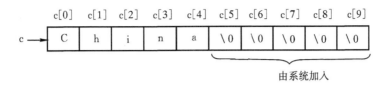

图 4-5　数组 c 的存储情况

例 4.9　下面哪些字符数组的定义是错误的,指出出错的原因。

(1) char a[5]={'a','b','c','d','e'};

(2) char b[5]="abcde";

(3) char c[5]="a\0";

(4) char d[5]; d="abc";

解　第(1)项定义正确。其定义是逐个给字符数组中的元素赋初值,由于是逐个字符赋给数组,所以超出数组 a 长度的第 6 个字符'\0'并未赋给数组而被舍弃,但并不出错(这一点与给字符数组赋字符串不同)。

第(2)项定义出错。字符串"abcde"加上'\0'字符应占 6 个元素的位置,而字符数组 b 的定义是元素个数为 5(长度为 5),由于给字符数组赋字符串时不能舍弃任何符号,故此出错。

第(3)项定义正确,即将字符串"a\0",也即将字符'a'和字符'\0'赋给字符数组 c,然后再在其后添加一个字符串结束符'\0',因此是正确的。

第(4)项定义错。给字符数组赋值,只能在定义时将双引号括起来的字符串赋给字符数组,而不能在定义之外再通过赋值语句将字符串赋给字符数组名。

例 4.10　下面是几种将字符序列"ABC"赋给字符数组的方法,请指出它们在存储上的异同。

(1) char x[6]={'A','B','C'};

(2) char x[6]="ABC";

(3) char x[6]; int i;
　　for(i=0;i<3;i++)
　　　　scanf("%c",&x[i]);
　　输入:ABC ↵

(4) char x[6];
　　scanf("%s",x);
　　输入:ABC ↵

(5) char x[6]; x[0]='A'; x[1]='B'; x[2]='C';

解　(1)、(2)输入方式的存储状态如图 4-6(a)所示,即存储的是字符串"ABC",而(3)、(5)的存储状态如图 4-6(b)所示,未存储字符的那些数组元素其值不确定;(4)和后面将要介绍的 gets(x)(输入:ABC ↵)函数存储状态如图 4-6(c)所示。

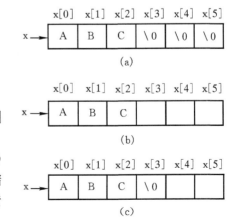

图 4-6　不同输入方式下字符数组 x 的存储

4.3.2　字符串

在 C 语言中,字符串常量是用一对双引号"″　″"括起来的有效字符序列。并且,对字符串的处理只能通过字符数组进行。也即,一个字符串可以用一个一维字符数组来存放;若干个字符串则可以用一个二维字符数组来存放,且用每一行来存放一个字符串。

C 语言规定了字符串必须以字符′\0′结束。也即,当遇到字符′\0′时表示字符串到此结束,而它之前出现的字符序列则组成一个字符串。注意,′\0′是一个转义字符,它的 ASCII 值为 0,由于它不对应任何显示和操作,所以又称为空字符。

系统在每一个字符串常量的后面自动加上了一个表示字符串结束的字符′\0′。因此,要将一个字符串存入一个字符数组时,这个字符数组的长度不能小于该字符串的实际字符数(即长度)加 1。例如:

        printf(″How are you? \n″);

该语句的功能是输出一个字符串。那么,系统是如何实现这种输出呢? 实际上,在内存放该字符串时,系统已经自动地在该字符串的最后一个字符′\n′之后加上了一个′\0′作为字符串结束的标志;并且在执行 printf 输出语句时,每输出一个字符时都需检查该字符是否是′\0′,如果是′\0′则停止输出。

有了字符串结束标志′\0′后,字符数组的长度就无关紧要,在程序中通常是靠检测′\0′的位置来判断字符串是否结束,而字符数组的长度通常无法判断字符串的结束(字符串通常放不满字符数组)。

在采用字符串方式后,字符数组的输入输出就变得更加简单。除了前面讲述的用字符串赋初值外,还可以使用 printf 函数和 scanf 函数一次性输出或输入一个字符数组中的字符串,而不必再通过循环语句逐个字符地输出或输入。

例 4.11　字符串的输入和输出。

```
#include<stdio.h>
void main()
{
    char st1[10],st2[10];
    printf("Input string:\n");
    scanf("%s %s",st1,st2);
    printf("Output string:\n");
    printf("%s %s\n",st1,st2);
}
```

运行结果:

```
Input string:
China Xi′an ↵
Output string:
China Xi′an
```

在使用 scanf 和 printf 语句中采用格式字符"%s"输入和输出字符串时,应注意以下几点:

(1) 输入和输出字符串时都使用数组名,这一点与 scanf 或 printf 输入或输出其他单个字符、数值型的值不同(scanf 要求的输入项是变量的地址,而 printf 要求的输出项是变量)。

(2) 在输入两个字符串时,两字符串必须使用空格或回车隔开(也即,空格不能作为字符串中的字符)。

(3) 输入字符串时,必须注意字符串的最大长度不得大于或等于字符数组的长度(最多到字符数组长度减 1)。

此外,要注意不是每个字符数组保存的字符序列都是一个字符串,例如下面的程序在输出时就会出错:

```
include<stdio.h>
void main()
{
    char st1[5];
    st1[0]='C'; st1[1]='h'; st1[2]='i'; st1[3]='n'; st1[4]='a';
    printf("%s",st1);
}
```

由于字符数组 stl 存放的字符序列并不是字符串(在"China"之后并没有存储'\0'字符),故在采用格式字符"%s"输出时,输出了"China"之后仍将继续输出内存中存放在"China"之后的其他数据,直至遇到'\0'时才结束输出。因此,一定要避免这样的错误出现。

4.3.3 常用字符串处理函数

C 语言提供了丰富的字符串处理函数,这些字符串处理函数可以分为字符串的输入、输出、修改、比较、复制(拷贝)、转换、搜索等几类。在编写程序中使用用于输入、输出的字符串函数时,程序应包含"stdio.h"头文件,而使用其他字符串函数时,则程序还应包含"string.h"头文件。下面介绍几种常用的字符串函数。

1. 字符串输出函数 puts

调用格式:

```
puts(字符数组名);
```

其功能是将一个保存在字符数组中的以'\0'结束的字符串进行输出显示,输出时将字符串结束标志'\0'转换成'\n',因此输出完字符串后自动换行。

例如:

```
char s[]="student";
puts(s);
```

输出结果为

```
student
```

因此语句"puts(s);"相当于执行以下的程序段:

```
i=0;
while(s[i]! = '\0')
{
    printf("%c",s[i]);
    i++;
```

```
    }
    printf("\n");
```

也即,puts 函数完全可以由 printf 函数取代,当需要按指定格式进行输出时则采用 printf 函数。此外,用 puts 输出的字符串中也可以包含转义字符,如:

```
    char s[]="Computer\nProgram";
    puts(s);
```

则输出结果为

```
    Computer
    Program
```

2. 字符串输入函数 gets

调用格式:

```
    gets(字符数组名);
```

其功能是从键盘上输入一个字符串直到'\n'为止,并将这个字符串存入 gets 函数指定的字符数组中,存放时系统自动将'\n'置换成'\0'。

例如:

```
    char c[20];
    gets(c);
```

从键盘上输入

```
    Computer of China ↵
```

则将字符串"Computer of China"存入到字符数组 c 中(也即,gets 允许字符串中含有回车字符)。因此,语句"gets(c);"相当于执行以下的程序段(当输入的字符不是" ↵"时):

```
    i=0;
    scanf("%c",&c[i]);
    while(c[i]! = '\n')
    {
        i++;
        scanf("%c",&c[i]);
    }
    c[i]='\0';
```

注意:"gets(c);"与"scanf("%s",c);"是有区别的;对于输入的字符串"Computer of China",scanf 语句只能读入字符串"computer",即 scanf 函数是以空格或回车符'\n'作为输入字符串的结束标志,而 gets 函数只以回车符'\n'作为输入字符串的结束标志。

3. 字符串连接函数 strcat

调用格式:

```
    strcat(字符数组 1 名,字符数组 2 名);
```

其功能是将字符数组 2 中的字符串连接到字符数组 1 中字符串的后面,形成一个包含这两个字符串的新字符串(也即,连接后原第一个字符串后面无'\0',而替代顺序放入第二个字符串的字符,但连接后形成的新字符串后面由系统加入一个'\0')。函数调用后得到一个函数值,就是字符数组 1 的首地址。

需要注意以下两点：

(1) strcat 函数的第一个参数必须是字符数组名,而第二个参数可以是字符数组名也可以是用双引号"" ""括起来的字符串。

(2) 由于连接的结果放在字符数组 1 中,因此字符数组 1 的长度必须足够大。

例 4.12 当输入为"123 ⌴"时,给出下面程序的输出结果。

```
# include<stdio.h>
# include<string.h>
void main()
{
    char st1[10]="abcde";
    scanf("% s",st1);
    strcat(st1,"fgh");
    printf("% s\n",st1);
}
```

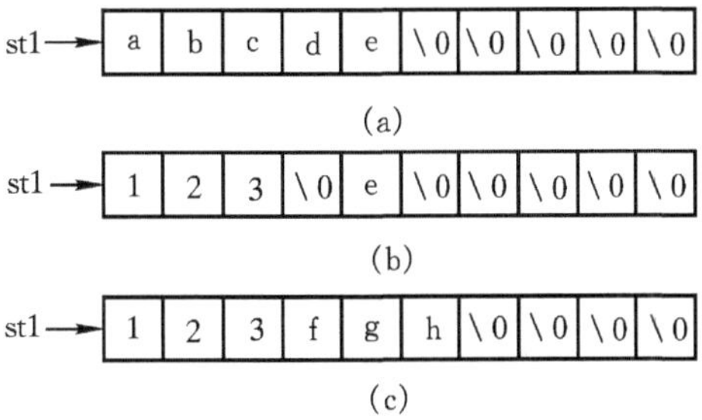

图 4-7 字符数组 stl 存储变化情况

解 该程序执行过程中其字符数组的存储变化见图 4-7。其中,图 4-7(a)为定义字符数组 stl 时的存储情况;图 4-7(b)为执行 scanf 语句后的存储情况,而图 4-7(c)则是调用 strcat 函数后的存储情况。由图 4-7 可知,最后输出的结果是 123fgh。

例 4.13 用程序实现函数 strcat 功能。

```
# include<stdio.h>
void main()
{
    char a[40]="I am a teacher!";
    char b[20]="You are a student!";
    int i=0,j=0;
    while(a[i]! = '\0')           /* 找到字符数组 a 中的字符串尾 */
        i++;
    while(b[j]! = '\0')           /* 实现连接功能 */
        a[i++]=b[j++];
    a[i]='\0';                    /* 赋字符串结束标志 */
    puts(a);                      /* 输出连接后的字符串 */
}
```

运行结果：

I am a teacher! You are a student!

4. 字符串拷贝函数 strcpy

调用格式：

strcpy(字符数组 1 名,字符数组 2 名);

其功能是将字符数组 2 中的字符串以及其后的那个'\0'一起拷贝到字符数组 1 中。需要注意的是,第二个参数"字符数组 2 名"可以是字符数组名也可以是双引号括起来的字符串,此外,字符数组 1 要能放得下将要拷贝的字符串。

例 4.14 字符串拷贝函数的应用。

```
#include<stdio.h>
#include<string.h>
void main()
{
    char s1[20]="Thank you!",s2[]="OK!";
    strcpy(s1,s2);
    puts(s1);
}
```

运行结果：

```
OK!
```

5. 字符串比较函数 strcmp

调用格式：

```
strcmp(字符数组 1 名,字符数组 2 名);
```

其功能是对字符数组 1 中的字符串 1 和字符数组 2 中的字符串 2,从左至右逐个字符地进行
ASCII 码值比较,直到字符不同或遇到'\0'为止。strcmp 函数的返回值如下：

字符串 1＝字符串 2,则返回 0 值；

字符串 1＞字符串 2,则返回正值；

字符串 1＜字符串 2,则返回负值。

需要注意的是,strcmp 参数中的"字符数组 1 名"和"字符数组 2 名"都可以是字符数组名
或双引号括起来的字符串。

例 4.15 比较两个字符串的大小。

```
#include<stdio.h>
#include<string.h>
void main()
{
    char s1[]="abc",s2[]="acbe";
    int x;
    x=strcmp(s1,s2);
    if(x==0)
        printf("s1==s2\n");
    else
        if(x>0)
            printf("s1>s2\n");
        else
            printf("s1<s2\n");
}
```

运行结果：

　　s1<s2

　　注意:strcmp 是带返回值的函数,它只能出现在表达式中,而 strcat、strcpy、gets 和 puts 则是作为语句来使用。

6. 字符串长度测试函数 strlen

调用格式:

　　　　strlen(字符数组名);

其功能是测出字符串的实际长度(不包含字符串结束标志'\0'字符),并作为该函数的返回值。注意,strlen 函数参数"字符数组名"可以是字符数组名也可以是双引号括起来的字符串。

例 4.16　测字符串长度。

```
#include<stdio.h>
#include<string.h>
void main()
{
    char s[]="I am a student.";
    int n;
    n=strlen(s);
    printf("The length of the string is:%d\n",n);
}
```

运行结果:

```
The length of the string is:15
```

4.4　典型例题精讲

　　例 4.17　给一维数组输入数据,然后将数组元素循环右移 k 位,并且只能 用一个变量辅助实现这种移动。

　　解　由于只允许使用一个变量辅助实现数组元素的移动,所以将该题转化为每次将数组元素循环右移 1 位并且进行 k 次来实现。因此,需用两层 for 循环:外层的 for 循环控制 k 次移位,内层的 for 循环控制整个数组元素循环右移 1 位。数组元素循环右移 1 位的示意如图4-8所示。

　　实现程序如下:

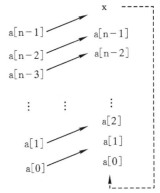

图 4-8　数组元素循环右移 1 位示意

```
#include<stdio.h>
void main()
{
    int a[20],i,j,k,n,x;
    printf("Please input number of elements:");
    scanf("%d",&n);
```

```
        printf("Please input elements:\n");
        for(i=0;i<n;i++)
            scanf("%d",&a[i]);
        for(i=0;i<n;i++)
            printf("%4d",a[i]);
        printf("\n");
        printf("Please input number of moves:");
        scanf("%d",&k);
        for(i=1;i<=k;i++)
        {
            x=a[n-1];
            for(j=n-2;j>=0;j--)
                a[j+1]=a[j];
            a[0]=x;
        }
        printf("Output after moves:\n");
        for(i=0;i<n;i++)
            printf("%4d",a[i]);
        printf("\n");
    }
```

运行结果:

```
    Please input number of elements:8 ↵
    Please input elements:
    1 2 3 4 5 6 7 8 ↵
        1    2    3    4    5    6    7    8
    Please input number of moves:3 ↵
    Output after moves:
        6    7    8    1    2    3    4    5
```

　　例 4.18　利用数组求 2 到 1000 之间的完数。完数即其因子之和等于该数自身的数,例如 $6=1×2×3=1+2+3$。

　　解　在第 3 章中我们已经求解过完数,但是由于当时没有用数组保存一个数所找到的每个因子,而是将找到的因子求和保存,故当判断出这个数的所有因子和等于该数时(即为完数),还需再一次求出每一个因子用于输出。这里,我们采用数组来保存判断某数是否为完数过程中所找出的每一个因子,一旦确定这个数为完数就可直接输出已保存在数组中的因子。程序中,我们用变量 k 来指示数组 f 中下一个放置因子的位置。实现程序如下:

```
    #include<stdio.h>
    void main()
    {
        int f[10],i,j,k,s;
```

```
for(i=2;i<=1000;i++)
{
    s=0;                        /* 用于保存因子之和 */
    k=0;
    for(j=1;j<i;j++)
        if(i%j==0)
        {
            f[k]=j;             /* 保存找到的 1 个因子 */
            s=s+j;              /* 求因子的累加和 */
            k++;
        }
    if(i==s)
    {
        printf("%4d its factors are",i);
        for(j=0;j<k;j++)
            printf("%4d",f[j]);
        printf("\n");
    }
}
```

运行结果：

```
  6 its factors are   1   2   3
 28 its factors are   1   2   4   7  14
496 its factors are   1   2   4   8  16  31  62 124 248
```

例 4.19　用数组存储的方式实现求解素数问题。

解　在此我们采用筛法求素数的方法。用数组实现筛法求素数的思想是：先设一整型数组，并认为每一个数组元素的下标值即代表一个整数；这样，这个数组的下标即可表示某一范围的全部整数。初始时假定该数组下标对应的全部整数都是素数，即置该数组的每一个元素值为"1"。筛法求素数的过程是，先从该数组中取出第 1 个元素，根据其下标值（它代表一个整数）将这个下标所有倍数的下标所指数组元素置"0"值（即筛去一个整数对应的全部倍数整数）；然后，继续顺序取出数组中的第 2 个元素，同样根据其下标值找出其所有倍数下标的数组元素，将其值置"0"；这样反复进行，就好象过"筛子"一样，每一遍都筛去一些不是素数的数组元素（即将其值置"0"），也即筛去的是与这些数组元素下标相同的整数。当筛到数组中的最后一个元素时，该数组中元素值为"1"的那些元素下标值就是我们所求的素数，而那些非素数已经在反复过"筛"中被筛掉（即置为"0"了）。程序设计如下：

```
#include<stdio.h>
void main()
{
    int b[1000],i,j;
```

```
    for(i=2;i<1000;i++)
        b[i]=1;
    for(i=2;i<1000;i++)
        if(b[i])                        /* b[i]非 0 时则 i 为素数 */
            for(j=2;i*j<1000;j++)
                b[i*j]=0;              /* 筛去 i 的所有倍数 */
    printf("Output prime:\n");
    j=1;
    for(i=2;i<1000;i++)
    {
        if(b[i])
        {
            printf("%5d",i);
            if(j%10==0)
                printf("\n");
            j++;
        }
    }
    printf("\n");
}
```

运行结果：

```
Output prime:
    2     3     5     7    11    13    17    19    23    29
   31    37    41    43    47    53    59    61    67    71
   73    79    83    89    97   101   103   107   109   113
  127   131   137   139   149   151   157   163   167   173
  179   181   191   193   197   199   211   223   227   229
  233   239   241   251   257   263   269   271   277   281
    …           …           …           …
```

例 4.20　数组元素的排序。输入 n 个整数,然后将它们由小到大进行排序并输出排序的结果。

解　排序的思想是:对 n 个数 $a_1,a_2,\cdots,a_n$,先从 a_n 开始由右至左对每两个相邻数进行比较,若为逆序(即 $a_{j-1}>a_j$)则交换这两个数的位置;这种操作反复进行,直到所有数都比较、交换过。经过这样一趟排序,最小的数就被安置在第 1 个位置上。然后,对剩余的 n−1 个数重复上述排序过程,则第 2 趟排序的结果是将次小数放置在第 2 个位置上。这样,在经过 n−1 趟排序之后,就得到了已经由小到大排好序的 n 个数。由于每趟排序总是使参与比较的数据中其值最小者放在前面,这就好像水中的气泡一样,较轻的气泡总是先冒出水面,故此形象地称这种排序方法为"冒泡排序法"。为了便于观察每趟排序的过程,在程序中,我们安排了每趟排序后输出当时 n 个数的排列情况,并且内循环 for 语句"for(j=n−1;j>=i;j−−)"保证了每趟排序都将参与此趟排序的最小数移到本趟比较中的最前面位置。程序设计如下：

```c
#include<stdio.h>
void main()
{
    int a[20],i,j,n,temp;
    printf("Please input number of elements:");
    scanf("%d",&n);
    printf("Input elements:\n");
    for(i=0;i<n;i++)
        scanf("%d",&a[i]);
    for(i=0;i<n;i++)
        printf("%4d",a[i]);
    printf("\n");
    for(i=1;i<=n-1;i++)                          /* 进行 n-1 趟排序 */
    {
        for(j=n-1;j>=i;j--)
            if(a[j-1]>a[j])
            {
                temp=a[j-1];
                a[j-1]=a[j];
                a[j]=temp;
            }
        printf("-%d- ",i);
        for(j=0;j<n;j++)
            printf("%4d",a[j]);
        printf("\n");
    }
}
```

运行结果：

```
Please input number of elements:9 ↵
Input elements:
11 7 3 9 4 2 6 5 1 ↵
          11    7    3    9    4    2    6    5    1
   -1-     1   11    7    3    9    4    2    6    5
   -2-     1    2   11    7    3    9    4    5    6
   -3-     1    2    3   11    7    4    9    5    6
   -4-     1    2    3    4   11    7    5    9    6
   -5-     1    2    3    4    5   11    7    6    9
   -6-     1    2    3    4    5    6   11    7    9
```

```
—7—      1    2    3    4    5    6    7    11   9
—8—      1    2    3    4    5    6    7    9    11
```

例 4.21　约瑟夫(Josephus)问题叙述如下:设有 n 个人围成一圈并按顺时针方向 1～n 编号;由第 s 个人开始进行 1 到 m 的报数,数到 m 的人出圈;接着再从他的下一个人重新开始 1 到 m 的报数,直到所有的人出圈为止。请输出出圈人的出圈次序。

解　首先,我们把 1～n 个人的顺序编号存入一维数组 p 中,数组元素的下标表示每个人的当前排列位置。假定某时刻未出圈的人还有 i 个,现已找到出圈人;因此将出圈人后面参与报数的人顺序前移一个元素位置,所空出的第 i 个位置 p[i] 放置这个出圈人的编号;再一次报数就从出圈人之后的第 1 人(此人现已移至出圈人位置上)开始报数,且参与报数的人数也随之减少 1 个,即为 i−1;然后重复前述报数过程。这样,每次循环报数都将有 1 人出圈,i 值也随之减 1,当仅剩最后 1 人时,出圈次序就全部排定。由于每次循环报数的出圈人是将其编号放入 p[i] 中,而这个 i 值的变化是由 n 到 2,所以出圈人的编号按由先到后的出圈次序被顺序存放在 p[n],p[n−1],…,p[2],p[1] 中。

在程序中,用变量 s 记录每次报数时开始人的位置,参与报数的 i 个人从位置 s 开始由 1 报数至 m 时,其对应位置上的人即出圈,这个出圈位置是:(s+m−1)%i;其后,由于出圈人后面参与报数人的位置顺序前移,则当前出圈人的位置就是下一次报数时的开始位置,即语句 "s=(s+m−1)%i;" 指出了下一次报数的开始位置。此外,当 (s+m−1)%i 等于 0 时,因出圈人的位置不可能为 0,这意味着 s+m−1 之值与 i 值相等,即出圈人的位置是 i;也就是说,其余参与报数人的位置都在出圈人之前;因此这种情况下,其余报数人的位置是不移动的;这在程序中表现为内层 for 语句中的循环初值 s(s 等于 i)大于循环终值 i−1,故并不执行这个 for 语句的循环体。最后,程序以出圈人的出圈先后次序每行输出 10 个人的编号。实现程序如下:

```c
# include<stdio.h>
void main()
{
    int p[40],i,j,n,m,s,t;
    printf("Total number,Start number,Repeat number(n s m):\n");
    scanf("%d%d%d",&n,&s,&m);
    for(i=1;i<=n;i++)
        p[i]=i;
    for(i=n;i>=2;i--)
    {
        s=(s+m−1)%i;                    /* 出圈位置确定 */
        if(s==0)
            s=i;
        t=p[s];                         /* 出圈人编号暂存于 t */
        for(j=s;j<=i−1;j++)             /* 出圈人后面的位置顺序前移 1 位 */
            p[j]=p[j+1];
        p[i]=t;                         /* 存放出圈人的编号于 p[i] 中 */
```

```
        }
        printf("Sequence coming out from the queue is:\n");
        for(i=n;i>=1;i--)
        {
            printf("%4d",p[i]);
            if((n-i+1)%10==0)
                printf("\n");
        }
    }
```

运行结果：

　　Total number,Start number,Repeat number(n s m)：

　　20 6 8 ↵

　　Sequence coming out from the queue is：

　　　13　 1　 9　18　 7　17　 8　20　12　　5

　　　 2　16　15　19　 4　11　10　 3　14　　6

　　例 4.22　找出 5×5 矩阵中每行绝对值最大的元素,并与同行中对角线上的元素交换位置。

　　解　矩阵运算必须用二维数组实现,外层 for 语句确定行,而内层 for 循环则完成寻找该行绝对值最大的数组元素(确定列)。我们用变量 k 来记录当前行中绝对值最大的数组元素位置,即开始时假定第 0 列位置上的数组元素其绝对值最大,然后依次检查该行中其余数组元素的绝对值是否大于由 k 标识的这个数组元素的绝对值;如果大于,则 k 记录下这个大于的数组元素位置;当检查完该行所有数组元素时,k 值即为本行中绝对值最大的数组元素位置;然后看这个 k 是否为对角线位置,如果不是则将 k 指示的数组元素与本行对角线上的数组元素对调。

　　此外,程序中还用到了求绝对值的函数 abs,因此要在程序开始处包含上"math.h"头文件。程序编写如下：

```
#include<stdio.h>
#include<math.h>
void main()
{
    int a[5][5],i,j,k,t;
    printf("Input data of a[5][5]:\n");
    for(i=0;i<5;i++)                    /*输入 5×5 矩阵元素值*/
        for(j=0;j<5;j++)
            scanf("%d",&a[i][j]);
    for(i=0;i<5;i++)                    /*对每一行进行操作*/
    {
        k=0;
        for(j=1;j<5;j++)
```

```
            if(abs(a[i][j])>abs(a[i][k]))
                k=j;                    /*记录下新的绝对值最大的元素位置*/
            if(k! = i)                  /*当 k 位置不是对角线位置时*/
            {
                t=a[i][i];
                a[i][i]=a[i][k];
                a[i][k]=t;
            }
        }
        printf("Output:\n");
        for(i=0;i<5;i++)
        {
            for(j=0;j<5;j++)
                printf(" %4d",a[i][j]);
            printf("\n");
        }
    }
```

运行结果:

    Input data of a[5][5]:
    3 1 −8 5 7 ↵
    20 3 11 −12 10 ↵
    −1 5 25 −6 4 ↵
    −10 37 −32 9 40 ↵
    33 −41 3 −4 18 ↵
    Output:
        −8   1   3   5   7
         3   20   11 −12   10
        −1   5   25   −6   4
       −10   37 −32   40   9
        33   18   3   −4 −41

例 4.23 用字符数组 a 保存字符串"I am a teacher!",用字符数组 b 保存字符串"you are a student!",要求编程实现下述功能:

(1) 对数组 a 和数组 b 实现 strcmp 功能;

(2) 将数组 b 中的字符串连接到数组 a 中,即实现 strcat 功能;

(3) 将连接后的数组 a 拷贝到数组 c 中,即实现 strcpy 功能。

解 编程实现如下:

```
#include<stdio.h>
void main()
{
```

```
char a[40]="I am a teacher!";
char b[20]="You are a student!";
char c[40];
int i=0,j=0,n;
while(a[i]==b[i])                        /* 实现 strcmp 功能 */
{
    if((a[i]=='\0')||(b[i]=='\0'))
        break;
    i++;
}
n=a[i]-b[i];
if(n==0)
    printf("a=b\n");
else
    if(n>0)
        printf("a>b\n");
    else
        printf("a<b\n");
i=0;j=0;
while(a[i]! = '\0')                      /* 实现 strcat 功能 */
    i++;
while(b[j]! = '\0')
    a[i++]=b[j++];
a[i]='\0';
i=0;
while(c[i]=a[i++]);                      /* 实现 strcpy 功能 */
printf("Output:\n");
puts(a);
puts(b);
puts(c);
}
```

运行结果：

    a<b

    Output：

    I am a teacher! You are a student!

    You are a student!

    I am a teacher! You are a student!

对上述程序我们作如下说明：

(1) 在实现 strcmp 功能中，while 语句里的表达式"a[i]==b[i]"是顺序比较数组 a 和数组 b 各自字符串中对位的字符；如果相等，即条件"a[i]==b[i]"满足，则执行"i++;"后继续判断"a[i]==b[i]"，即比较两字符串的对位的下一个字符，直到出现：①a[i]不等于 b[i]；②a[i]='\0'或者 b[i]='\0'或者 a[i]、b[i]都是'\0'。对于①，当 a[i]−b[i]>0 时，则数组 a 中字符串>数组 b 中的字符串；反之则结果相反。对于②，如果仅 a[i]='\0'，则 a[i]−b[i]<0（因'\0'的值为 0 小于任何其他字符），也即数组 a 中字符串<数组 b 中的字符串；如果仅 b[i]='\0'，则结果相反；如果 a[i]与 b[i]都是'\0'，则 a[i]−b[i]=0，即两个数组中的字符串一样。

综上所述，两个数组的字符串大小判定都可以在跳出 while 循环之后，由 a[i]−b[i]得出。

（2）实现 strcat 功能时，首先是通过执行"while(a[i]!='\0') i++;"语句找到数组 a 中字符串结束符'\0'的位置，然后再通过"while(b[j]!='\0') a[i++]=b[j++];"语句将数组 b 中的字符串逐个字符地拷贝到数组 a 中字符串的后面。注意，a[i++]中的下标 i 开始时是指向数组 a 中字符串结束符'\0'的位置，即由这个位置开始逐个字符拷贝数组 b 中字符串的字符；而被拷贝的 b[j++]中的 j 初值为 0，即指向数组 b 中字符串的第 1 个字符位置。在拷贝过程中，每拷贝完一个字符，i 值和 j 值就相应增 1（即 i++和 j++），再继续下一个字符的拷贝，直到 j 指向数组 b 中字符串的结束符"'\0'为止。此时就完成了将数组 b 中的字符串全部拷贝到数组 a 中原有字符串之后的工作。

（3）实现 strcpy 的功能其实很简单，它就是通过执行"while(c[i]=a[i++]);"这一条语句来实现的。由于 while 语句的循环体为空，因此拷贝的全部功能就由表达式"c[i]=a[i++]"来完成。注意，表达式"c[i]=a[i++]"是一个赋值表达式，它兼有赋值和判断两种功能。而 c 和 a 数组中的下标 i 则是同一个 i，其初值为 0。因此，"while(c[i]=a[i++]);"的功能就是：

① 先将 a[i]赋给 c[i]；

② 判断此时的 c[i]是否为'\0'（'\0'的值为 0）；

③ 执行 i++使 i 值增 1；

④ 根据②的判断结果：如果非 0 则执行循环体语句";"然后转①，否则结束循环。

也即，开始时先将 a[0]赋给 c[0]并判断此时的 c[0]是否为'\0'，如果此时 c[0]不等于'\0'则意味着继续执行 while 循环，即先执行"i++"使 i 值为 1 然后执行循环体语句";"；由于刚才已判断 c[0]不等于'\0'则继续循环，即接着执行"c[i]=a[i++]"，先将 a[1]赋给 c[1]，再判断 c[1]是否为'\0'，直到某一时刻 a[i]的值为'\0'（即字符串结束标志），并将这个 a[i]值赋给了 c[i]，这时对 c[i]进行判断则因其值为'\0'而结束循环。此外，表达式"c[i++]=a[i]"和表达式"c[i]=a[i++]"的作用完全一样，因此表达式也可以写成"c[i++]=a[i]"。

习题 4

1. 下面叙述中错误的是_____。

   A. 对于 double 类型数组，不可以直接用数组名对数组进行整体输入或输出

   B. 数组名代表的是数组所占存储区的首地址，其值不可改变

   C. 当程序执行中，数组元素的下标超出所定义的下标范围时，系统将给出"下标越界"的出错信息

   D. 可以通过赋初值的方式确定数组元素的个数

2. 以下能正确定义一维数组的选项是_____。

    A. int a[5]={0,1,2,3,4,5};　　　　　　B. char a[]={0,1,2,3,4,5};

    C. char a={'A','B','C'};　　　　　　　D. int a[5]="0123";

3. 已有定义语句"char a[]="xyz",b[]={'x','y','z'};",下面叙述中正确的是_____。

    A. a 数组和 b 数组的长度相同　　　　　B. a 数组的长度小于 b 数组的长度

    C. a 数组的长度大于 b 数组的长度　　　D. A~C 说法都不正确

4. 若有定义语句"int m[]={5,4,3,2,1},i=4;",则下面对 m 数组元素引用出错的是_____。

    A. m[--i]　　　　B. m[2*2]　　　　C. m[m[0]]　　　　D. m[m[i]]

5. 下面二维数组定义正确的是_____。

    A. int a[][3];　　　　　　　B. int a[][3]={2*3};

    C. int a[][3]={};　　　　　　D. int a[2][3]={{1},{2},{3,4}};

6. 下面二维数组定义错误的是_____。

    A. int x[][3]={{0},{1},{1,2,3}};

    B. int x[4][3]={{1,2,3},{1,2,3},{1,2,3},{1,2,3}};

    C. int x[4][]={{1,2,3},{1,2,3},{1,2,3},{1,2,3}};

    D. int x[][3]={1,2,3,4};

7. 设有定义语句"int a[][3]={{0},{1},{2}};",则数组元素 a[1][2] 的值是_____。

    A. 0　　　　B. 1　　　　C. 2　　　　D. 不确定

8. 若有定义语句"int a[3][6];",按在内存中的存放顺序,a 数组的第 10 个元素是_____。

    A. a[0][4]　　　　B. a[1][3]　　　　C. a[0][3]　　　　D. a[1][4]

9. 设有定义语句"int b; char c[10];",则正确的输入语句是_____。

    A. scanf("%d%s",&b,&c);　　　　　B. scanf("%d%s",&b,c);

    C. scanf("%d%s",b,c);　　　　　　D. scanf("%d%s",b,&c);

10. 有以下程序:

```
#include<stdio.h>
void main()
{
    char s[]="abcde";
    s+=2;
    printf("%d\n",s[0]);
}
```

执行后的结果是_____。

    A. 输出字符 a 的 ASCII 码　　　　B. 输出字符 c 的 ASCII 码

    C. 输出字符 c　　　　　　　　　　D. 程序出错

11. 有以下程序

```
#include<stdio.h>
#include<string.h>
```

```
void main()
{
    char p[]={'a','b','c'},q[10]={'a','b','c'};
    printf("%d,%d\n",strlen(p),strlen(q));
}
```

下面叙述中正确的是_____。

A. 在给 p 和 q 数组置初值时系统会自动添加字符串结束'\0',故输出的长度都为 3

B. 由于 p 数组中没有字符串结束符'\0',长度不为 3,但 q 数组中字符串长度为 3

C. 由于 q 数组中没有字符串结束符'\0',长度不为 3,但 p 数组中字符串长度为 3

D. 由于 p 和 q 数组中都没有字符串结束符'\0',长度都不为 3

12. 有定义语句"char s[10];",若要给 s 数组输入 5 个字符,则不能正确执行的语句是_____。

A. gets(&s[0]);　　　　　B. scanf("%s",s+1);

C. gets(s);　　　　　　　D. scanf("%s",s[1]);

13. 若有定义语句"char s[10]="1234567\0\0";",则 strlen(s)的值是_____

A. 7　　　　　B. 8　　　　　C. 9　　　　　D. 10

14. 阅读程序,给出程序的运行结果。

```
#include<stdio.h>
void main()
{
    int i,j,t,a[5]={1,2,3,4,5};
    i=0; j=4;
    while(i<j)
    {
        t=a[i]; a[i]=a[j]; a[j]=t;
        i++;
        j--;
    }
    for(i=0;i<5;i++)
        printf("%d,",a[i]);
    printf("\n");
}
```

15. 阅读程序,给出程序的运行结果。

```
#include<stdio.h>
void main()
{
    int i,a[12]={1,2,3,4,5,6,7,8,9,10};
    i=9;
    while(i>2)
```

```
    {
        a[i+1]=a[i];
        i--;
    }
    for(i=0;i<5;i++)
        printf("%d",a[i]);
    printf("\n");
}
```

16. 阅读程序,给出程序运行结果。

```
#include<stdio.h>
void main()
{
    int i,j,t,a[10]={1,2,3,4,5,6,7,8,9,10};
    for(i=0;i<9;i+=2)
        for(j=i+2;j<10;j+=2)
            if(a[i]<a[j])
            {   t=a[i]; a[i]=a[j]; a[j]=t; }
    for(i=0;i<10;i++)
        printf("%3d",a[i]);
    printf("\n");
}
```

17. 下面程序是由键盘输入数据到数组中,统计其中正数的个数,并计算它们的和。
请填空。

```
#include<stdio.h>
void main()
{
    int i,a[20],sum,count;
    sum=count=0;
    for(i=0;i<20;i++)
        scanf("%d",  (1)  );
    for(i=0;i<20;i++)
    {
        if(a[i]>0)
        {
            count++;
            sum+=  (2)  ;
        }
    }
    printf("sum=%d,count=%d\n",sum,count);
```

```
    }
```

18. 阅读程序,给出程序的运行结果。

```
#include<stdio.h>
void main()
{
    int i,j,k=0,a[3][3]={1,2,3,4,5,6};
    for(i=0;i<3;i++)
        for(j=i;j<3;j++)
            k+=a[i][j];
    printf(" %d\n",k);
}
```

19. 阅读程序,给出程序运行结果。

```
#include<stdio.h>
void main()
{
    int a[4][4]={{1,2,3,4},{5,6,7,8},{11,12,13,14},{15,16,17,18}};
    int i=0,j=0,s=0;
    while(i++<4)
    {
        if(i==2||i==4)
            continue;
        j=0;
        do
        {
            s+=a[i][j];
            j++;
        }while(j<4);
    }
    printf("%d\n",s);
}
```

20. 阅读程序,给出程序运行结果

```
#include<stdio.h>
void main()
{
    int a[4][4]={{1,4,3,2},{8,6,5,7},{3,7,2,5},{4,8,6,1}},i,j,k,t;
    for(i=0;i<4;i++)
        for(j=0;j<3;j++)
            for(k=j+1;k<4;k++)
                if(a[j][i]>a[k][i])
```

```
{     t=a[j][i];a[j][i]=a[k][i];a[k][i]=t; }
```
                                        /* 按列排序 */
```
        for(i=0;i<4;i++)
            printf("%d,",a[i][i]);
        printf("\n");
    }
```

21. 有以下程序：
```
# include<stdio.h>
void main()
{
    int a[4][4]={{1,2,3,4},{5,6,7,8},{9,10,11,12},{13,14,15,16}},i,j;
    for(i=0;i<4;i++)
    {
        for(j=1;j<=i;j++)
            printf("%4c",' ');
        for(j=_____;j<4;j++)
            printf("%4d",a[i][j]);
        printf("\n");
    }
}
```
若要按下面格式输出数组右上半三角：
```
1    2    3    4
     6    7    8
         11   12
              16
```
则在程序下划线处应填入_____。

  A. i−1   B. i   C. i+1   D. 4−i

22. 下面的程序按以下指定的数据给 x 数组的下三角置数，并按给出的输出控制语句输出，请填空。
```
4
3  7
2  6  9
1  5  8  10
```
```
# include<stdio.h>
void main()
{
    int x[4][4],n=0,i,j;
    for(j=0;j<4;j++)
        for(i=3;i>=j;   (1)   )
```

```
        {
            n++;
            x[i][j]=  (2)  ;
        }
        for(i=0;i<4;i++)
        {
            for(j=0;j<=i;j++)
                printf("%3d",x[i][j]);
            printf("\n");
        }
    }
```

23. 阅读程序,给出程序的运行结果。

```c
#include<stdio.h>
#include<string.h>
void main()
{
    int i;
    char s[]="abcdefg";
    for(i=3;i<strlen(s)-1;i++)
        s[i]=s[i+2];
    puts(s);
}
```

24. 有以下程序:

```c
#include<stdio.h>
#include<string.h>
void main()
{
    int i,j;
    char t[10],p[5][10]={"abc","aabdfg","abbd","dcdbe","cd"};
    for(i=0;i<4;i++)
        for(j=i+1;j<5;j++)
            if(strcmp(p[i],p[j])>0)
            {
                strcpy(t,p[i]);
                strcpy(p[i],p[j]);
                strcpy(p[j],t);
            }
    printf("%d\n",strlen(p[0]));
}
```

程序运行后的输出结果是_____。

　　　A. 2　　　　B. 4　　　　C. 6　　　　D. 3

25．编写程序,在一个存放了升序数据的整型数组中,插入若干个整数,要求该数组中的数据仍保持升序。

26．编写程序,将两个存放升序数据的整型数组,仍按升序合并存放到另一个整型数组中,要求存放必须一次到位,不得在新数组中重新排列。

27．编写程序,将任意一个十进制数转换成二进制,并将每位二进制数顺序存放到数组中,然后输出。

28．如图 4-9 所示,循环放置了 20 个数,编写程序求相邻四个数之和的最大值和最小值。

29．编写程序,实现输入一个 5×5 的矩阵,将主对角线以外的上三角每个元素的值加 1,下三角每个元素的值减 1。

30．编写程序,用二维数组或一维数组实现下面图形的输出。

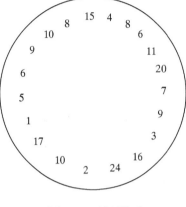

图 4-9　循环数列

```
1   1   1   1   1   1   1
1   9   9   9   9   9   1
1   9   5   5   5   9   1
1   9   5   6   5   9   1
1   9   5   5   5   9   1
1   9   9   9   9   9   1
1   1   1   1   1   1   1
```

31．用程序实现两个字符串 s1 和 s2 的比较,如果 s1>s2,则输出一个正数;如果 s1=s2,则输出 0;如果 s1<s2,则输出一个负数。程序不使用 strcmp 函数,两个字符串用 gets 函数输入。输出的正数或负数的绝对值是相比较的两个字符串相应字符的 ASCII 码的差值。

第5章 函数

5.1 函数的概念及分类

5.1.1 函数的概念

对于一些规模较大而又比较复杂的问题,解决的方法往往是把它们分解成若干个较为简单和基本的问题进行求解。这在程序设计中表现为:将一个大程序分解为若干个相对独立且较为简单的子程序,大程序通过调用这些子程序来完成预定的任务。子程序的引入不仅可以较容易地解决一些复杂问题,而且更重要的是使程序有了一个层次分明的结构。另外,程序中反复出现的相同程序段也可以采用子程序的形式独立出来,以供程序随时调用。子程序结构不但增强了程序的可读性,同时也使一个复杂程序的编写、调试、维护和扩充都变得更加方便和容易。

主程序与子程序间的调用关系如图5-1所示,主程序顺序执行到调用子程序语句时,就转去执行子程序;当子程序执行结束时,再返回到主程序中调用子程序语句的下一条语句继续向下执行。

在C语言中,子程序的作用是由函数来完成的。一个C程序可由一个主函数(即 main 函数)和若干个其他函数构成。主函数 main 可以调用其他函数,其他函数也可以相互调用,同一个函数可以被一个

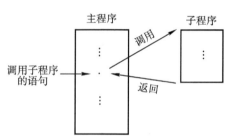

图 5-1 主程序与子程序调用关系示意图

或多个函数调用任意多次。C程序的执行总是从主函数 main 开始,其间可以调用其他函数,但最终还是回到 main 函数并在 main 函数中结束整个程序的运行。

5.1.2 函数的分类

从函数定义角度看,函数可分为库函数和用户自定义函数两种。

1. 库函数

库函数由C语言系统直接提供且不必在程序中作类型说明,只需在程序前包含该函数原型的头文件即可在程序中直接调用。前面各章例题中反复用到的 printf、scanf、getchar、putchar、gets、puts、strcat 等函数均属此类。例如,要使用数学函数,则需用"♯include<math.h>"将数学头文件包含到程序中;要使用字符串处理函数,则需用"♯include<string.h>"将字符串处理头文件包含到程序中。

注意,C程序中调用库函数时需分如下两步实现:

第一步:在程序开始处使用 include 命令指出关于库函数的相关定义和说明。而 include 命令必须以"♯"开头,系统提供的头文件以".h"作为文件后缀,文件名用一对尖括号"<"和

"＞"或一对双引号""""括起来。由于以♯include开头的命令行不是 C 语言语句,故该命令行末尾不加分号";"。

第二步:在程序中需要调用这个库函数的地方调用此库函数,其形式为

　　库函数名(参数表)

常见的库函数如下:

(1) 输入/输出函数(头文件为 stdio.h):用于完成输入/输出功能。

(2) 字符串函数(头文件为 string.h):用于字符串操作和处理。

(3) 数学函数(头文件为 math.h):用于数学函数计算。

(4) 内存管理函数(头文件为 stdlib.h):用于内存管理。

(5) 日期和时间函数(头文件为 time.h):用于日期、时间的转换操作。

(6) 接口函数(头文件为 dos.h):用于与 DOS、BIOS 和硬件的接口。

C 语言常用的标准库函数及调用方式参见附录 3。

2. 用户自定义函数

用户自定义函数是指用户按需要自行定义和编写的函数。虽然 C 语言的标准库函数为用户提供了丰富的函数,但还远远不能满足用户实际编程的需要。因此,大量的函数还需用户自行定义。如何定义一个函数以及如何正确调用一个函数是本章讨论的重点。

5.2　函数的定义和调用

5.2.1　函数的定义

在 C 语言中,所有自定义的函数都必须遵循"先定义,后使用"的原则,并且所有的函数定义,包括主函数 main,都是相互平行和独立的,不容许出现嵌套定义。

函数定义的形式为

　　类型标识符 函数名(形式参数表)

　　{

　　　　函数体

　　}

第一行称为函数首部,其中:类型标识符定义了函数返回值的类型,函数名给出了自定义函数的名字,形式参数表给出了调用该函数时所需要的参数个数及参数的类型。需要注意的是,函数名为有效的标识符,不能与其他变量名、数组名相同。此外,如果所定义的函数不需要参数,则形式参数表可以省略,但括号"(　)"不能省略。

用花括号"{}"括起来的部分称为函数体,它包括函数的说明部分和执行部分。说明部分是对函数内部使用的变量进行定义,也即在此定义的变量仅在该函数内部有效;执行部分是函数的主体,它具体描述该函数所应实现的功能。

根据完成功能和调用方式的不同。C 语言的函数又分为有返回值函数和无返回值函数两种类型。

1. 无返回值函数

无返回值函数的典型标志是函数返回值的类型为 void,这种函数只是完成某种指定的操

作,并且调用该函数是通过一个函数调用语句实现的。例如：

```
#include<stdio.h>
void f(int x)                    /* 自定义函数 f */
{
    printf("%d\n",x);
}
void main()
{
    int a=5;
    f(a);
}
```

在此,自定义函数 f 只是完成将主函数 main 传递过来的 a 值(已保存于形参 x 中)进行输出这一功能,而主函数 main 调用函数 f 也是通过一个函数调用语句"f(a);"实现的。

2. 有返回值函数

有返回值函数其典型标志是函数返回值的类型为 int、char、float 和指针类型(见第 6 章)等,这种函数实现的操作是要获得一个计算的结果值,而这个结果值最终必须通过 return 语句返回给该函数的调用者(即调用函数),并且这个返回值的类型就是由该函数首部的类型标识符来指定的。这种有返回值的函数调用可以出现在表达式中,即出现在赋值号"="右边或 printf 输出语句中。例如：

```
#include<stdio.h>
int f(int x)                     /* 自定义函数 f */
{
    return (x*x);
}
void main()
{
    int a=5;
    printf("%d\n",f(a));
}
```

在此,自定义函数 f 完成将主函数 main 传递过来的 a 值(已保存于形参 x 中)平方后再通过 return 语句传回给调用者 main 函数,而主函数 main 调用函数 f 是以表达式的形式出现在 printf 语句中。需要注意的是,这类函数在定义时通常要有将函数计算结果带回给调用者的 return 语句,并且通常是在表达式中调用这类函数。

在 PASCAL 等高级语言中,像 C 语言中这种无返回值函数被称之为过程,而有返回值函数才称之为函数。

5.2.2 函数的调用和返回值

1. 函数的调用

函数虽然不可以嵌套定义,但可以嵌套调用,也允许函数之间相互调用。通常我们把调用者称为主调函数,而把被调用者称为被调函数。函数还可以自己调用自己,被称为递归调用。

在大多数情况下,函数调用时主调函数与被调函数之间存在数据传递(也称参数传递)。需要说明的是,在定义函数时函数名后面括号"()"中的变量名被称为"形式参数"(简称"形参"),它将接受主调函数传给它的实际数据;在主调函数的函数体中调用某个被调函数时,被调函数名后面括号"()"中的参数是主调函数传给形参的实际数据,被称为"实际参数"(简称"实参")。形式参数本身只具有形式上的意义,仅当给形式参数赋予了调用的实际参数后才有确切的内容。形式参数与程序中的变量定义类似,也有值的类型。因此在函数定义时必须指定每个形式参数值的类型。

在函数调用时,参数传递的方式是将主调函数中的实参(可以是常量、变量或表达式)传递给被调函数中的形参,这是一种值的传递。参数传递的原则是:形参与实参的排列顺序必须一致,类型必须相同或赋值相容,参数的个数也必须相同。

需要注意的是,定义函数时所指定的形参在未出现函数调用时,它们并不占用内存的存储单元,只有在发生函数调用时,这些形参才被分配内存单元并接受对应实参的值。当函数调用结束时,形参占用的内存单元被系统回收而不再存在;函数内定义的变量(称为局部变量)也是如此。当再次出现函数调用时,则重复上述的分配和回收过程。

函数调用的过程是:当主调函数调用被调函数时,先为被调函数的形参开辟对应的内存单元,然后计算出实参表达式的值并送入对应的形参内存单元;至此参数传递完成,接下来执行被调函数。在被调函数执行期间,形参与实参之间就不再发生联系,形参的任何变化也不影响实参。这种参数传递如同接力比赛的交接棒一样,当交完棒后,交棒者和接棒者就再无关系了。当被调函数执行结束时,形参因其内存单元被系统收回而不复存在,故形参仅在函数中有意义。因此,可以把形参看做是函数中的局部变量,而实参传递给形参就相当于给形参赋初值。例如:

```
#include<stdio.h>
int sum(int x,int y)
{
    int z;
    z=x+y;
    return z;
}
void main()
{
    int a=1,b=2,c;
    c=sum(a,b);
    printf("c=%d\n",c);
}
```

在此,主调函数 main 将读入的两个整数 a 和 b 的值分别传递给被调函数 sum 的形参 x 和 y。而函数 sum 实现对 x 和 y 两数求和的功能,并通过变量 z 将求和的结果返回给主调函数 main 的变量 c。最终通过 printf 函数输出这个 c 值。

2. 函数的返回值

函数的返回值是指被调函数被调用后,执行函数体中的语句得到所需的计算结果,并将这个结果值通过 return 语句返回给主调函数,这个值就是函数的返回值。在定义带返回值的函数时,必须先定义函数的类型。函数类型决定了函数返回值的类型,这里要注意以下两点:

(1) 函数返回值的类型和函数的类型应保持一致。如果两者不一致,则以函数定义时的函数类型为准,将函数的返回值类型自动转换为函数定义时给定的类型。

(2) 函数返回值通常由 return 语句返回给主调函数。return 语句的功能是计算表达式的值并返回给主调函数,只要执行 return 语句,则结束被调函数的执行并将返回值(如果有的话)返回给主调函数。在一个函数中可以有多条 return 语句,但每次函数调用只能有一条 return 语句被执行(当执行该条 return 语句后立即返回到主调函数,故其余 return 语句并未执行),所以一个函数只能返回一个函数值。

return 语句的格式分为下面三种:

(1) return 表达式;

(2) return(表达式);

(3) return;

其中,(1)、(2)两种格式的功能是一样的,它们都能实现:①将返回值返回给主调函数;②终止被调函数的执行;③返回到主调函数。

第(3)种格式与(1)、(2)种格式的差别在于无返回值返回给主调函数。注意,VC++6.0中有返回值函数使用(1)和(2)格式,而无返回值(void 开头)函数通常不使用 return 语句,如果使用也只能用第(3)种格式。例如:

```
#include<stdio.h>
int max(int x,int y)
{
    if(x>y)
        return x;
    else
        return y;
}
void main()
{
    int a=5,b=6,c;
    c=max(a,b);
    printf("%d\n",c);
}
```

因此,定义为 void 类型的函数最好不使用 return 语句的,这类函数只是完成需要的操作而无返回值。

5.2.3　函数执行的分析方法

为了能够形式化地描述函数调用执行的全部过程,我们采用称之为动态图的方法来对程序的执行进行描述,即记录主函数和被调函数的调用、运行及撤销各个阶段的状态,以及程序运行期间所有变量和函数形参的变化过程。动态图规则如下:

（1）动态图纵向描述主函数和其他函数各层之间的调用关系,横向由左至右按执行的时间顺序记录主函数和其他函数中各变量及形参值的变化情况。

（2）函数的形参均看做是带初值的局部变量。其后,形参就作为局部变量参与函数中的操作。

（3）主函数、其他函数按运行中的调用关系自上而下分层,各层说明的变量包括形参都依次列于该层首列,各变量值的变化情况按时间顺序记录在与该变量对应的同一行上。

例 5.1　用动态图分析下面程序的执行过程。

```
# include<stdio.h>
int max(int x,int y)
{
    int z;
    z=x>y? x:y;
    return (z);
}
void main()
{
    int a=5,b=6,c;
    c=max(a,b);
    printf("%d\n",c);
}
```

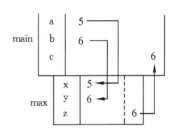

图 5-2　程序运行和函数调用动态图

解　max 函数的形参为 x、y,在函数调用时 y、x 分别接受了实参 b、a 的值 6 和 5。注意,在 VC++6.0 中参数传递是由右至左进行的(参见例 5.2)。此外,max 函数还定义了一个局部变量 z 来保存 x 和 y 值中较大的那一个值,最终将这个 z 值返回给主调函数 main。图 5-2 以动态图的方式描述了整个程序的执行情况,其中包括 max 函数因调用而创建、运行及运行结束后撤消的全过程。由动态图可知该程序的输出结果为 6。

例 5.2　用动态图分析下面程序的执行过程。

```
# include<stdio.h>
int add(int x,int y)
{
    int z;
    z=x+y;
    return (z);
}
void main()
{
    int i=1,sum;
    sum=add(i,++i);
    printf("%d\n",sum);
}
```

运行结果:

    4

解 主调函数 main 调用被调函数 add 的实参依次为 i 和＋＋i,根据参数传递由右向左的原则,则先执行＋＋i,即 i 值变为 2 后传递给形参 y,接着再将 i 值(已为 2)传给 x。图 5-3(a)中的动态图描述了整个程序的执行情况,因此最终的输出结果是 4 而不是 3,程序上机执行也验证了这个结果。

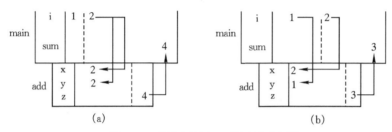

图 5-3   程序运行和函数调用动态图

如果调用函数的语句改为"sum＝add(＋＋i,i);",则最终输出结果是 3 而不是 4,这也证实了参数传递是由右向左进行的。程序的执行情况见图 5-3(b)的动态图描述。

5.2.4   函数的声明

如果被调函数定义在主调函数之前,则满足"先定义,后使用"的原则,主调函数可在函数体内直接调用被调函数;如果被调函数定义在主调函数之后,那么主调函数在函数体内直接调用被调函数则成了"先使用,后定义",即违背了"先定义,后使用"的原则。在有些情况下不可避免地会出现"先使用,后定义"这种情况:如两个函数相互调用时,必然有一个函数调用会出现"先使用,后定义"的问题,为了解决这种矛盾,即被调函数定义在主调函数之后时,则必须在程序中予以声明。声明的方法是将后定义的被调函数的函数首部(即该函数定义的第一行)再加上一个分号";"放置于主调函数之前或主调函数中的说明部分。这样,当在主调函数中使用被调函数时由于其前面已有了该函数的"声明",则认为被调函数已经定义过了,即满足了"先定义,后使用"的原则。

例 5.3   分析下面程序进行两数交换的执行过程。

```
＃include＜stdio.h＞
void swap(int a,int b);            /＊自定义函数 f 的声明语句 ＊/
void main()
{
    int x＝8,y＝10;
    printf("x＝ % d\ty＝ % d\n",x,y);
    swap(x,y);
    printf("Swapped:\n");
    printf("x＝ % d\ty＝ % d\n",x,y);
}
void swap(int a,int b)
```

```
    {
        int temp;
        temp=a;
        a=b;
        b=temp;
    }
```
运行结果：

x＝8　　　y＝10

Swapped：

x＝8　　　y＝10

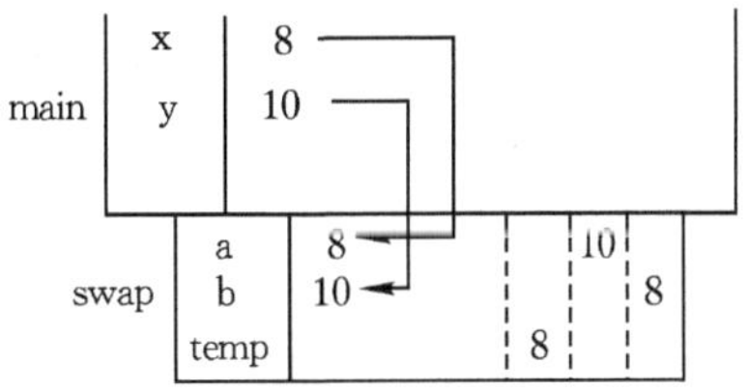

图 5-4　例 5.3 的程序动态图

解　本例中，被调用函数 swap 定义于主调函数之后，因此在主调函数 main 调用被调函数 swap 的调用语句"swap(x,y)；"之前必须先对 swap 函数进行声明。在程序中，这个声明语句位于主调函数 main 之前（也可放置于主调函数 main 中"swap(x,y)；"语句之前的任何位置）。此外，由图 5-4 可以看出，参数传递只是一种单向传递，即由实参传给形参。而执行被调函数所引起形参值的任何变化都不会影响到实参，故执行完 swap 函数后返回到主函数 main 时，其 x、y 值均没有发生改变。

从例 5.3 可以看出，函数的声明与函数定义中的函数首部只差一个分号"；"，因此可以简单地照抄已定义的函数首部，再加上一个分号"；"，就形成了该函数的"声明"语句。此外，也可以省略函数首部中的形参名，仅保留形参的类型。如上例 swap 函数声明可写为：

```
    void swap(int,int);
```

5.3　变量的作用域

当程序中存在两个以上的函数时，就会出现变量的作用域问题。变量的作用域是指变量在程序中可以被使用的范围。在 C 语言中，根据变量的作用域可以将变量分为局部变量和全局变量。变量说明的位置不同，其作用域也不同。

5.3.1　全局变量与局部变量

在函数内部定义的变量或者在复合语句内部定义的变量，称之为局部变量。它只在该函数范围内或该复合语句内有效，离开这个范围变量就无效了。

由于函数中的形参只在该函数内有效，离开该函数就不存在，所以也可以将形参看做接受了实参初值的局部变量（局限于该函数内）。

全局变量是指在程序中任何函数之外定义的变量，这种变量的使用不局限于某一个函数，而是从定义处开始位于其后的函数都可使用，也即由定义处开始至程序结束都有效（即满足"先定义后使用"的原则）。如果在函数内有与全局变量同名的局部变量存在，那么究竟哪个变量起作用呢？我们将全局变量和局部变量的适用范围归纳如下：

（1）如果全局变量与局部变量不同名，则全局变量适用于由定义处开始至程序结束这个范围，而函数说明的变量及形参则仅局限于在该函数内使用。

（2）若全局变量与局部变量同名，则在说明该局部变量的函数之外，同名的全局变量起作用(当然应属于由全局变量定义处开始至程序结束这一范围),而同名的局部变量则不存在;在函数内,则同名的局部变量起作用,而同名的全局变量暂时不起作用。

注意,C 语言中规定主函数 main 与其他函数的地位是相同的,它们是相互平行的。主函数中定义的变量只能在主函数中使用而不能在其他函数中使用,主函数中也不能使用其他函数中定义的变量。

在程序中定义全局变量的目的是增加函数间数据传递的通道以及实现数据共享。

(1) 如果在程序的开始处定义了全局变量,则这个程序中所有函数都能引用全局变量的值,即如果在一个函数中改变了全局变量的值,则其他函数就可以访问这个改变了值的全局变量,这样相当于多了一个数据传递的通道。

(2) 由于函数的调用只能带回一个返回值,则在需要带回两个以上的结果值时就可以使用全局变量。

例 5.4 用函数找出两个数中的最大值。

```
#include<stdio.h>
int a=5,b=8;
int max(int a,int b)
{
    if(a>b)
        return a;
    else
        return b;
}
void main()
{
    int a=12;
    printf("max= %d\n",max(a,b));
}
```

运行结果:

```
max=12
```

解 本例中定义了两个全局变量 a、b,其作用范围为整个程序;而 max 函数定义了两个形参变量 a、b,其作用范围在 max 函数中。可以看到,在 max 函数和 main 函数中都定义了一个局部变量 a,而这两个 a 处于不同函数中,相互没有影响。但全局变量 a 在 max 函数和 main 函数中被其各自定义的同名局部变量 a 屏蔽了。此外,由于在 max 函数中定义了局部变量 b,而 main 函数除了局部变量 a 再没有定义任何其他局部变量,因此全局变量 b 在 main 函数中有效而在 max 函数中无效。

5.3.2 函数的副作用

全局变量在程序整个执行过程中都占用内存单元,造成了内存资源的浪费。此外,全局变量还降低了函数的通用性和可靠性,容易产生错误。因此应尽量避免使用全局变量。下面,我们通过一个例子来看在函数中使用全局变量时所产生的函数副作用。

例 5.5　全局变量对函数的影响。

(1)
```c
#include<stdio.h>
int p;
int f()
{
    p=0;
    return(0);
}
void main()
{
    p=1;
    if(p||f())
        printf("True! \n");
    else
        printf("False! \n");
}
```

(2)
```c
#include<stdio.h>
int p;
int f()
{
    p=0;
    return(0);
}
void main()
{
    p=1;
    if(f()||p)
        printf("True! \n");
    else
        printf("False! \n");
}
```

解　本例中,程序(1)、(2)除了 if 语句中的逻辑表达式"p||f()"和"f()||p"书写的顺序不同外其余均相同。而从数学上讲,这两种书写格式是完全等价的。但是,由于全局变量 p 的作用,执行程序(1)时输出"True!",而执行程序(2)时输出"False!",造成了概念上的混乱,这就是使用全局变量不慎而带来的函数副作用。

5.4　函数的嵌套与递归

5.4.1　函数的嵌套调用

在 C 语言中,函数的定义不允许嵌套。也就是说在定义函数时,一个函数定义内(即函数体里)不能再出现另一个函数的定义,即不能形成函数的嵌套定义。但是,函数的调用可以嵌套,即主调函数在调用被调函数的过程中,这个被调函数又去调用其他函数,从而形成函数的嵌套调用。

例 5.6　验证哥德巴赫猜想,即一个大于等于 6 的偶数可以表示为两个素数之和,例如

$$6=3+3,8=3+5,10=3+7,\cdots$$

解　题目要求将一个大于等于 6 的偶数 n 分解为 n1 和 n2 两个素数,使得 n=n1+n2。在此采用穷举法来考虑 n1 和 n2 的所有组合情况,当发现 n1 和 n2 均为素数时则验证成功。我们用 prime 函数来判断一个数(保存在形参中)是否为素数,如果为素数则返回 1 否则返回 0;而用 div 函数来将给定的偶数(保存在形参中)分解为两个素数之和。设计的程序如下:

```c
#include<stdio.h>
int prime(int n)
{
    int i,flag=1;
```

```
        for(i=2;i<n/2;i++)
            if(n%i==0)
            {
                flag=0;
                break;
            }
        return (flag);
    }
    void div(int n)
    {
        int n1,n2;
        for(n1=3;n1<n/2;n1++)
        {
            n2=n-n1;
            if(prime(n1)&&prime(n2))
                printf("%d=%d+%d\n",n,n1,n2);
        }
    }
    void main()
    {
        int n;
        do
        {
            printf("input n(>=6):");
            scanf("%d",&n);
        }while(! (n>=6&&n%2==0));
        div(n);
    }
```

程序运行结果：

```
    input n(>=6):10 ↵
    10=3+7
```

程序执行过程及函数的嵌套调用示意如图 5-5 所示。

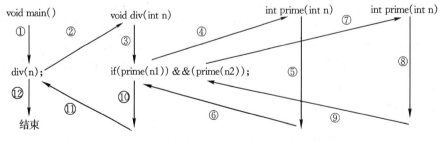

图 5-5 程序执行过程及函数的嵌套调用示意

5.4.2 函数的递归调用

函数在它的函数体内直接或间接地调用它自身称为函数的递归调用,这种函数称为递归函数。在递归调用中,主调函数和被调函数是同一个函数。下面我们通过一个例子来说明函数递归调用的特点。

例 5.7 用动态图分析递归函数的执行过程。

```c
#include<stdio.h>
void out1()
{
    char ch;
    scanf("%c",&ch);
    if(ch! = '\n')
    {
        out1();
        printf("%c",ch);
    }
}
void main()
{
    out1();
    printf("\n");
}
```

输入: abc ↵

输出: cba ↵

解 程序的执行过程及函数递归调用示意见图 5-6。由图 5-6 可以看出:(1)、(2)、(3)、(4)为程序中 out1 函数的 4 次递归调用。

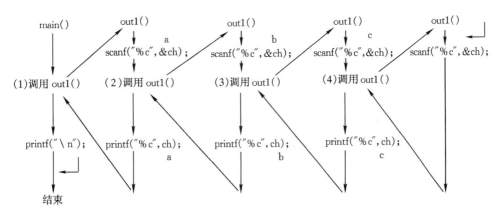

图 5-6 程序执行过程及函数递归调用示意

同样,我们也可以用动态图来描述程序执行过程及函数的递归调用(见图 5-7)。

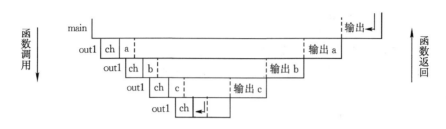

图 5-7　程序执行的动态图

由图 5-6 我们可以看出,out1 函数的执行代码只有一组,out1 的递归过程就是多次调用这组代码。由于第(4)次调用 out1 函数时,输入的字符是回车符"⏎",它使 out1 函数体中 if 语句的条件"ch!=ˊ\nˊ"为假,故第(4)次 out1 函数的调用不执行任何操作而结束并返回到主调函数(上一层调用它的 out1)。

从图 5-7 的动态图可知,out1 函数每次调用就进入了新一层的 out1 函数,并且每一层的 out1 函数都重新定义了局部变量 ch,且上一层的 ch 和下一层的 ch 不是同一个变量。在哪一层执行,则哪一层的变量 ch 起作用;当返回到上一层时,下一层的变量 ch 就不再存在(该层存储空间被系统收回)。

递归函数的调用可以引起自身的进一步调用。产生进一步的调用时,主调函数并不释放自己的工作空间(即该函数定义的变量仍然存在),而是为进一步调用的函数(可以是主调函数自身)开辟新的工作空间,这在动态图上表现为又产生了一个新的函数层并在其上建立新的变量如 ch 等。只有当最后一次调用的函数运行结束时,才撤消这最后一次函数调用时所建立的工作区,然后返回到它的调用者——上一层函数的工作环境下继续执行。这样,每当一次函数调用结束时,就回收其对应的工作区,然后返回到它的主调函数(即上一层)处继续执行。这种建立与撤消的关系就如同先进后出的栈一样。反映到本题中的程序,就是 out1 函数最后一次调用(4)最先结束,而最先调用(1)则最后结束(见图 5-6)。因此程序的输出结果正好与读入的字符顺序 abc 相反:cba。

注意,如果将 out1 函数中的调用语句"out1();"与输出语句"printf(ˮ%cˮ,ch);"对调位置,则输出的结果正好与读入的字符顺序相同,读者可用动态图方法自行分析。

例 5.8　用递归方法计算 n!。

解　递归类似于递推,在遇到终止条件之前重复执行对对象的操作。但递归与递推不同的是,递归通过操作对象自身来最终形成终止条件。

用递推法求解 n 的阶乘是基于公式:

$$n! = 1×2×3×\cdots×n$$

实现的程序如下:

```
#include<stdio.h>
void main()
{
    int i,n,s=1;
    scanf("%d",&n);
    if(n>0)
```

```
    {
        for(i=1;i<=n;i++)
            s=s*i;
        printf("n! = %d\n",s);
    }
    else
        printf("Error! \n");
}
```

运行结果：

　　5 ↵

　　n! = 120

其中，递推操作是通过 for 语句的循环实现的。

用递归法求解 n 的阶乘是基于公式：

$$n! = \begin{cases} 1, & n=0 \\ n \times (n-1)!, & n>0 \end{cases}$$

可以看出，这是一个递归的定义，其实现程序如下：

```
#include<stdio.h>
int fac(int n)
{
    int f;
    if(n==0)
        f=1;
    else
        f=n*fac(n-1);
    return f;
}
void main()
{
    int n;
    scanf("%d",&n);
    if(n<0)
        printf("Error! \n");
    else
        printf("%d! = %d\n",n,fac(n));
}
```

递归函数 fac 使用了一个局部变量 f，并通过该局部变量暂存并返回函数的计算结果。我们也可以去掉局部变量 f 而直接使用 return 语句返回函数的计算结果，此时递归函数 fac 的设计如下：

```
int fac(int n)
```

```
    {
        if(n==0)
            return 1;
        else
            return n * fac(n-1);
    }
```

采用递归解法得到的程序结构简单,但执行递归函数的效率较低且需要更多的存储空间。通常是在一个问题蕴含着递归关系且非递归解法又比较复杂的情况下才采用递归方法,这样可以使程序简洁精炼,增加可读性。

分析上面的递归程序以及后面将要介绍的最大公约数、数字金字塔、汉诺塔等递归程序可以发现:递归函数的函数体部分通常仅由一条 if 语句组成。递归函数正是通过 if 语句来判断是否继续进行递归的,如果没有 if 语句,则递归执行的过程将永远无法终止。假如我们把上面的递归函数定义改为

```
    int fac(int n)
    {
        int f;
        f=n * fac(n-1);
        return f;
    }
```

则此函数虽然仍是一个递归函数,但却因为没有终止的措施将无限递归下去。

构造递归函数,除了要使用 if 语句外,还需考虑在该 if 语句中最终能结束递归的方法。方法一是在递归调用的过程中,逐渐向形成结束递归的条件发展,最终结束递归。如例 5.8 中递归函数 fac 里的"f=n * fac(n-1);"语句,就是使 n 值不断地递减,最终当 n 值为零时就终止了递归。方法二是通过一个特殊的条件判断来终止递归。如例 5.7 中对字符变量 ch 的判断"ch! = '\n'",即当输入的字符为回车符" ⏎"时则终止递归。

最后介绍一下间接递归。在 C 语言中,后定义的函数可在其函数体内调用在它前面定义的函数,这就是"先定义,后使用"。但是如果有两个函数为了完成各自的操作需要相互调用对方又怎么办呢? 此时无论把哪一个函数放在前面定义都无法做到"先定义,后使用",这种相互调用的情况称为间接递归。为了实现间接递归,后定义的函数必须在先定义的函数前进行"声明"。这样,先定义的函数在调用后定义的函数时由于其已在先定义的函数前进行了声明,就如同在先定义的函数之前已经进行了定义一样。所以,这种调用仍然满足"先定义,后使用"这一原则。

5.5 典型例题精讲

例 5.9 一计算阶乘 n! 的函数定义如下,请指出该函数定义中的错误。

```
    int fac(int n)
    {
        if(n>0)
```

```
            fac＝fac(n－1)＊n;
        return fac;
    }
```

解　该函数定义出错的情况如下:

(1) 不带参数的函数名(如 fac)仅起名字的作用,它本身并不是变量,因此不能当作变量来使用,也即它不能独立地出现在函数体中的任何地方。因此,fac 出现在赋值号"＝"左边以及作为 return 语句的返回值都是错误的。

(2) 我们知道,数学中阶乘计算当 n 等于 0 时 n! 等于 1,即相当于要求函数 fac(0)等于 1。但是,条件语句 if 只考虑了 n＞0 的情况,当 n 等于 0 时则 if 语句相当于一个空语句。那么当递归调用到 fac(0)时,其值是什么我们将无从知道。

此外还要注意的是,在函数体内,函数名带上参数(如 fac(n－1))出现在表达式中则意味着一次函数调用,它会返回一个结果值。但是它不允许出现在赋值号"＝"的左边,因为赋值号"＝"左边只能以变量形式出现而不能以值的形式出现。

正确的 fac 函数定义见例 5.8。

例 5.10　用递归函数求两个正整数 m 和 n 的最大公约数,并计算当 m 和 n 分别为 25 和 125 时程序的运行结果。

解　由第 3 章的最大公约数解法可知,求 m 和 n 的最大公约数等价于求 n 与 m%n 的最大公约数。这时可以把 n 当作新的 m,而 m%n 当作新的 n,即问题又变成了求新的 m 和 n 的最大公约数。按这种方法不断进行下去直到 n 等于 0 时的 m 即为最大公约数。由此可得到递归公式如下:

$$\gcd(m,n)=\begin{cases}m, & n=0 \\ \gcd(n,m\%n), & n>0\end{cases}$$

其中,gcd(m,n)代表 m 和 n 的最大公约数。按照这个公式得到求解程序如下:

```
    #include<stdio.h>
    int gcd(int m,int n)
    {
        if(n==0)
            return m;
        else
            return (gcd(n,m % n));
    }
    void main()
    {
        int m,n;
        printf("Input m、n:");
        scanf("% d % d",&m,&n);
        printf("gcd= % d\n",gcd(m,n));
    }
```

当 m 和 n 的输入值为 25 和 125 时,我们可以用类似数学推导的方法来得到最终的结果:

$$\gcd(\overset{m}{25},\overset{n}{125})=\gcd(\overset{m}{125},\overset{n}{25\%125})=\gcd(\overset{m}{125},\overset{n}{25})=\gcd(\overset{m}{25},\overset{n}{125\%25})=\gcd(\overset{m}{25},\overset{n}{0})=\overset{m}{25}$$

此外,gcd 函数的定义还可写为

```c
int gcd(int m,int n)
{
    return n==0? m:gcd(n,m%n);
}
```

例 5.11 分析下面程序的输出结果。

```c
#include<stdio.h>
void fun(int k)
{
    if(k>0)
        fun(k-1);
    printf("%d",k);
}
void main()
{
    int w=5;
    fun(w);
    printf("\n");
}
```

解 我们可以通过程序执行的动态图分析得到程序的运行结果。程序执行的动态图见图 5-8。

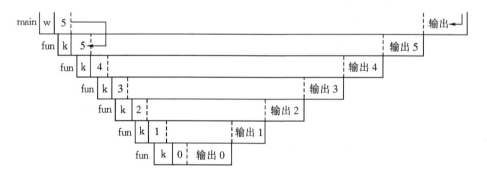

图 5-8 程序执行的动态图

因此,该程序的输出为 012345。注意,如果函数 fun 改为如下形式:

```c
void fun(int k)
{
    if(k>0)
    {
        printf("%d",k);
```

```
        fun(k-1);
    }
}
```

则输出为:54321。

例 5.12　分析下面程序的输出结果。

```
# include<stdio.h>
int abc(int u,int v)
{
    int w;
    while(v)
    {
        w=u%v;
        u=v;
        v=w;
    }
    return u;
}
void main()
{
    int a=24,b=16,c;
    c=abc(a,b);
    printf("%d\n",c);
}
```

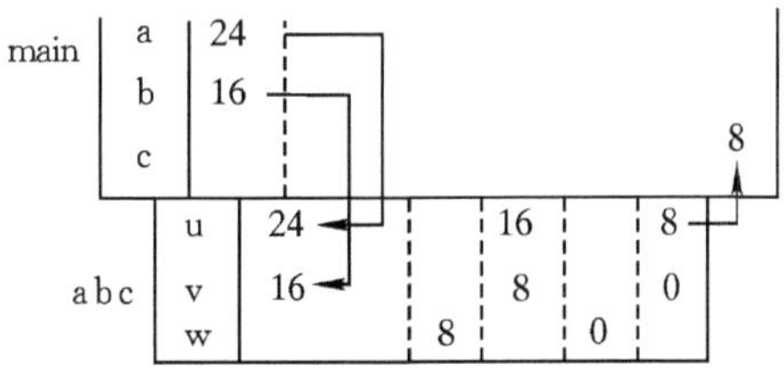

图 5-9　程序执行的动态图

解　程序执行的动态图见图 5-9。

从图 5-9 的动态图可以看出,该程序的输出为 8。

例 5.13　分析下面程序的输出结果。

```
# include<stdio.h>
int fun(int x)
{
    int p;
    if(x==0||x==1)
        return 3;
    p=x-fun(x-2);
    return p;
}
void main()
{
    printf("%d\n",fun(7));
}
```

解 本题的 fun 函数在 x 等于 0 或 1 时返回 3,而在其余情况下返回"x−fun(x−2)的值"。本题的递归算法如下:

$$\text{fun}(x) = \begin{cases} 3, & x=0 \ \text{或} \ x=1 \\ x - \text{fun}(x-2), & x \neq 0 \ \text{且} \ x \neq 1 \end{cases}$$

程序的输出结果为

$$\text{fun}(7) = 7 - \text{fun}(5) = 7 - (5 - \text{fun}(3)) = 7 - (5 - (3 - \text{fun}(1)))$$
$$= 7 - (5 - (3 - 3)) = 7 - 5 = 2$$

例 5.14 实现用递归函数输出回文字符串,如输入"abc ⏎",则输出 abccba。

解 在例 5.7 中我们已经知道:在 out1 函数里,当输出语句"printf(%c,ch);"位于调用语句 out1()之后,那么输出的字符序列正好与输入的字符序列相反。如果输出语句"printf(%c,ch);"位于调用语句 out1()之前,则输出的字符序列正好与输入的字符序列相同。基于这一点,我们得到输出回文字符串的程序如下:

```c
#include<stdio.h>
void out1()
{
    char ch;
    scanf("%c",&ch);
    if(ch! = '\n')
    {
        printf("%c",ch);
        out1();
        printf("%c",ch);
    }
}
void main()
{
    out1();
    printf("\n");
}
```

如果输入"abc ⏎",要求输出的回文字符串为 abcba,则只需当变量 ch 读入回车符'\n'时回退一个字符即可。对应的程序如下:

```c
#include<stdio.h>
void out1()
{
    char ch;
    scanf("%c",&ch);
    if(ch! = '\n')
    {
        printf("%c",ch);
```

```
        out1();
        printf("%c",ch);
    }
    else
        printf("\b");            /*回退1个字符位置*/
}
void main()
{
    out1();
    printf("\n");
}
```

例 5.15　用递归函数求 Fibonacci 数列。

解　Fibonacci 的递归公式如下：

$$\begin{cases} F_1=1, & n=1 \\ F_2=1, & n=2 \\ F_n=F_{n-1}+F_{n-2}, & n \geqslant 3 \end{cases}$$

因此,Fibonacci 数列适合用递归函数求解。我们用函数 fib 实现对 F_i 的求值,用主函数实现调用 fib 求出每一个 $F_i(i=1,2,\cdots,n)$ 的值,边计算边输出。编写的程序如下：

```
#include<stdio.h>
int fib(int n)
{
    if(n==1||n==2)
        return 1;
    else
        return fib(n-1)+fib(n-2);
}
void main()
{
    int i,n;
    printf("Input Fibonacci's number:");
    scanf("%d",&n);
    for(i=1;i<=n;i++)
    {
        printf("%6d", fib(i));
        if(i%5==0)
            printf("\n");
    }
    printf("\n");
}
```

运行结果：

Input Fibonacci's number:20 ↵

1	1	2	3	5
8	13	21	34	55
89	144	233	377	610
987	1597	2584	4181	6765

从函数 fib 的定义可以看出,函数体完全是递归公式的 C 语言描述。因此,如果知道了递归公式,再设计递归函数则会容易得多。

例 5.16 利用递归函数输出如下所示的数字金字塔。

```
                1
               1 2 1
              1 2 3 2 1
             1 2 3 4 3 2 1
            1 2 3 4 5 4 3 2 1
           1 2 3 4 5 6 5 4 3 2 1
          1 2 3 4 5 6 7 6 5 4 3 2 1
         1 2 3 4 5 6 7 8 7 6 5 4 3 2 1
        1 2 3 4 5 6 7 8 9 8 7 6 5 4 3 2 1
```

解 在第 3 章中我们采用了二重循环实现数字金字塔图形的输出。在此我们通过递归函数来完成数字金字塔图形的输出:

(1) 由于数字金字塔图形左右对称,所以每一行上的数字输出由递归函数完成。

(2) 每行第 1 个数字的输出位置应顺序前移 1 个字符位置,故设 i 为循环控制变量来控制输出数字的个数。此外,每行输出的起始位置由 $10-i$ 来确定。

程序设计如下:

```c
#include<stdio.h>
void generate(int m,int n)
{
    if(m==n)
        printf("%2d",m);
    else
    {
        printf("%2d",m);
        generate(m+1,n);
        printf("%2d",m);
    }
}
void main()
{
    int i,j;
```

```
    for(i=1;i<=9;i++)
    {
        for(j=1;j<=10-i;j++)
            printf("  ");              /*输出 2 个空格*/
        generate(1,i);
        printf("\n");
    }
}
```

由于函数 generate 的函数体中存在这样的语句：

```
    printf("%d",m);
    generate(m+1,n);
    printf("%d",m);
```

因为它们是对称的，所以输出是对称的(例 5.14 的回文字符串输出也是如此)。主函数 main 每次执行"generate(1,i);"语句就输出一行左右对称的数字序列，其后又执行一条"printf("\n")"语句，即换一行。这两条语句合起来是输出一行左右对称的数字序列，然后回车并换到下一行。从 for 语句中循环控制变量 i 的变化范围可知一共要输出 9 行数字序列，而内层 for 循环则由 j 来控制每行在输出第 1 个数字之前应输出多少个空格，从而使输出的整个数字图形呈现为三角形。

例 5.17　要求用函数的嵌套调用实现 $s=1^3+2^3+\cdots+n^3$。在主函数中由键盘输入 n 值且在主函数中输出 s 值，其他功能用函数实现。

解　本题要求用函数的嵌套调用来完成，因此定义函数 func1 完成累加功能，而定义 func2 完成求立方的功能。这样主函数 main 调用 func1 来计算各项的累加结果，而函数 func1 则调用函数 func2 求各个累加项。程序设计如下：

```
#include<stdio.h>
void main()
{
    long func1(int n);
    int n;
    long sum;
    printf("Input n:");
    scanf("%d",&n);
    sum=func1(n);
    printf("s=%ld\n",sum);
}
long func1(int n)
{
    int func2(int m);
    int i;
    long sum1=0;
```

```
    for(i=1;i<=n;i++)
        sum1=sum1+func2(i);
    return (sum1);
}
int func2(int m)
{
    return (m*m*m);
}
```

运行结果:

```
Input n:6 ↵
s=441
```

例 5.18 输入年、月、日,求这一天是该年的第几天。要求用一个自定义函数完成闰年的判断,另一个自定义函数求指定月份的天数,而主函数则完成这一天是该年第几天的计算。

解 在例 4.8 中我们用数组求某年某月某日是该年的第几天。在此,我们只用变量实现,并且用自定义函数 leapyear 和 month_days 分别实现对闰年的判断和求指定月份的天数,main 函数则调用 month_days 函数求出指定月份 month 之前的每一个月的天数并进行累加,而 month 这个月的天数 day 则是在累加之前就赋给 days 了。程序设计如下:

```
#include<stdio.h>
int leapyear(int year)
{
    if((year%4==0&&year%100!=0)||year%400==0)
        return 1;
    else
        return 0;
}
int month_days(int year,int month)
{
    if(month==4||month==6||month==8||month==11)
        return 30;
    else
        if(month==2)
            if(leapyear(year))
                return 29;
            else
                return 28;
        else
            return 31;
}
void main()
```

```
{
    int i,days,year,month,day;
    printf("Input year,month,day:\n");
    scanf("%d,%d,%d",&year,&month,&day);
    days=day;
    for(i=1;i<month;i++)
    days=days+month_days(year,i);
    printf("Days of %d-%d-%d is: %d\n",year,month,day,days);
}
```

*5.6 递归转化为非递归的研究

5.6.1 汉诺塔问题的递归解法

汉诺塔(Tower of Hanoi)问题描述为:有 A、B、C 三个柱子和 n 个大小都不一样且能套进柱子的圆盘(编号由小到大依次为 1,2,…,n),这 n 个圆盘已按由大到小的顺序套在 A 柱上(见图 5-10)。要求将这些圆盘按如下规则由 A 柱移到 C 柱上:

(1) 每次只允许移动柱子最上面的一个圆盘;

(2) 任何圆盘都不得放在比它小的圆盘上;

(3) 圆盘只能在 A、B、C 三根柱子上放置。

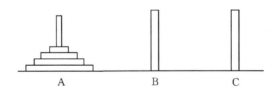

图 5-10　汉诺塔问题示意图

假如只有 2 个盘子,则移动就非常简单。如果有 3 个盘子,则可采用 2 个盘子的移动方法,即先将上面的 2 个盘子移到 B 柱上,然后把 A 柱上余下的最大盘子移至 C 柱上;此后可采用移动 2 个盘子的方法将已经放置在 B 柱上的 2 个较小盘子移到 C 柱上。由此我们得到这样一个思路:对 3 个盘子的移动可以将上面 2 个盘子看做一个整体,它与下面的最大盘子构成了 2 个"盘子"的移动,这 2 个"盘子"的移动次序很容易确定;然后我们再考虑作为一个整体的上面 2 个盘子如何移动,这又是非常简单的移动;最后,我们将分解的这两部分移动步骤合并起来就完成了 3 个盘子的移动。

当盘子有 n 个时,依照上面的思路可将下面最大的盘子与上面的 n-1 个盘子当作 2 个盘子的移动来处理,然后将上面的 n-1 个盘子继续分解为第 n-1 个盘子与其上面的 n-2 个盘子的移动过程。依此类推,直至最上面 2 个盘子的移动(可以看出具有明显的递归特点)待这些移动步骤确定之后,就可由最上面的盘子开始进行移动直到最下面的第 n 个盘子,即由分解从盘子 n 到盘子 1 的移动过程倒推出由盘子 1 到盘子 n 的移动。这种移动方法具有栈(先进

后出)的特点,因而递归实现就特别方便。盘子的移动可归纳为如下三个步骤:

(1) 从 A 柱将上面的 1~n—1 号盘移至 B 柱上,C 柱作为辅助柱协同移动;

(2) 将 A 柱上剩余的第 n 号盘移至 C 柱上;

(3) 再将 B 柱上的 1~n—1 号盘移至 C 柱上,A 柱作为辅助柱协同移动。

对 n—1 号至 1 号盘的处理方法同上,因此可递归实现。从上述的三个步骤可以看出:(2) 只需一步即可完成;而(1)、(3)处理类似,仅移动的柱子不同。因此,实现移动的递归函数 hanoi 应包含以下三步:

(1) 执行"hanoi(n—1,A,C,B);",即将 A 柱上的 n—1 个盘子移至 B 柱,C 柱为辅助柱;

(2) 移动 A 柱上第 n 号盘至 C 柱,即输出 A→C;

(3) 执行"hanoi(n—1,B,A,C);",即将 B 柱上的 n—1 个盘子移至 C 柱,A 柱为辅助柱。

3 个盘子的移动示意如图 5-11 所示。

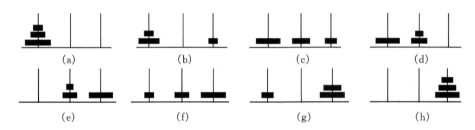

图 5-11　3 个盘子的移动示意

递归解法的程序如下:

```c
#include<stdio.h>
void move(int n,char a,char b,char c)
{
    if(n>0)
    {
        move(n—1,a,c,b);
        printf("%c(%d)—>%c\n",a,n,c);
        move(n—1,b,a,c);
    }
}
void main()
{
    int n;
    char a='A',b='B',c='C';
    printf("Input a number of disk:");
    scanf("%d",&n);
    move(n,a,b,c);
}
```

运行结果:

Input a number of disk:3 ↵

```
A(1)->C
A(2)->B
C(1)->B
A(3)->C
B(1)->A
B(2)->C
A(1)->C
```

动态图分析 3 个圆盘的移动过程见图 5-12。为了简单起见,仅在动态图最左端列出各层调用的变量名,右方各层调用的变量名顺序与左端所列变量相同而不再标出,各层调用 move 函数的移动输出情况(如果有的话)也略去盘号后写在动态图上。

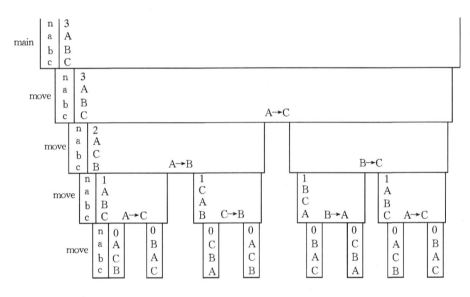

图 5-12　3 个盘子移动过程的动态图

通过动态图可以看出:当需要将最大的 3 号盘(n=3)由 A 移至 C(即 A→C)时,必须先使 2 号盘(n=2)由 A 移至 B(即 A→B);这时又要求先将最小的 1 号盘(n=1)由 A 移到 C(即 A →C)后方可,待 2 号盘移到 B 之后才能把最大的 3 号盘移至 C。动态图自上而下描述了这种移动过程,移动的顺序由左至右以输出形式(略去盘号)标识在动态图上。与程序运行的结果相对照,两者完全相同。

由动态图我们还可看出,当 move 函数递归调用到 n 等于 1 时,执行 move 函数中的第 1 个函数调用语句"move(n-1,a,c,b);"将使 n-1 等于 0;这样,当再次调用"move(0,a,b, c);"时就不执行任何操作而结束;接下来是在 n 等于 1 的情况下,执行调用语句"move(n-1, a,c,b;)"之后的 printf 语句来输出盘子的移动。从动态图可以看出:每当函数 move 调用出现 n 等于 0 的情况时,就返回到上一层(n 等于 1 这一层)输出此时的 a 值到 c 值的指向(最后一次 n 等于 0 的情况是返回到主函数 main 故不再输出),然后接着执行位于 printf 语句之后(即第 2 个)"move(n-1,a,c,b);"语句。

由动态图我们可归纳出:第 i 层输出前的下一层属于第 1 个 move 语句的调用,其特点是上、下层 b 和 c 交换参数而 a 保持不变;第 i 层输出后的下一层则属于第 2 个 move 语句的调用,其特点是上、下层 a 和 b 交换参数而 c 保持不变。这些特点在构造汉诺塔非递归程序时很有用。

通过汉诺塔递归程序的分析可以得出构造递归函数的一般方法:假定在 n-1 以下时能够实现,则在此基础上再考虑为 n 时的算法。例如汉诺塔递归程序就是先将 n-1 个盘子看做一个整体(假定可解),然后在此基础上考虑第 n 个盘子的移动。这种构造方法很像数学中的归纳法:在用数学归纳法证明性质 p_n 对于一般的 n≥1 都成立时,首先证明当 n=1 时 p_1 成立,然后再证明 n>1 时若 p_{n-1} 成立则 p_n 成立。

5.6.2　汉诺塔问题的非递归解法

分析图 5-12 的动态图可知:盘子的移动输出是在两种情况下进行的,其一是当递归到 n 等于 1 时进行输出;其二是返回到上一层函数调用(返回到 main 函数除外)且有 n≥1 时进行输出。因此,我们可以使用一个 stack 数组来实现汉诺塔问题的非递归解法。具体步骤如下:

(1) 将初值 n 、'A'、'B'、'C'送 stack[1]中的成员 stack[1].id、stack[1].x、stack[1].y、stack[1].z(含义与递归解法中的参数 n、a、b、c 相同)。

(2) n 减 1(n 值保存在 id 中)并交换 y、z 值后将 n、x、y、z 值送 stack 数组元素对应的成员,这一过程直到 n 等于 1 时为止(它相当于递归解法 move 函数中的第 1 个 move 调用语句内的参数交换)。

(3) 当 n 等于 1 时输出 x 值指向 z 值(相当于执行递归函数 move 中的 printf 语句)。

(4) 回退到 stack 的前一个数组元素,如果此时这个数组元素下标值 i≥1 则输出 x 值指向 z 值(相当于图 5-12 动态图返回到上一层时的输出);当 i≤0 时,程序结束。

(5) 对 n 减 1,如果 n≥1,则交换 x、y 值(它相当于递归解法 move 函数中第 2 个 move 调用语句内的参数交换),并且进行如下步骤:

① 如果此时 n 等于 1,则输出 x 值指向 z 值并继续回退到 stack 的前一个数组元素处(相当于图 5-12 动态图返回到上一层);如果 i≥1,则输出 x 值指向 z 值(即与(4)的操作相同)。

② 如果此时 n>1,则转(2)处继续执行(相当于递归解法 move 函数中第 2 个 move 调用语句继续调用的情况);

由图 5-12 还可以看出 n 等于 0 的操作是多余的,因此在非递归程序中略去了 n 等于 0 时的操作,即只执行到 n 等于 1 时为止。汉诺塔非递归程序如下:

```c
#include<stdio.h>
struct hanoi
{
    int id;
    char x,y,z;
}stack[30];
void main()
{
    int i=1,n;
```

```
char ch;
printf("Input number of diskes:\n");
scanf(" % d",&n);
if(n==1)                          /* 只有 1 个盘子时 */
    printf("A(1)->C\n");
else
{
    stack[1].id=n;                /* 第(1)步 */
    stack[1].x='A';
    stack[1].y='B';
    stack[1].z='C';
    do
    {
        while(n>1)                /* 第(2)步 */
        {
            n--;
            i++;
            stack[i].id=n;
            stack[i].x=stack[i-1].x;
            stack[i].y=stack[i-1].z;
            stack[i].z=stack[i-1].y;
        }
        printf(" % c( % d)-> % c\n",stack[i].x,stack[i].id,stack[i].z);
                                  /* 第(3)步 */
        i--;                      /* 第(4)步 */
        do
        {
            if(i>=1)
            printf(" % c( % d)-> % c\n",stack[i].x,stack[i].id,stack
                    [i].z);
            stack[i].id--;
            n=stack[i].id;        /* 第(5)步 */
            if(n>=1)
            {
                ch=stack[i].x;
                stack[i].x=stack[i].y;
                stack[i].y=ch;
            }
            if(n==1)              /* 第(5)步的① */
```

```
                        {

                            printf("%c(%d)->%c\n",stack[i].x,stack[i].id,stack[i].z);
                                i--;
                            }
                        }while(n<=1&&i>0);
                    }while(i>0);
            }

        }
```

最后,我们将盘数为 3(即 n=3)时数组 stack 随程序执行发生变化的情况描述如图 5-13 所示。

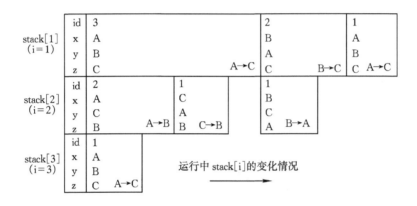

图 5-13　3 个盘子移动过程中 stack 数组的变化示意

对比图 5-12 和图 5-13,我们可以看出这两种解法在功能上是完全等效的。此外,如果对每次移动时的输出进行统计的话,则会发现 n 个盘子的移动数是 2^n-1。此外,在程序中使用了结构体数组 stack,请读者参阅第 7 章结构体有关内容。

5.6.3　八皇后问题的递归解法

八皇后问题描述为:在 8×8 格的国际象棋盘上放置 8 个皇后,要求没有一个皇后能够"吃掉"任何其他一个皇后,即任意两个皇后都不处于棋盘的同一行、同一列、同一对角线上。八皇后问题是高斯(Gauss)于 1850 年首先提出来的,高斯本人当时并未完全解决这个问题。图 5-14 就是满足要求的一种布局。

在用递归方法求解八皇后问题之前,我们先做如下规定:

(1)棋盘中行的编号由下向上为 0~7,列的编号由左向右为 0~7,位于第 i 行第 j 列的方格记为[i,j]。

(2)整型数组 x 表示皇后所占据的方格位置,即 $x[i]$ 的值表示第 i 行中皇后所占据的列编号。如 $x[2]$ 的值为 6,则表示第 2 行中皇后位于第 6 列。

(3)为判断方格[i,j]是否安全,需对上对角线"/"和下对角线"\"分别进行编号。由于沿上对角线的每一方格其行号与列号之差 i-j 为一常量,沿下对角线的每一方格其行号与列号

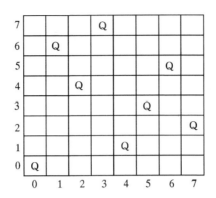

图 5-14　满足要求的一种八皇后问题布局

之和 i+j 为一常量(见图 5-15(a)),因此可以用这个差数常量与和数常量分别作为上对角线和下对角线的编号,即上对角线编号是 7～-7(见图 5-15(b)),下对角线编号是 0～14(见图 5-15(c))。

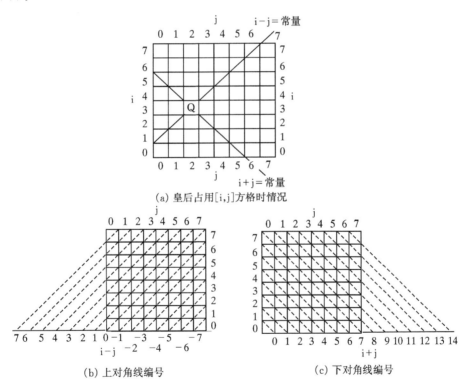

图 5-15　皇后占用[i,j]方格情况及上、下对角线编号

由此,引入 3 个数组:

(1) 列数组 a。其中,a[k]为"1"时表示第 k 列无皇后。

(2) 上对角线数组 b。其中,b[k]为"1"时表示编号为 k-7 的上对角线上无皇后(因 b 数组下标只能从 0 开始)。

　　(3) 下对角线数组 c。其中,c[k]为"1"表示编号为 k 的下对角线上无皇后。

　　这样,方格[i,j]是安全的就意味着布尔表达式

　　　　a[j]&&b[7+(i−j)]&&c[i+j]

为真(即"1");而将皇后放置于方格[i,j]或从方格[i,j]移去皇后,则应该分别使 a[j]、b[7+
(i−j)]、c[i+j]这三个数组元素同时为"0"或同时为"1"。

　　八皇后问题递归程序如下:

```c
#include<stdio.h>
int a[8],b[15],c[15],x[8];
void print()
{
    int i;
    for(i=0;i<=7;i++)
        printf("(%d,%d),",i,x[i]);
    printf("\n");
}
void try1(int i)
{
    int j;
    for(j=0;j<=7;j++)
        if(a[j]&&b[7+(i−j)]&&c[i+j])
        {
            x[i]=j;
            a[j]=0;
            b[7+(i−j)]=0;
            c[i+j]=0;
            if(i<7)
                try1(i+1);
            else
                print();
            a[j]=1;
            b[7+(i−j)]=1;
            c[i+j]=1;
        }
}
void main()
{
    int k;
    for(k=0;k<=7;k++)
```

```
            a[k]＝1;
        for(k＝0;k<＝14;k++)
            b[k]＝c[k]＝1;
        try1(0);
    }
```

运行结果：

(0,0),(1,4),(2,7),(3,5),(4,2),(5,6),(6,1),(7,3),

(0,0),(1,5),(2,7),(3,2),(4,6),(5,3),(6,1),(7,4),

(0,0),(1,6),(2,3),(3,5),(4,7),(5,1),(6,4),(7,2),

(0,0),(1,6),(2,4),(3,7),(4,1),(5,3),(6,5),(7,2),

　　　…　　　　…　　　　…　　　　　…

函数 try1 为第 i 个皇后寻找一个合适的放置位置。如果方格[i,j]是安全的(即 a[j]＆＆
b[7＋(i−j)]＆＆c[i＋j]为真),则将第 i 个皇后放入方格[i,j](即语句"x[i]＝j;"),然后查看
棋盘上是否已经放置了 8 个皇后。由于放置皇后的计数是通过行号 i 来完成的(i 取 0～7),因
此应做 i<7 的判断;即 i<7 时必然还有未放入棋盘的皇后,此时应递归调用 try1 函数为下面
第 i＋1 个皇后再选择另一个合适的放置位置。这样,当找出一组 8 个皇后的放法时就调用输
出函数 print 来输出这组解。对于无法安全放下 8 个皇后的情况以及可以安全放下 8 个皇后
且已输出之后都应使棋盘恢复到最初的安全状态,以便再从下一个位置开始继续寻找新的一
组八皇后放法;这时应将 a、b、c 三个数组中所有置"0"值的数组元素重新赋"1"值。

5.6.4　八皇后问题的非递归解法

在八皇后问题的非递归解法中,皇后总是从第 0 行开始顺序放置直到第 7 行,如果要将皇
后放置到第 i 行,则前 i−1 行必然都已放置了皇后,而大于第 i 行的所有行均没有放置过皇
后。所以,只需检查第 i 行将要放置皇后的位置与前 i−1 行上的每一个皇后是否发生冲突,这
种检查由变量 k 完成,即 k 总是从第 0 行开始顺序扫描已放置皇后的前 i−1 行。在此,每行
皇后放置的位置仍由 x[k]表示(x[k]的值即为第 k 行皇后放置的列号)。如果此时皇后放置
到方格[i,j](i 行 j 列)中,则方格[i,j]安全的条件是

$$(k<i)\&\&(j! ＝ x[k])\&\&(i＋j! ＝ k＋x[k])\&\&(i−j! ＝ k−x[k])$$

即:

(1) j! ＝ x[k]表示待放方格[i,j]内皇后的当前列号 j 不与第 k 行皇后发生列的冲突。

(2) i＋j! ＝ k＋x[k]表示待放方格[i,j]内皇后不与第 k 行皇后发生下对角线的冲突(即
待放皇后的方格[i,j]其行号与列号之和 i＋j 这个常量值不与第 k 行皇后的行号 k 与列号
x[k]之和 k＋x[k]这个常量值发生冲突)。

(3) i−j! ＝ k−x[k]表示待放方格[i,j]内的皇后不与第 k 行皇后发生上对角线的冲突
(见图 5−16)。

(4) k<i 表示对已经放置在 0～i−1 行上的皇后进行(1)～(3)不冲突条件的检查。如果
出现不满足条件,则循环测试安全条件的 while 语句退出时的 k 值必然小于 i。如果 0～i−1
行所有的皇后均满足不冲突条件,则 while 循环结束时 k 值为 i,即方格[i,j]放置第 i 个皇后是
安全的,此时置 safe 为"1"。只有在 safe 为"1"的条件下才放置皇后于[i,j]方格(即语句

"x[j]=j;")。如果此时正好放置了 8 个皇后(i 等于 7),则输出这一组皇后的放法,然后将行号回退一格(即语句"i－－;")再重新选择新的列号(第二重 while 循环中的"j＋＋;"语句)来寻找满足不冲突条件的下一组八皇后放法。如果此时放置的皇后没有达到 8 个,则行号增 1(即语句"i＋＋;"),并且列号再重新由 0～7 中寻找一个能够安全放置第 i+1 个皇后的位置。

如果 safe 值为 0,则意味着第 i 行中 0～7 这 8 个列号已经没有一个是安全位置,因此无法放置第 i 个皇后了。这说明在前面 i－1 个皇后的放法中存在着错误,故试探着先回朔到前一个行号(即语句"i－－;"),重新调整第 i－1 个皇后放置的列号(仍需保证安全性);然后再检查此时第 i 个皇后能否找到一个安全的放置位

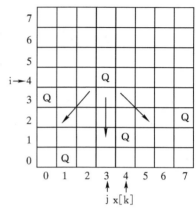

图 5-16　方格[i,j]安全示意

置。若存在这样的位置,则将第 i 个皇后放置于此并继续进行后继皇后(第 i+1 个皇后)的放置,否则继续调整第 i－1 个皇后的位置(必须是安全的)。如果第 i－1 行所有安全位置都调整过但还是无法放置第 i 个皇后,那么就要回朔到i－2行甚至是 i－3 行继续进行位置调整直至找到一组新的八皇后放置位置。

八皇后问题非递归程序如下:

```c
#include<stdio.h>
void main()
{
    int i,j,k,safe,x[8];
    i=0;
    j=-1;
    while(i>=0)
    {
        safe=0;
        while((j<7)&&(! safe))
        {
            j++;
            k=0;
            while((k<i)&&(j! = x[k])&&(i+j! = k+x[k])&&(i-j! = k-x[k]))
                k++;
            if(i==k)
                safe=1;
        }
        if(safe)
        {
            x[i]=j;
```

```
            if(i==7)
            {
                for(i=0;i<=7;i++)
                    printf("(%d,%d),",i,x[i]);
                printf("\n");
            }
            else
            {
                i++;
                j=-1;
            }
        }
        else
        {
            i--;
            if(i>=0)
                j=x[i];
        }
    }
}
```

如果设置一个全局变量(递归解法和非递归解法都可)来对每组八皇后放法进行计数,那么在主函数 main 结束之前输出该变量的计数值时,就会发现八皇后问题的所有安全放置方法共有 92 种。

习题 5

1. 以下叙述中正确的是_____。
   A. 每个函数都可以被其他函数调用,包括 main 函数
   B. 每个函数都可以单独执行
   C. 程序的执行总是从 main 函数开始,在 main 函数结束
   D. 在一个函数内部可以定义另一个函数

2. 以下叙述中错误的是_____。
   A. C 程序必须由一个或一个以上的函数组成
   B. 函数调用可以作为一个独立的语句存在
   C. 若函数有返回值,必须通过 return 语句返回
   D. 函数形参的值也可以传回给对应的实参

3. 若函数调用时的实参为变量,则以下叙述中正确的是_____。
   A. 函数的实参和其对应的形参共同占用一个存储单元
   B. 形参只是形式上存在,因此不占用具体存储单元

C. 同名的实参和形参占用同一个存储单元

D. 函数的形参和实参分别占用不同的存储单元

4. 若函数调用时的实参为变量，则它和与它对应的形参进行数据传递方式是_____。

    A. 地址传递   B. 单向值传递

    C. 由实参传给形参，再由形参将结果传回给实参   D. 由用户指定传递方式

5. 在 C 语言中，函数返回值的类型最终取决于_____。

    A. 函数定义时在函数首部所说明的函数类型

    B. return 语句中表达式值的类型

    C. 调用函数时主调函数所传递的实参类型

    D. 函数定义时形参的类型

6. 以下叙述中错误的是_____。

    A. 用户定义的函数中可以没有 return 语句

    B. 用户定义的函数中可以有多个 return 语句，以便可以在调用中返回多个函数值

    C. 用户定义的函数中若没有 return 语句，则应当定义函数为 void 类型

    D. 函数的 return 语句中可以没有表达式

7. 在函数调用中，如果函数 A 调用了函数 B，函数 B 又调用了函数 A，则_____。

    A. 称为函数的直接递归调用   B. 称为函数的间接递归调用

    C. 称为函数的循环调用   D. C 语言不允许这样的递归调用

8. 以下程序执行的结果是_____。

```
#include<stdio.h>
int F(int x)
{
    return (3 * x * x);
}
void main()
{
    printf("%d\n",F(3+5));
}
```

    A. 192   B. 29   C. 25   D. 编译出错

9. 若程序中定义了以下函数

```
double myadd(double a,double b)
{ return a+b; }
```

则正确的函数声明是_____。

    A. double myadd(double a,b);   B. double myadd(double a,double b)

    C. double myadd(double a);   D. double myadd(double x, double y);

10. 以下程序执行的结果是_____。

```
#include<stdio.h>
int x=2;
int f(int a)
```

```
{
    x=a+1;
    return a * a;
}
void main()
{
    printf(" % d, % d\n",x,f(x));
}
```

　A. 2,4　　　　　B. 2,2　　　　C. 3,4　　　　D. 3,2

11. 阅读程序,给出程序的运行结果。

```
# include<stdio.h>
void swap(int x,int y)
{
    int t;
    t=x;x=y;y=t;
    printf("% 4d % 4d\n",x,y);
}
void main()
{
    int a=3,b=4;
    swap(a,b);
    printf("% 4d % 4d\n",a,b);
}
```

12. 以下 sum 函数的功能是计算下列级数之和:

$$s=1+x+\frac{x^2}{2!}+\frac{x^3}{3!}+\cdots+\frac{x^n}{n!}$$

请给函数 sum 中的各变量赋正确的初值。

```
# include<stdio.h>
double sum(double x,int n)
{
    int i;
    double a,b,s;
    _____ ;
    for(i=1;i<=n;i++)
    {   a=a*x; b=b*i; s=s+a/b; }
    return s;
}
void main()
{
```

```
        int m;double x;
        scanf("% d % lf",&m,&x);
        printf("sum= % f\n",sum(x,m));
    }
```

13. 以下 prime 函数的功能是判断形参 a 是否为素数,是素数则函数 prime 返回 1 值,否则返回 0 值。请填空。

```
    # include<stdio.h>
    int prime(int a)
    {
        int i;
        for(i=2;i<=a/2;i++)
            if(a % i==0)    (1)   ;
          (2)   ;
    }
    void main()
    {
        int n;
        scanf("% d",&n);
        if(prime(n))
            printf("% d is prime! \n",n);
        else
            printf("% d is not prime! \n",n);
    }
```

14. 下面程序通过函数 sumF 求 $\sum\limits_{x=0}^{10} f(x)$,这里 $f(x) = x^2 + 1$,由 F 函数实现。请填空。

```
    # include<stdio.h>
    int F(int x)
    {
        return (   (1)   );
    }
    int SumF(int n)
    {
        int x,s=0;
        for(x=0;x<=n;x++)
            s+=F(   (2)   );
        return s;
    }
    void main()
    {
```

```
        printf("Sum=%d\n",SumF(10));
    }
```

15. 阅读程序,给出程序的运行结果。

```
#include<stdio.h>
void fun2(char a,char b)
{
    printf("%c%c",a,b);
}
char a='A',b='B';
void fun1()
{
    a='C'; b='D';
}
void main()
{
    fun1();
    printf("%c%c",a,b);
    fun2('E','F');
}
```

16. 阅读程序,给出程序的运行结果。

```
#include<stdio.h>
int f1(int x,int y)
{
    return x>y? x:y;
}
int f2(int x,int y)
{
    return x>y? y:x;
}
void main()
{
    int a=4,b=3,c=5,d=2,e,f,g;
    e=f2(f1(a,b),f1(c,d));
    f=f1(f2(a,b),f2(c,d));
    g=a+b+c+d-e-f;
    printf("%d,%d,%d\n",e,f,g);
}
```

17. 阅读程序,给出程序的运行结果。

```
#include<stdio.h>
```

```
char fun(char x,char y)
{
    if(x>y) return x;
    return y;
}
void main()
{
    int a='9',b='8',c='7';
    printf("%c\n",fun(fun(a,b),fun(b,c)));
}
```

18. 阅读程序,给出程序的运行结果。

```
#include<stdio.h>
void fun(int x)
{
    if(x/2>0)
        fun(x/2);
    printf("%d",x);
}
void main()
{
    fun(3);
    printf("\n");
}
```

19. 阅读程序,给出程序的运行结果。

```
#include<stdio.h>
int fun(int a,int b)
{
    if(b==0)
        return a;
    else
        return (fun(--a,--b));
}
void main()
{
    printf("%d\n",fun(4,2));
}
```

20. 阅读程序,当给变量 x 输入 10 之后,给出程序的运行结果。

```
#include<stdio.h>
int fun(int n)
```

```
    {
        if(n==1)
            return 1;
        else
            return (n+fun(n-1));
    }
    void main()
    {
        int x;
        scanf("%d",&x);
        x=fun(x);
        printf("%d\n",x);
    }
```

21. 阅读程序,给出程序的运行结果。
```
#include<stdio.h>
int f(int a)
{
    return a%2;
}
void main()
{
    int s[8]={1,3,5,2,4,6},i,d=0;
    for(i=0;f(s[i]);i++)
        d=d+s[i];
    printf("%d\n",d);
}
```
说明:for 循环中判断循环终止的表达式 f(s[i])值为 0 时结束循环。

22. 自定义一个函数,实现重复输出给定的字符 n 次。

23. 用函数实现求三个数中的最大数。

24. 写一个函数,用于判断一个数是否为"水仙花数"。所谓"水仙花数",是指一个三位数,其各位数字的立方和等于该数本身。

25. 写两个函数,分别求两个整数的最大公约数和最小公倍数。用主函数调用这两个函数,并输出结果。

26. 用递归函数实现对 x^n 的求解(n 为大于等于零的正整数)。

27. 用函数实现下面字母金字塔图形的输出:

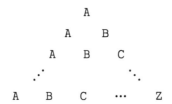

28. 根据以下级数展开式求 π 值,计算到某一项的值小于 10^{-7}。要求用函数实现。

$$\frac{\pi}{2}=1+\frac{1}{3}+\frac{1}{3}\times\frac{2}{5}+\frac{1}{3}\times\frac{2}{5}\times\frac{3}{7}+\frac{1}{3}\times\frac{2}{5}\times\frac{3}{7}\times\frac{4}{9}+\cdots$$

29. 用递归函数实现返回与所输入十进制整数相反顺序的整数。如输入为1234,则函数返回值是4321。

30. 用函数实现下面图形的输出:

31. 楼梯有 n 阶台阶,上楼可以一步上 1 阶,也可以一步上 2 阶。用递归函数计算共有多少种不同的走法。

32. 有 A、B、C 三个柱子和 2n 个大小差别为 n(即同样大小的盘子都有 2 个)的盘子并能套进柱子(编号由小到大依次为 1,2,…,2n−1,2n),这 2n 个圆盘已按由小到大的顺序依次套在 A 柱上。要求将这些圆盘按如下规则由 A 柱移到 C 柱上:

(1) 每次只允许移动柱子最上面的一个圆盘;

(2) 任何圆盘都不得放在比它小的圆盘之上;

(3) 圆盘只能在 A、B、C 三根柱子中的一个上放置。

33. 猴子吃桃问题:猴子第一天摘下若干桃子,当即吃了一半,还不过瘾,又多吃了一个;第二天又将剩下的桃子吃掉一半,又多吃了一个;以后每天都吃了前一天剩下桃子的一半多一个,则第 10 天只剩下一个桃子了。试用函数求第一天猴子一共摘了多少桃子。

第 6 章　指针

指针是 C 语言中非常重要并广泛使用的一种数据类型,它极大地丰富了 C 语言的功能。运用指针编程是 C 语言最主要的风格之一。使用指针,可以有效地表示各种复杂的数据结构,能够非常方便地使用数组和字符串,并且能像汇编语言那样处理内存地址,从而编写出精炼且高效的程序来。

6.1　指针和指针变量

6.1.1　地址和指针的概念

在计算机中,内存是一个连续的存储空间。在这个空间中每一个内存单元都对应一个唯一的内存地址,并且内存的编址由小到大是连续的,它的基本单位是"字节"。对程序中定义的变量,编译过程中系统根据该变量定义时获得的类型信息,为其分配相应长度的连续内存单元用来存放它的值。例如在 C 语言中,一个整型变量占 4 个字节的内存单元,而一个双精度型变量占 8 个字节的内存单元。并且,给每个变量分配的这连续几个内存单元的起始地址就是该变量的地址,即编译后的每一个变量都对应一个变量地址,对变量的访问就是通过这个变量地址进行的。当引用一个变量时,实际上就是从该变量名所对应地址开始的若干连续单元中取出数据,当给一个变量赋值时,则是将这个值按该变量的类型存入该变量名对应地址开始的若干连续内存单元中。显然,变量地址中对应的若干连续内存单元中所存放的内容即为该变量的值。

我们可以通过地址运算符"&"得到变量的地址。例如:

```
int a=10;
```

则 &a 表示变量 a 在内存中的地址(变量地址)。通过下面的 printf 语句,我们可以输出变量 a 在内存中的存储地址:

```
printf("%x\n",&a);          /* 输出变量 a 的 16 进制地址 */
```

通常把变量地址形象地称为"指针",意思是通过这个"指针(即地址)"可以找到该变量。在 C 语言中,允许使用一种特殊的变量来专门存放某个变量的地址(即该特殊变量的内存单元中存放的是某个变量的地址而不是其他数据,这一点与普通变量不同),这种特殊的变量就称为指针变量。

注意,指针是一个地址,主要是指变量或数组元素的地址,它是一个常量;而指针变量本身是一个变量,并且是一个存放地址的变量,主要用来存放其他变量或数组元素的地址。也即,指针变量的值即为指针。在后续章节中我们还可以看到,指针变量的值不仅可以是 int 和 float 等简单数据类型变量的地址,也可以是数组和结构体等构造数据类型变量的地址,即用指针变量来指向某种构造类型的变量,这样就可以访问到该类型变量中的任一元素(成员)。这是引入指针变量的一个重要原因。

引入指针变量的另一原因是:C 语言允许在程序的执行中生成新的变量,由于这种变量是在程序执行过程中动态产生的,故无法在程序或函数说明部分事先对其进行定义。因此,这种动态生成的变量没有名字,即只能通过指针变量去间接地访问它(即由指针变量所存放的该动态变量地址去访问该动态变量)。

有了指针变量,访问变量的方式也得到了扩充:一种是我们前面介绍过的按变量名直接存取变量值的访问,称为直接访问;另一种就是本章介绍的通过指针变量所存放的变量地址找到该变量后,再对该变量的值进行存取访问,称为间接访问。

在第 9 章还可以看到,我们可以把函数的首地址(该函数所对应的程序代码段首地址)赋给一个指针变量(此时,函数名可以看作为是一个变量),使该指针变量指向该函数,然后通过指针变量就可以找到并执行该函数;这和上面通过指针变量来存取某个变量值的概念是完全不同的。

6.1.2　指针变量的定义和初始化

1. 指针变量的定义

指针变量是用来存放其他变量地址的变量,所以和普通变量一样必须先定义、后使用。指针变量定义的一般形式如下:

    类型标识符 * 变量名;

注意:(1) 在指针变量的定义中,变量名前的"*"号仅是一个符号,它表示该变量名为一个指针变量而并不是指针运算符;如果定义时变量名前无"*",则为一普通变量而不是指针变量。

(2) 类型标识符表示该指针变量所指变量所具有的数据类型,即一旦定义了一个指针变量,则它只能指向由类型标识符所规定的这种类型变量,而不允许指向其他类型的变量。注意,类型标识符并不是指针变量自身的数据类型,因为所有的指针变量都是用来存放地址值的,其数据类型必然为整型,故无需再进行说明。例如:

    int * p1, * p2;

    char * q;

则指针变量 p1、p2 只能指向整型变量,而指针变量 q 则只能指向字符型变量。注意,指针变量 p1、p2 不能如下定义:

    int * p1, p2;

这种定义方式则定义了 p1 为指针变量,而 p2 为整型变量,即在定义中以"*"开头的变量是指针变量,反之则不是指针变量。

2. 指针变量的初始化

指针变量的初始化有两种方法:一种是先定义再赋初值,另一种是在定义的同时赋初值。需要注意以下两点:

(1) 未经赋值的指针变量是不能使用的,否则将造成系统混乱。

(2) 给指针变量赋值只能赋以地址值,而不能是其他任何类型的数据,否则会引起错误。

下面我们通过例子来了解两种初始化方法:

    int a;

    int * p1;

```
p1＝&a;
```

这是先定义再赋初值的方法。即先定义一个整型变量 a 和一个指向整型变量的指针变量 p1,然后把 a 的内存地址赋给 p1,此时指针变量 p1 就指向了整型变量 a。由于 C 语言中提供了地址运算符"&"来表示变量的地址,因此我们可以通过变量名 a 前面加上地址运算符"&"来得到变量 a 的地址。

```
char b;
char * p2＝&b;
```

这是在定义的同时赋初值的方法。即在定义指针变量 p2 的同时给其赋字符变量 b 的内存地址。

无论哪一种方法,要将一个变量的地址赋给一个指针变量,则这个变量必须先定义,然后才能将其地址赋给指针变量。下面几种初始化都是错误的:

```
int a;
float * p1＝&a;
float * p2＝&c;
int * p3＝100;
```

在给指针变量赋值时,要求指针变量所指变量的数据类型必须与指针变量自身定义的指向类型一致。由于指针变量 p1 只能指向 float 类型的变量,而 a 是一个整型变量,因此出错。指针变量 p2 出错的原因是:既然变量 c 没有定义,系统也就没有给变量 c 分配内存单元,故不存在变量地址,即指针变量 p2 无法获得变量 c 的内存地址。指针变量 p3 的错误是接收了一个非地址值,变量的地址是在变量定义时由系统为其分配内存的同时确定的,它只能通过"&"运算符来获得该变量所对应的内存地址,而不能随便将并非变量地址的值赋给指针变量,这样会引起严重的后果。

6.1.3　指针变量的引用和运算

1. 指针变量的引用

引用指针变量的值(即所指向的变量地址)与引用其他类型的变量一样,直接用指针变量的变量名即可(变量名前不加" * ")。但是,我们主要关心的是指针变量所指的那个变量的值,C 语言采用在指针变量的变量名前面加上" * "来表示该指针变量所指的那个变量的值。例如:

```
int a＝10;
int * p＝&a;
```

指针变量 p 与它所指的变量 a 之间的关系示意如图 6-1 所示。

由图 6-1 可知,指针变量 p 的值是它所指向变量 a 的地址(p 等于 &a),即通过 p 可找到变量 a。如果要得到变量 a 中的数据 10 时,则可用" * p"实现,也可用变量名 a 实现,即此时变量 a 有了一个别名" * p"(* p 等于 a)。如果我们采用下面的 printf 语句输出 a 值:

```
printf("%d",a);
```

或

```
printf("%d", * p);
```

则将得到同一个结果 10。由此可知,引入了指针变量后,对于变量的访问,除了原有可供访问的变量名外,又多了一个可由指针变量间接访问的"别名"。

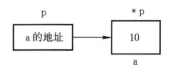

　　注意,指针变量定义时出现的"＊"和指针变量引用中出现的"＊"其含义是不同的。在指针变量定义中出现的"＊"应理解为指针类型的定义,即表示"＊"后的变量是一个指针变量;而引用中,在指针变量名前出现的"＊"则为取值运算符,即通过"＊"来对指针变量进行"间接访问",也就是访问指针变量所指向的那个变量的值。

图 6 - 1　指针变量 p 与它所指
变量 a 之间关系示意

　　在 C 语言中有两个与指针有关的运算符,一个是"&",即取其右边变量的地址,如"&a"表示取变量 a 的地址;另一个就是"＊",即访问其右边指针变量指向的变量,如上面的"＊p"就代表着 p 所指向的变量 a。

　　"&"和"＊"都是单目运算符,它们的优先级相同,并按自右至左的方向结合。例如:

```
int a;
int ＊p＝&a;
```

则

$$\& \ast p \Rightarrow \&a \Rightarrow p$$

即"&＊p"等价于"p",并且"＊&a"等价于"a"(同样也有: $\ast \& a \Rightarrow \ast p \Rightarrow a$)。

　　例 6.1　输入 a 和 b 两个整数,按由大到小的顺序输出 a 和 b。

```c
#include<stdio.h>
void main()
{
    int a,b,＊p,＊p1,＊p2;
    printf("Input two data:");
    scanf("%d%d",&a,&b);
    p1＝&a;
    p2＝&b;
    if(a<b)
    {
        p＝p1;
        p1＝p2;
        p2＝p;
    }
    printf("a＝%d,b＝%d\n",a,b);
    printf("max＝%d,min＝%d\n",＊p1,＊p2);
}
```

运行结果:

```
Input two data:2 8 ↵
a＝2,b＝8
max＝8,min＝2
```

程序执行过程中,指针变量 p1、p2 和 p 的变化情况如图 6-2 所示。

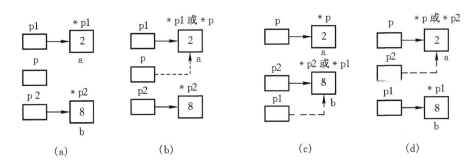

图 6-2　指针变量 p1、p2 和 p 随程序执行的变化情况

由图 6-2 可以看出,变量 a 和变量 b 的值始终没有改变,而是通过交换 p1 和 p2 的指针值(即交换各自所指的变量地址)来实现将 a 值和 b 值由大到小输出的。从图 6-2(b)可以看出,变量 a 同时又可用别名"＊p1"或"＊p"替代;而到了图 6-2(d),变量 a 又变为可用别名"＊p"或"＊p2"替代。也即,指针变量的值在程序执行过程中不是固定不变的,而是不断变化的。

2. 指针变量的运算

(1) 指针变量的赋值运算。给指针变量赋值时,所赋之值只能是变量的地址或地址常量(如数组名和字符串起始地址等),不能是其他数据。指针变量赋值运算的常见形式如下:

① float x, ＊f;

　　f＝&x;　　　　　　　　　　/＊将一个变量的地址赋给指针变量＊/

② int x, ＊p1, ＊p2＝&x;

　　p1＝p2;　　　　　　　　　　/＊将一个指针变量的值赋给另一个指针变量＊/

③ char a[10], ＊p;

　　p＝a;　　　　　　　　　　　/＊将一个数组的起始地址赋给指针变量＊/

④ char ＊s;

　　s＝"program";　　　　　　　/＊将一个字符串的起始地址赋给指针变量＊/

对于④,也可在定义时直接赋初值如下:

　　　　char ＊s＝"program";

(2) 指针变量与整数的加减运算。C 语言的地址运算规则规定:一个地址加上或减去一个整数 n,其运算结果仍然是一个地址。这个地址是以运算对象的地址作为基点后的第 n 个数据的地址或者是基点前的第 n 个数据的地址。这种运算适合于数组运算,因为一个数组在内存的存储是连续的,并且每个数组元素占用的内存单元的大小都相同(因为每个数组元素的类型相同)。所以,一个指针变量指向数组时,给其加上整数 i 则意味着该指针变量由当前位置向后移动 i 个数组元素位置。因此,指针变量加减一个整数 n,并不是用它的地址值直接与 n 进行加减运算,而是使该指针变量由当前位置向后或者向前移动 n 个数组元素位置。例如:

　　　　int a[10], ＊p＝a;

　　　　p＝p+3;

其 p 指针的移动示意见图 6-3。

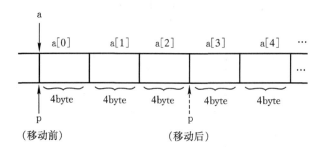

图 6-3   执行"p=p+3;"语句前后 p 指针位置示意

指针变量"++""－－"运算也是如此,指针变量"++"运算后指向下一个数组元素地址,而指针变量"－－"运算则指向前一个数组元素地址。

此外,还可以给指针变量赋空值"NULL"或 0 值,即该指针变量不指向任何变量(实际上 NULL 和转义字符'\0'都是整数 0,即 NULL 和'\0'的 ASCII 码值均为 0)。例如:

     int ∗p;

     p=NULL;

当两个指针变量指向同一数组时,两个指针变量相减才有意义。相减结果的绝对值表示这两个指针变量之间数组元素的个数。注意,两个指针变量不能做加法运算,因为没有任何实际意义。

(3) 指针变量的关系运算。两个指针变量(必须指向相同类型的变量)之间的关系运算,表示它们指向的变量其地址在内存中的位置关系,即存放地址值大的指针变量大于存放地址值小的指针变量。因此,两个指针变量之间可以进行">"">="""<""<="""=="和"!="这六种关系的比较运算。

例 6.2   求出下面程序的运行结果。

```
# include<stdio.h>
void main()
{
    int i=10,j=20,k=30;
    int ∗a=&i, ∗b=&j, ∗c=&k;
    ∗a=∗c;
    ∗c=∗a;
    if(a==c)
        a=b;
    printf("a=%d,b=%d,c=%d\n", ∗a, ∗b, ∗c);
}
```

解   需要注意的是,a 表示它所指向的那个变量的地址,而 ∗a(引用时)则表示它所指向的那个变量的值。我们可以从程序中看出:∗a 等于 ∗c,其值为 30;而 ∗b 不变,其值为 20。条件语句中的表达式"a==c"判断的是两个地址值,而 a 为 i 的地址,c 为 k 的地址,这两个地址值必然不等,因此赋值语句"a=b;"没有执行。由此得到输出结果如下:

a＝30,b＝20,c＝30

我们也可以用动态图的方法进行分析。由于 a、b、c 为指针变量,它们都是指向其他变量的,因此我们画一个由指针变量到它指向的那个变量的箭头(此后,凡是遇到 * a 这种形式,都是从 a 开始依据箭头找到所指的那个变量),然后对那个变量进行操作。本题程序执行的动态图见图 6-4,由图 6-4 可以很容易地得到运行结果为

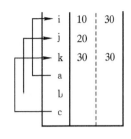

a＝30,b＝20,c＝30

图 6-4　程序执行的动态图

6.2　指针变量与数组

6.2.1　指针变量与一维数组

一个数组在内存中的存储是由一段连续的内存单元组成的,数组名就是这段连续内存单元的首地址。而对数组元素的访问就是通过数组名(即数组的起始位置)加上相对于起始位置的位移量(即下标)来得到要访问数组元素的内存地址,然后对该地址中的内容进行操作。在第 4 章我们已经知道,数组名代表该数组首元素的地址。因此,数组名与我们这里介绍的指针概念相同。实际上,C 语言就是将数组名规定为指针类型的符号常量,即数组名是指向该数组首元素的指针常量(即地址常量),其值不能改变(即始终指向数组的首元素)。C 语言对数组的处理,也是转换成指针运算完成的。例如:

        int a[10], * p;
则下面的两个语句等价:

        p＝&a[0];

        p＝a;
其作用都是使 p 指向 a 数组的第 0 号元素(即 a 数组的首元素),见图 6-5。也就是,指针变量的指针值是数组元素的地址,此时有 p 等于 &a[0] 和 * p 等于 a[0]。

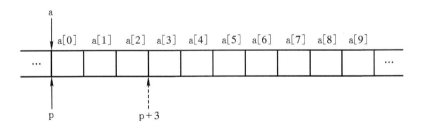

图 6-5　执行"p＝a;"后的内存示意

我们知道,a[i]代表 a 数组中的第 i＋1 个元素(因为由下标 0 开始)。因此,从图 6-5 可知,p[i]与 a[i]相同,也代表着 a 数组的第 i＋1 个元素。

那么 a＋1 又代表着什么呢?由 6.1.3 节指针变量的引用和运算可知,这个"1"表示一个数组元素单位,即 a＋1 代表第 2 个元素 a[1]的地址。同样,p＋1 也代表着 a[1]的地址。因

此,a+i 和 p+i 都代表着第 i+1 个元素 a[i]的地址 &a[i]。此外,由"＊"运算符可知:＊(p+i)和＊(a+i)则代表着数组元素 a[i]。因此,引用一个数组元素就可以采用以下两种方式:

(1) 下标法:采用 a[i]或 p[i]的形式访问 a 数组的第 i+1 个元素;

(2) 指针法:采用＊(a+i)或＊(p+i)的形式访问 a 数组的第 i+1 个元素。

例 6.3　给数组输入 10 个整型数,然后输出显示。

解　实现方法如下:

(1) 下标法。

```
①  # include<stdio.h>
    void main()
    {
        int i,a[10];
        for(i=0;i<10;i++)
            scanf("%d",&a[i]);
        for(i=0;i<10;i++)
            printf("%4d",a[i]);
    }
```

```
②  # include<stdio.h>
    void main()
    {
        int *p,i,a[10];
        p=a;
        for(i=0;i<10;i++)
            scanf("%d",&p[i]);
        for(i=0;i<10;i++)
            printf("%4d",p[i]);
    }
```

(2) 指针法。

```
    # include<stdio.h>
    void main()
    {
        int *p,a[10];
        for(p=a;p<a+10;p++)
            scanf("%d",p);
        for(p=a;p<a+10;p++)
            printf("%4d",*p);
    }
```

(3) 指针地址位移法。

```
①  # include<stdio.h>
    void main()
    {
        int i,a[10];
        for(i=0;i<10;i++)
            scanf("%d",a+i);
        for(i=0;i<10;i++)
            printf("%4d",*(a+i));
    }
```

```
②  # include<stdio.h>
    void main()
    {
        int *p,i,a[10];
        p=a;
        for(i=0;i<10;i++)
            scanf("%d",p+i);
        for(i=0;i<10;i++)
            printf("%4d",*(p+i));
    }
```

注意,在第(2)种方法指针法中,循环控制表达式中的"p++"使得指针变量 p 的指向能够逐个元素的移动,从而实现对每一个数组元素的访问;在输出过程中,当输出完最后一个数组元素 a[9]的值时,p 的指针值已移至 a[9]元素之后的位置(即 a 数组范围之外)。由于数组名 a 是指向该数组首元素的指针常量,它不能实现移动,故指针法只有一种方法。

在数组中采用指针方法应注意以下几点:

(1) 用指针变量访问数组元素时,要随时检查指针变量值的变化,不得超出数组范围。

(2) 指针变量的值可以改变,但数组名的值不能改变。如例 6.3 中,p++正确,而 a++错误。

(3) 对于 *p++,其结合方向为自右至左,因此等价于 *(p++)。

(4) (*p)++表示 p 所指向的数组元素的值加 1,而不是指向其后的下一个数组元素。

(5) 如果当前的 p 指向 a 数组中的第 i+1 个元素,则

　　*(p++)　等价于　a[i++]

　　*(p--)　等价于　a[i--]

　　*(++p)　等价于　a[++i]

　　*(--p)　等价于　a[--i]

注意:*(p++)与 *(++p)作用不同。若 p 的初值为 &a[0],则 *(p++)等价于 a[0],而 *(++p)等价于 a[1]。

(6) 区分下面的指针含义:

① ++*p 相当于++(*p),即先给 p 指向的数组元素的值加 1,然后再取这个数组元素的值。

② (*p)++则是先取 p 所指数组元素的值,然后给该数组元素的值加 1。

③ *p++相当于 *(p++),即先取 p 所指数组元素的值,然后 p 加 1 使 p 指向其后的下一个数组元素。

④ *++p 相当于 *(++p),先使 p 指向其后的下一个数组元素,然后再取 p 所指向的数组元素的值。

例 6.4　给出下面程序的运行结果。

```
#include<stdio.h>
void main()
{
    int a[10]={10,9,8,7,6,5,4,3,2,1},*p=a+4;
    printf("%d\n",*++p);
}
```

解　程序执行示意如图 6-6 所示。首先将 p 定位于(即指向)数组元素 a[4],在输出时先执行++p(即 p 已指向 a[5]元素),然后再取该元素的值,故输出结果为 5。

例 6.5　给出下面程序的运行结果。

```
#include<stdio.h>
void main()
{
    int a[]={9,8,7,6,5,4,3,2,1,0};
    int *p=a;
```

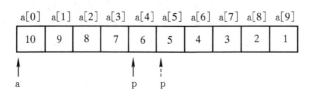

图 6-6　程序执行中 p 指针变化示意

```
        printf("%d\n", *p+7);
}
```

解　由程序可知,p 已指向 a[0],而 *p+7 则是先取出 p 所指向数组元素 a[0]的值,然后再加 7,而 a[0]的原值为 9,故输出结果为 16。

例 6.6　给出下面程序的运行结果。

```
#include<stdio.h>
void main()
{
        int i,a[10]={10,20,30,40,50,60,70,80,90,100}, *p;
        p=a;
        for(i=0;i<10;i++)
            printf("%4d", *p++);
        printf("\n");
        p=a;
        for(i=0;i<10;i++)
            printf("%4d",(*p)++);
        printf("\n");
}
```

解　*p++表示先输出指针变量 p 所指向元素的值,然后 p 值加 1 指向其后的下一个元素。(*p)++则是先输出 p 所指向的数组元素的值,然后再给这个数组元素值加 1,而指针变量 p 的指向不变。因此,我们得到输出结果如下:

```
10  20  30  40  50  60  70  80  90  100
10  11  12  13  14  15  16  17  18  19
```

6.2.2　指针变量与二维数组

1. 二维数组元素地址及元素的表示方法

由于二维数组是多维数组中比较容易理解的一种,并且它可以代表多维数组处理的一般方法,所以这里主要介绍指针变量和二维数组的关系。

为了说明问题,我们定义一个二维数组如下:

```
        int a[3][4]={{1,2,3,4},{5,6,7,8},{9,10,11,12}};
```

由第 4 章可知,数组名 a 是二维数组 a 的起始地址,也就是数组元素 a[0][0]的地址,而 a[0]、a[1]、a[2]则分别代表数组 a 各行的起始地址(见图 6-7)。

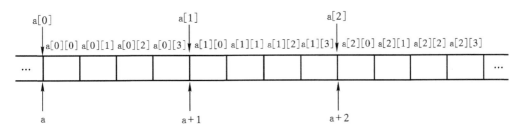

图 6-7 二维数组地址示意

由 6.2.1 节可知,a+i 在一维数组 a 中表示从数组 a 首地址开始向后位移 i 个元素位置,即为一维数组 a 中第 i+1 个元素的地址。在二维数组中,a+i 仍然表示一个地址,但 i 值不再像一维数组那样以元素为单位而是以行为单位了,即将整行看做为一维数组中的一个元素。这样,a+i 就代表二维数组 a 的第 i 行的首地址。因此,在二维数组中,a+i 与 a[i] 等价(见图 6-7)。

我们知道,在一维数组中 a[i] 与 *(a+i) 等价,它们都代表着一维数组 a 中的第 i+1 个元素。而在二维数组中,a[i] 不再是数组元素而表示一个地址。因此,在二维数组中与 a[i] 等价的 *(a+i) 也表示一个地址,即它与 a[i] 都代表着二维数组中第 i 行的首地址(*(a+i) 本身也无法表示二维数组某行某列的数组元素)。

因此在二维数组 a 中,数组元素 a[i][j] 的地址可采用下列形式表示:

(1) &a[i][j]   /* 行下标和列下标表示法 */

(2) a[i]+j   /* 行下标加列位移表示法 */

(3) *(a+i)+j   /* 行位移加列位移表示法 */

在此,我们一定要注意:在一维数组中 a[i] 和 *(a+i) 均代表一个数组元素,而在二维数组中它们却代表一个地址。此外,&a[i] 也表示二维数组 a 第 i 行的首地址,这样在二维数组的地址中就有 &a[i]、a[i] 与 *(a+i) 三者等价。

对于二维数组 a,我们知道 a 是指向 a 数组的开始位置,而 *a(即 *(a+0))则是指向 a 数组第 0 行开始位置(即 a[0]),而 **a 才代表着 a 数组第 0 行第 0 列的数组元素 a[0][0]。相应地,数组元素 a[i][0] 也可用 **(a+i) 表示,即如果要用行位移加列位移表示法来表示一个二维数组元素,则必须经过两次"*"运算才能实现。二维数组中的数组元素 a[i][j] 也有如下的三种表示方法:

(1) a[i][j]   /* 行下标和列下标表示法 */

(2) *(a[i]+j)   /* 行下标加列位移表示法 */

(3) *(*(a+i)+j)   /* 行位移加列位移表示法 */

显然,一维数组元素和二维数组元素表示的区别(在不含"&"的情况下)是:一维数组元素仅有一个"*"或一个"[ ]",如 a[i]、*(a+i) 和 *a(即 a[0]);二维数组元素则是"*"和"[ ]"之和的个数必须是 2,如 a[i][j]、*(a[i]+j)、*(*(a+i)+j) 和 **a(即 a[0][0])。

例 6.7   用不同方法实现对二维数组的输入和输出。

解   实现方法如下:

(1) 下标法。

```
#include<stdio.h>
```

```
void main()
{
    int a[3][4],i,j;
    for(i=0;i<3;i++)
        for(j=0;j<4;j++)
            scanf("%d",&a[i][j]);
    for(i=0;i<3;i++)
    {
        for(j=0;j<4;j++)
            printf("%4d",a[i][j]);
        printf("\n");
    }
}
```

(2) 行下标加列位移法。

```
#include<stdio.h>
void main()
{
    int a[3][4],i,j;
    for(i=0;i<3;i++)
        for(j=0;j<4;j++)
            scanf("%d",a[i]+j);
    for(i=0;i<3;i++)
    {
        for(j=0;j<4;j++)
            printf("%4d",*(a[i]+j));
        printf("\n");
    }
}
```

(3) 行位移加列位移法。

```
#include<stdio.h>
void main()
{
    int a[3][4],i,j;
    for(i=0;i<3;i++)
        for(j=0;j<4;j++)
            scanf("%d",*(a+i)+j);
    for(i=0;i<3;i++)
    {
        for(j=0;j<4;j++)
```

```
                printf("%4d",*(*(a+i)+j));
            printf("\n");
        }
    }
```

2. 指向二维数组的指针变量

由指针变量和一维数组可知：一个普通的指针变量可以指向一维数组，但却不能指向二维数组。例如：

```
        char str[][10]={"Hollow!","OK!"},*p;
```

则语句

```
        p=str;
```

的写法是错误的，即必须使指针变量 p 指向二维数组 str 中的某一行（该行的所有数组元素组成了一个一维数组）才是正确的。例如：

```
        p=str[0];
```

就是一个正确的语句。

C 语言也提供了指向二维数组指针变量，其定义的一般形式为

类型标识符（∗变量名）[列数]

其中，类型标识符为所指向的二维数组的数据类型；"∗"表示其后的变量为指针类型；而方括号中的"列数"是指所指向的二维数组的列数。应注意"（∗变量名）"两边的圆括号不能少，有括号时，则"∗"先与变量名结合，即表示定义了一个指针变量；如缺少括号则表示是一个指针数组（将在 6.2.3 节介绍），其意义就完全不同了。

我们通过下面的例子来说明二维数组指针变量的移动：

```
        int a[4][6];
        int (*p)[6];
        p=a;
        p++;
```

二维数组指针变量 p 执行"p++;"语句，则根据定义时的列数值 6 将 p 的指针值由二维数组 a 的开始处（即 a[0]处）顺序移动了 6 个元素，即到达下一行的开始处（即 a[1]处），即指针变量 p 的指针值每加一个 1，则它相应地在二维数组中下移一行。实际上，它是将二维数组 a 看作 4 个一维数组 a[0]、a[1]、a[2]和 a[3]，而指针变量 p 只能在 a[0]至 a[3]之间移动。因此，二维数组指针变量 p 只能定位于每行的开始处，而不能定位于二维数组中的任意一个数组元素。

例 6.8　给出下面程序的输出结果。

```
        #include<stdio.h>
        void main()
        {
            int a[][4]={{1,2,3},{4,5,6,7}};
            int (*p)[4];
            p=a;
            printf("%d,%d\n",*p[0],*p[1]+2);
        }
```

　　解　本题采用二维数组指针方法来输出结果,并且采用的是下标法。因为 p[0]是 a[0][0]元素的地址,故 * p[0]的值为 1。而 p[1]是 a[1][0]元素的地址,* p[1]的值为 4,再加上 2 后为 6,故输出为:1,6。注意,此题也可用行位移加列位移的方法表示,即 * p[0]可用 * * p 表示,而 * p[1]+2 可用 * (p+1)+2 表示。

　　例 6.9　用二维数组指针方法实现例 6.7 的输入和输出。

　　解　实现方法如下:

(1) 指针法(用指针变量指向数组元素)。

```c
#include<stdio.h>
void main()
{
    int a[3][4];
    int *q,(*p)[4];
    for(p=a;p<a+3;p++)   /* 二维数组指针变量 p 指向 a~a+3 行的行首 */
        for(q=*p;q<*p+4;q++)
                        /* 普通指针变量 q 指向当前行各列元素,在此,* p
                           ~ * p+3 为该行中的每一个元素地址 */
            scanf("%d",q);
    for(p=a;p<a+3;p++)
    {
        for(q=*p;q<*p+4;q++)
            printf("%4d",*q);
        printf("\n");
    }
}
```

(2) 行指针加列位移法。

```c
#include<stdio.h>
void main()
{
    int a[3][4],j;
    int (*p)[4];
    for(p=a;p<a+3;p++)
        for(j=0;j<4;j++)
            scanf("%d",*p+j);
    for(p=a;p<a+3;p++)
    {
        for(j=0;j<4;j++)
            printf("%4d",*(*p+j));
        printf("\n");
    }
}
```

```
        }
```

注意,在指针法中,内层 for 循环的条件表达式 q= * p 和 q< * p+4 决不能写成 q=p 和 q<p+4,因为 p 是指向二维数组的指针变量且只能指向二维数组名或二维数组每行的开始处;而 q 只是一个普通指针变量,它既可以指向一个变量,也可以指向一个一维数组名或一个数组元素,也就是说,指向一维数组的指针变量 q 和指向二维数组的指针变量 p 所处层次不同,所以,q 和 p 之间是不能赋值和比较大小的。 * p 表示二维数组 a 中某行的首地址,且二维数组中的每一行构成了一个一维数组,即 * p 是指向一维数组的指针变量(虽然 p 和 * p 都是指向二维数组同一地址,但它们层次不同),因此 q 和 * p 之间是可以赋值和比较大小的,q= * p 和 q< * p+4 是正确的。此外, * p+j 中的 * p 表示二维数组 a 中某行的首地址,再加上 j(即位移 j)则指向该行列下标为 j 的元素,即 * p+j 可以指向二维数组 a 中某行里的任一数组元素。最后需要指出的是:二维数组名 a 除了是一个地址常量外,其使用层次都与指向二维数组的指针变量 p 相同,即"p=a;"或将 * a 赋给普通指针变量 q 的"q= * a;"都是正确的。

归纳起来,在二维数组中,普通指针变量 q 只能指向二维数组中的一维数组名或数组元素;二维数组指针变量 p 只能指向二维数组名或二维数组各行的首地址,而 * p 的功能则与 q 相同。例如:

```
        int a[3][4]={{1,2,3,4},{5,6,7,8},{9,10,11,12}};
        int *q, ( * p)[4];
        p=a;                        /* p 指向二维数组名 a */
        p=a+1;                      /* p 指向二维数组 a 第 1 行首地址 */
        p=&a[0];                    /* p 指向二维数组 a 第 0 行首地址 */
        p=a[0];        /* 出错,p 不能指向 a[0],a[0]为二维数组 a 第 0 行的一维数组名 */
        p=&a[0][0];                 /* 出错,p 不能指向数组元素 */
        q= * a;或 q=a[0];           /* q 指向二维数组 a 第 0 行的一维数组名 * a 或 a[0] */
        q= * (a+1)+2;或 q=a[1]+2;   /* q 指向 a+1 行第 2 列数组元素,即 a[1][2] */
        q=&a[0][0];                 /* q 指向数组元素 */
        q=a;                        /* 出错,q 不能指向二维数组名 a */
        q=a+1;                      /* 出错,q 不能指向用二维数组名 a 表示的各行首地址 */
```

此外,由指向二维数组的指针变量也可以引申出指向三维数组的指针变量或指向多维数组的指针变量。例如:

```
        int a[3][3][2],( * p)[3][2]=a;
```

则指向三维数组的指针变量 p 就可以指向三维数组名 a 或三维数组中各二维数组的开始处。

6.2.3 指针数组

一个数组,当其每一个数组元素都是指针类型时,就称该数组为指针数组。根据数组的定义,指针数组中每个元素都必须为指向同一数据类型的指针型元素。指针数组定义的一般形式为

        类型标识符 * 数组名[整型常量表达式];

在定义中,由于"[ ]"比" * "的优先级高,故数组名与方括号中的整型常量表达式结合形

成了一个长度确定的数组定义,而数组名前面的"＊"则表示该数组中的每一个元素都是指针类型;类型标识符则说明每一个指针型元素所指向的变量类型,即这些指针型元素只能指向同一类型的变量地址。例如:

```
int ＊a[10];
char ＊b[6];
```

它们都是指针数组。要注意指针数组与二维数组的指针变量之间的区别,不要将"int ＊ a[10];"与"int (＊a)[10];"混淆。又如:

```
char c[3][8]={ ″BASIC″,″FORTRAN″,″PASCAL″};
char ＊p[3]={c[0],c[1],c[2]};
```

指针数组 p 的指向关系如图 6－8 所示。

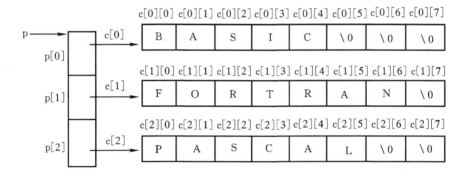

图 6－8　指针数组 p 指向示意

指针数组和一般数组一样,也允许指针数组在定义时初始化,但由于指针数组的每个元素都是指针变量,因此每个元素都只能存放地址值。对指向字符串的指针数组在定义时赋初值,就是把存放字符串的首地址赋给指针数组中对应的元素。例如:

```
char ＊a[3]={ ″BASIC″,″FORTRAN″,″PASCAL″};
```

上述语句定义了一个指针数组 a,在它的三个元素 a[0]、a[1]和 a[2]中分别存放了"BAS-IC"、"FORTRAN"和"PASCAL"这三个字符串的起始地址。

例 6.10　给出下面程序的输出结果。

```
#include<stdio.h>
void main()
{
    int a[3][4]={0,1,2,3,4,5,6,7,8,9,10,11};
    int ＊p[3],i;
    for(i=0;i<3;i++)
        p[i]=&a[i][0];
    printf(″%d%d\n″,＊(＊(p+2)+1),＊(＊(p+1)+2));
}
```

解　＊(p+2)的值为 &a[2][0],而 ＊(p+2)+1 则为 &a[2][1],即 ＊(＊(p+2)+1)为 a[2][1],同理 ＊(＊(p+1)+2))为 a[1][2]。因此,输出结果为 96。

例 6.11 已知一个不透明的布袋里装有红、蓝、黄、绿、紫同样大小的圆球各一个,现从中一次抓出两个,问可能抓到两个球的颜色组合是什么？请用指针数组求解。

解 由于先抓到红球后再抓到黄球和先抓到黄球后再抓到红球的效果是一样的,所以只出现一种即可。因此只需用外循环来表示抓到的红、蓝、黄、绿色的第 1 个球,用内循环来表示抓到的红、蓝、黄、绿和紫色的第 2 个球,即可找出一次抓出两个球的所有结果。由于每次抓到的球不允许同色(与题意矛盾),因此只要判断两重循环不能取同一个值即可。程序设计如下:

```
#include<stdio.h>
void main()
{
    char * color[5]={"red","blue","yellow","green","purple"}, * * p=color;
    int s=0,i,j;
    for(i=0;i<=3;i++)
        for(j=i+1;j<=4;j++)
        {
            if(i==j)
                continue;
            s++;
            printf("%3d",s);
            printf("%10s%10s\n", * (p+i), * (p+j));
        }
}
```

运行结果:

```
1       red        blue
2       red        yellow
3       red        green
4       red        purple
5       blue       yellow
6       blue       green
7       blue       purple
8       yellow     green
9       yellow     purple
10      green      purple
```

在程序中,我们使用了一个指向指针变量的指针变量 p,关于它的使用方法,我们在下一节予以介绍。

6.3 指针变量与字符串及多级指针变量

6.3.1 指针变量与字符串

字符串的指针就是字符串的起始地址,当把这个地址赋给一个字符型指针变量时,就会很便捷地实现对字符串的处理。因此,定义一个字符型指针变量并使该指针变量指向字符串的起始位置,此后就可以使用这个指针变量进行字符串的操作了。指向字符串的指针变量定义的一般形式为

        char * 变量名;

例如

        char * p;

C语言中可以用两种方法对一个字符串进行操作:

(1) 把字符串保存在一个字符数组中。例如:

        char str[]="Program";

这时,可以通过数组名或数组元素来访问该字符数组。

(2) 用指向字符串的指针变量来指向字符串。例如:

        char * s="Program";

这时,可以通过指向字符串的指针变量来访问字符串的存储区。这两种方法内存存储示意见图6-9。

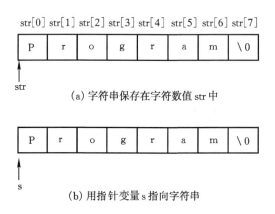

图6-9 用字符数组和字符指针变量方式的存储示意

由图6-9可知,对字符型指针变量s来说,虽然没有定义字符型数组,但定义s并指向字符串初值"Program"时,则系统在内存中将这个字符串"Program"以字符数组的形式存放。也即,对于上述两种方法的定义来说

        printf("%s",str);   等效于   printf("%s",s);

        printf("%c",str[3]);   等效于   printf("%c",s[3]);

但是,字符串指针与字符数组还是有如下区别:

（1）s 是指针变量可以多次赋值，而 str 是字符型数组，str 代表的数组名为一个地址常量，不能给它赋值。例如：

```
char  * s;
s="Language";
```

是正确的，而

```
char str[10];
str="Language";
```

则是错误的。

（2）数组 str 的元素可以重新赋值，而指针变量 s 所指向的字符串是一个字符串常量，即该字符串中的字符是不能修改的。例如：

```
str[4]='g';
```

是正确的，而

```
s[4]='g';
```

则是错误的。

例 6.12　指出下面程序中的错误并将其改为正确的程序。

```
# include<stdio.h>
# include<string.h>
void main()
{
    char  * s1="12345", * s2="abcd";
    printf(" % s\n",strcpy(s1,s2));
}
```

解　由于字符型指针变量所指向的字符串是不能修改的，因此也就无法完成将一个指针变量所指向的字符串复制到另一个指针变量所指向的字符串中（可以实现将一个指针变量所指向的字符串复制到一个字符数组中）。因此，程序修改如下：

```
# include<stdio.h>
# include<string.h>
void main()
{
    char s1[10]="12345", * s2="abcd";
    printf(" % s\n",strcpy(s1,s2));
}
```

例 6.13　给出下面程序的运行结果。

```
# include<stdio.h>
void main()
{
    char  * p="I love our country.";
    while( * p! = '\0')
```

```
    {
        printf("%c", * p);
        p++;
    }
    printf("%s\n",p);
}
```

解　程序设置了一个字符型指针变量 p 来指向字符串"I love our country. ",然后通过改变指针变量 p 的指向来逐个字符地输出字符串"I love our country. ",直到遇到字符串结束标识符'\0'为止。注意,此时指针变量 p 已经指向字符串尾的结束标识符'\0',因此再执行语句"printf("%s\n",p);"时,由于 p 指向'\0',而原字符串已经丢失,所以输出的是一个空串(什么也没有)。然后输出一个回车换行符'\n'。因此,最终的输出结果为"I love our country. "。

6.3.2　多级指针变量

指针变量可以指向普通变量,还可以指向另外的指针变量。如果一个指针变量存放的是另一个指针变量的地址,则称这个指针变量为指向指针变量的指针变量,也称为多级指针变量。

通过指针变量来访问其他变量的方式称为间接访问。由于这种情况是由指针变量直接指向其他变量,所以称为"单级间接访问";如果通过指向指针变量的指针变量来访问其他变量,则构成了"二级间接访问"。指向指针变量的指针变量其定义形式为

　　　　　类型标识符 * * 变量名;

其中,"* *"表示其后的变量名是一个指向指针变量的指针变量。例如:

```
    int a=10;
    int * p1=&a, * * p=&p1;
```

则指针变量 p、p1 和变量 a 的指向关系如图 6-10所示。

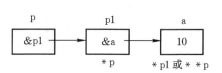

图 6-10　指针和变量的指向关系

由图 6-10 可知,指针变量 p 所指向的变量 p1 本身又是一个指针变量,而 p1 又指向了一个整型变量 a。也即,我们可以通过 * p1 或 * * p 访问到整型变量 a 的值 10,而 * * p 则是通过第一次间接访问 * p 得到 p1 的值 &a,然后通过第二次间接访问 * * p 得到 a 值 10。在此,p1 的别名是 * p,而 a 的别名则是 * p1 或 * * p。

指向指针变量的指针变量其使用方法在前面的例 6.11 中已经出现过。下面,我们再给出一个指向指针变量的指针变量例子。

例 6.14　通过指向指针变量的指针变量输出二维字符数组中的字符串。

```
#include<stdio.h>
void main()
{
    char * name[]={"BASIC","FORTRAN","PASCAL"};
```

```
        char * * p;
        int i;
        for(i=0;i<3;i++)
        {
            p=name|i,
            printf("%s\n",* p);
        }
    }
```

运行结果：

    BASIC

    FORTRAN

    PASCAL

程序中各指针变量的指向如图 6-11 所示,且二级指针变量 p 指向的是指针数组 name 的首地址。

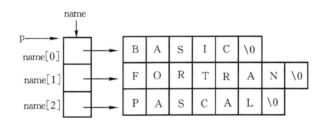

图 6-11　指向指针变量的指针变量 p 与指针数组 name 的关系示意

在定义和使用多级指针变量时应注意以下三点：

(1) 在定义多级指针变量时要用到多个间接运算符"*",是几级指针变量就要用几个"*"。

(2) 只有同类型的同级指针变量之间才能相互赋值。

(3) 通过多级指针变量对最终普通变量赋值,也必须采用相应个数的间接运算符"*"。

例如：

```
    int a, * p1;            /* p1 是一级指针变量 */
    int * * p2;             /* p2 是二级指针变量 */
    int * * * p3;           /* p3 是三级指针变量 */
    p1=&a;
    p2=&p1;
    p3=&p2;
    a=10;
    * p1=20;
    * * p2=30;
    * * * p3=40;
```

其赋值时的指针变量关系如图 6-12 所示。由图 6-12 可知,最终变量 a 的值为 40。

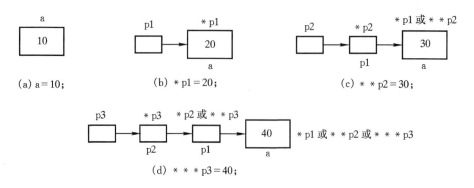

图 6 - 12　指针关系及赋值示意

需要指出的是,二级指针变量 ∗∗ p 和二维数组中的"∗∗ p"是两个完全不同的概念;在定义时前者表示 p 是指向指针变量的指针变量;在引用中前者代表 p 经过二级间接访问的那个变量,而后者则代表着 p 所指向的某行某列的数组元素。

例 6.15　给出下面程序的运行结果。

```
# include<stdio.h>
void fun(char ∗ ∗ p)
{
    ++p;
    printf("%s\n", ∗ p);
}
void main()
{
    char ∗ a[]={"Moring","Afternoon","Evening","Night"};
    fun(a);
}
```

解　程序中各指针变量的指向如图 6 - 13 所示。函数 fun 中执行＋＋p 则意味指针变量 p 从指向 a[0]改为指向 a[1],即最后的输出为"Afternoon."。

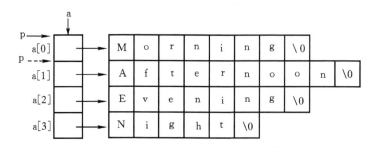

图 6 - 13　程序中指针数组 a 及形参指针变量 p 的指向示意

6.4　指针变量与函数

6.4.1　指针变量作为函数参数

由第 5 章可知,C 语言在调用函数时,实参传递给形参采用的是值传递方式,被调函数执行中对参数的修改结果不会返回给主调函数。但在编写程序时,经常需要所编写的函数能够实现将多个运算的结果返回给主调函数。如果用指针变量作为形参,就可以通过"传地址"的方式实现将多个结果返回给主调函数。

这种"传地址"的方式实际上是将实参的内存地址传给了作为形参的指针变量。这样,在被调函数中就可以通过这个形参(即指针变量)"间接访问"到实参。因此,改变形参的值实际上是根据形参(即指针变量)的指向去改变实参的值。当被调函数执行结束时,作为形参的指针变量不再存在,但被调函数中对形参这个指针变量所指变量(即实参)的操作结果已经保留在主调函数的实参中了。因此从"效果"上看已经把结果传回给主调函数了。

主调函数与被调函数之间数据传递的方法归纳如下:

(1) 实参将数据传递给形参;

(2) 被调函数通过 return 语句把函数值返回给主调函数;

(3) 主调函数与被调函数之间通过全局变量交换数据;

(4) 通过指针型形参实现主调函数与被调函数之间数据传递。

下面,我们通过两个例子来了解"值传递"和"地址传递(即指针变量作为形参)"这两种方式下的函数执行过程。

例 6.16　函数中的形参用指针变量来实现的两数交换。

```c
#include<stdio.h>
void swap(int x,int y)
{
    int temp;
    temp=x;
    x=y;
    y=temp;
}
void main()
{
    int a=10,b=30;
    swap(a,b);
    printf("%d,%d\n",a,b);
}
```

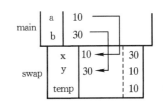

图 6-14　例 6.16 程序执行的动态图

程序的运行过程如图 6-14 的动态图所示。

由图 6-14 可以看出,虽然被调函数 swap 完成了 x 和 y 值的交换,但却无法将交换的结果传回给主调函数,因为形参 x、y 在接受了实参 a、b 的值之后就与实参 a、b 中断了联系,故输出结果为"10,30"。

例 6.17　函数中的形参用指针变量来实现的两数的交换。

```
#include<stdio.h>
void swap(int * p1,int * p2)
{
    int temp;
    temp= * p1;
    * p1= * p2;
    * p2=temp;
}
void main()
{
    int a=10,b=30;
    swap(&a,&b);                 /* 实参分别为变量 a 和 b 的地址 */
    printf("%d,%d\n",a,b);
}
```

程序执行过程如图 6-15 的动态图所示。

函数 swap 中用指针变量 p1 和 p2 作为形参,传给 p1 和 p2 的是实参变量 a 和 b 的地址值。由图 6-15 可以看出,在被调函数 swap 的执行过程中,所有对 p1 和 p2 的操作都是根据其指针(即 a 和 b 的内存地址)的指向转而对主调函数中的实参变量 a 和 b 进行的,因此交换 * p1 和 * p2 值也就是交换 a 和 b 的值,故最终输出结果为"30,10"。

注意,如果例 6.17 中的函数 swap 改为下面的写法:

```
swap(int * p1,int * p2)
{
    int * p;
    p=p1;
    p1=p2;
    p2=p;
}
```

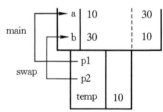

图 6-15　例 6.17 程序执行的动态图

这虽然仍是用指针变量 p1 和 p2 作形参,但此时交换的是指针变量 p1 和 p2 的指针值,即 p1 由原来指向 a 改为指向 b,而 p2 则由原来指向 b 改为指向 a,但 a 和 b 的值没有发生变化。函数 swap 调用结束后,形参 p1,p2,以及局部变量 p 被系统收回。所以最终输出 a、b 值时仍然没有改变。

例 6.18　形参和实参都用指针变量来编写的两数交换的程序。

```
#include<stdio.h>
void swap(int * p1,int * p2)
```

```
    {
        int  * p;
        p=p1;
        p1=p2;
        p2=p;
    }
    void main()
    {
        int a=10,b=30;
        int  * r1=&a, * r2=&b;
        swap(r1,r2);                          / * 传送的实参值为指针变量 * /
        printf("% d, % d\n", * r1, * r2);
    }
```

在主函数 main 中,指针变量 r1 指向变量 a,指针变量 r2 指向变量 b。调用函数 swap 时将实参 r1 的值(即 a 的内存地址)传给形参指针变量 p1,将实参 r2 的值(即 b 的内存地址)传给形参指针变量 p2。此时,形参指针变量 p1 指向变量 a,形参指针变量 p2 指向变量 b。在函数 swap 中交换 p1 和 p2 的指针值,实际上就是交换 p1 和 p2 的指向。交换后,p1 指向变量 b,p2 指向变量 a,而此时实参 r1 和实参 r2 的指向并没有改变,仍是 a 和 b。函数 swap 调用结束后,形参指针变量 p1、p2 和局部变量 p 被系统收回。也即,主函数 main 最终输出的 * r1 和 * r2 值仍是原来没有改变的 a 和 b 值:10,30。因此,该程序无法实现两数的交换。

6.4.2　用数组名作函数参数

数组名作为函数参数时,实参与形参都用数组名。采用数组名作为函数参数,传递数据不是采用通常的传值法,而是采用传地址的方法。数组名作为实参去调用被调函数时,把实参数组的首地址传给数组名形式的形参(简称形参数组名),使形参数组名指向实参数组,即两者共享实参数组的内存单元。因此,任何对形参数组中某一元素值的改变都将直接影响到实参数组中的对应元素(实际上就是同一个元素)值的改变。实际上,C 语言的编译系统就是将形参数组名作为一个指针变量来处理的。因此,当实参是一个数组名时,形参也可以是一指针变量。

注意,形参数组名由于事先无法获知与其对应的实参数组大小,故都是以虚数组名的形式出现的,即在函数首部中采用如下表示方式:

    f(int a[ ],int n)

形参"a[]"就是一个虚数组名。虚数组名不同于实数组名(用说明语句定义的数组名是一个指针常量),它不是指针常量而是函数内部使用的局部指针变量。因此,形如"f(int a[ ], int n)"的函数首部也可以写成形如"f(int * a, int n)"这样的函数首部(即对应实参数组的形参是指针变量),两者完全等价。

此外,当以数组作为实参调用具有形参数组名的函数时,由于形参数组名是一指针变量,因此只能以实参数组名(数组的首地址)作为调用参数,而不能带方括号。

归纳起来,在函数中传递一个数组参数,实参与形参的对应方式有四种:

(1) 实参和形参都用数组名;

(2) 实参用数组名而形参用指针变量;

(3) 实参用指针变量,形参用数组名;

(4) 实参和形参都用指针变量。

例 6.19　通过函数调用,将整型数组的所有元素加 10。

解　(1)实参和形参都用数组名。

```c
#include<stdio.h>
void add(int b[],int n)
{
    int i;
    for(i=0;i<n;i++)
        b[i]=b[i]+10;
}
void main()
{
    int i,a[10]={1,2,3,4,5,6,7,8,9,10};
    add(a,10);
    for(i=0;i<10;i++)
        printf("%4d",a[i]);
    printf("\n");
}
```

(2) 实参用数组名而形参用指针变量。

```c
#include<stdio.h>
void add(int *p,int n)
{
    int *q=p+n;
    for(;p<q;p++)
        *p=*p+10;
}
void main()
{
    int i,a[10]={1,2,3,4,5,6,7,8,9,10};
    add(a,10);
    for(i=0;i<10;i++)
        printf("%4d",a[i]);
    printf("\n");
}
```

(3) 实参用指针变量,形参用数组名。

```
#include<stdio.h>
void add(int b[],int n)
{
    int i;
    for(i=0;i<n;i++)
        b[i]=b[i]+10;
}
void main()
{
    int a[10]={1,2,3,4,5,6,7,8,9,10};
    int *q=a;                          /*a是数组的首地址*/
    add(q,10);
    for(q=a;q<a+10;q++)
        printf("%4d",*q);
    printf("\n");
}
```

(4) 实参和形参都用指针变量。

```
#include<stdio.h>
void add(int *p,int n)
{
    int *q1=p+n;
    for(;p<q1;p++)
        *p=*p+10;
}
void main()
{
    int a[10]={1,2,3,4,5,6,7,8,9,10};
    int *q=a;
    add(q,10);
    for(q=a;q<a+10;q++)
        printf("%4d",*q);
    printf("\n");
}
```

例 6.20　求下面程序执行后的输出结果。

```
#include<stdio.h>
void fun1(char *p)
{
```

```
        char * q;
        q=p;
        while( * q! = ´\0´)
        {
            ( * q)++;
            q++;
        }
    }
    void main()
    {
        char a[]={″program″}, * p;
        p=&a[3];
        fun1(p);
        printf(″% s\n″,a);
    }
```

解 调用 fun1 函数完成参数传递(即将实参 p 的指针值 &a[3] 传给形参 p),然后执行"q=p;"语句将 p 值(&a[3])又赋给了指针变量 q;这时数组 a 的存储情况如图 6-16(a) 所示。fun1 函数中 while 循环体的语句"(* q)++;"将当前 q 所指数组元素的字符值加 1,如字符"g"则变为字符"h";而接下来的语句"q++;"则使 q 的指针值加 1,即 q 指向其后继的下一个数组元素。然后继续 while 循环,即继续进行给 q 所指数组元素的字符值加 1 再使 q 指向下一个数组元素的过程,这种循环操作持续到 q 所指数组元素的字符值为 0(即为 ´\0´字符)为止。因此,实际上是将 a[3]~a[6] 中的字符值都进行了加 1。最终结果如图 6-16(b) 所示,即为:prohsbn。

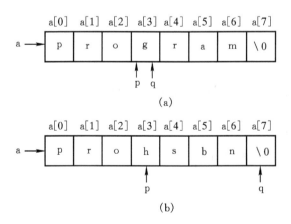

图 6-16   程序执行中数组 a 的变化示意

例 6.21 将一维数组的各元素值循环右移 m 个元素位置,并用函数实现。

解 程序如下:

```c
#include<stdio.h>
void remove(int a[],int m,int n)
{
    int i,t,*p;
    for(i=0;i<m;i++)            /*循环右移 m 个元素位置*/
    {
        p=a+n-1;                /*p 指向数组的最后一个元素 a[n-1]*/
        t=*p;                   /*t 保存 a[n-1]的值*/
        for(;p>a;p--)           /*将 a[n-2],…,a[0]顺序循环右移 1 位分别
                                    至 a[n-1],…,a[1]*/
            *p=*(p-1);
        *p=t;   /*退出循环时 p 指向 a[0],即将 t 中的原 a[n-1]值送 a[0]*/
    }
}
void main()
{
    int m,s[10],*p;
    printf("Input data:\n");
    for(p=s;p<s+10;p++)     /*输入 10 个元素值*/
        scanf("%d",p);
    printf("Move m=");
    scanf("%d",&m);
    remove(s,m,10);             /*调用循环右移函数*/
    printf("After:\n");
    for(p=s;p<s+10;p++)     /*按移动后的顺序输出*/
        printf("%5d",*p);
    printf("\n");
}
```

运行结果：

    Input data:
    1 2 3 4 5 6 7 8 9 10 ↵
    Move m=3 ↵
    After:
        8　9　10　1　2　3　4　5　6　7
程序执行中数组 s 变化情况如图 6-17 所示。

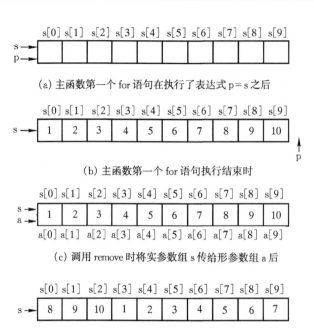

图 6-17　程序执行中数组 s 的变化情况

6.4.3　返回指针值的函数

所谓函数类型是指函数返回值的类型。在 C 语言中允许一个函数的返回值是一个指针(即地址),这种返回指针值的函数称为指针型函数。

定义指针型函数的一般形式为

　　　类型标识符 * 函数名(形参表)

　　　{

　　　　　…　　　　　　　/ * 函数体 * /

　　　}

其中,函数名之前加了"*"号,表明这是一个指针函数,即返回值是一个指针(即地址);类型标识符给出了接收该返回值指针变量的数据类型,即返回指针值函数的函数体中必须由 return 语句带回一个返回值,并且主调函数中接收该返回值的变量必须是指针类型,且该变量指向的数据类型必须与返回指针值函数定义时类型标识符说明的类型一致。

例 6.22　用程序实现系统提供的字符串拷贝函数 strcpy 功能。

解　程序设计如下:

```
#include<stdio.h>
char * strcpy1(char * s1,char * s2)
{
    char *p=s1;         / * 用 p 保存传递给 s1 的实参字符数组 s 的首地址 * /
    while( * s1++= * s2++);
                       / * 将 s2 指向的字符串逐个字符地拷贝到 s1 所指向的字符数组 * /
```

```
        return(p);              /*返回 p 所指向的字符数组 s 的首地址*/
    }
    void main()
    {
        char s[40]="I am a student.";
        printf("%s\n",strcpy1(s,"You are a teacher."));
                                  /*输出返回指针指向的内容*/
    }
```

运行结果：

You are a teacher.

strcpy1 函数中的语句"while(*s1++=*s2++);"的循环体为一空语句。该 while 语句执行的步骤如下：

(1) 将 s2 所指的字符赋给 s1 所指向的字符位置；

(2) 判断当前*s1 的值是否为 0(即字符'\0')；

(3) 执行 s2++和 s1++使 s2 和 s1 各自指向其后的下一个字符位置，以便继续进行字符拷贝的工作；

(4) 根据(2)的判断结果，若非 0 则执行循环体(即空语句";")，若为 0 则结束循环。

注意，(1)～(3)为表达式"*s1++=*s2++"完成的功能。因此，表达式"*s1++=*s2++"完成了将 s2 所指字符串(包括字符串结束符'\0')逐个字符拷贝到 s1 所指的字符数组中。当将字符串结束符'\0'拷贝到 s1 所指字符位置时，由于判断出此时的 *s1 值已为 0(即'\0')，则跳出循环结束拷贝工作。

例 6.23　用程序实现系统提供的字符串连接函数 strcat(s1，s2)的功能。

解　我们用 strcat1 函数来实现系统提供的 strcat 函数功能。在 strcat1 函数中，将实参字符串 s2 连接到实参数组 s1 中原有字符串的后面。从 6.3 节的指针变量与字符串关系可知，实参 s2 可以是字符串常量或字符型数组名，而实参 s1 只能是字符型数组名。strcat1 函数的返回值是实参字符数组 s1 的首地址(即实参字符数组名 s1)，而函数类型则是指向字符的指针类型。程序设计如下：

```
    #include<stdio.h>
    char *strcat1(char *s1,char *s2)
    {
        char *p1=s1;
        while(*s1)s1++;
        while(*s1++=*s2++);
        return(p1);
    }
    void main()
    {
        char s[40]="I am a student.";
        printf("%s\n",strcat1(s,"You are a teacher."));
```

```
}
```

在 strcat1 函数中，说明语句中的语句"＊p＝s1；"用于保存传递给 s1 的实参字符数组 s 的首地址。语句"while(＊s1) s1＋＋；"则使 s1 的指向移至字符数组 s 中字符串"I am a student."的字符串结束符'\0'时结束循环。语句"while(＊s1＋＋＝＊s2＋＋)；"功能与例 6.22中介绍的完全相同，所不同的是 s1 已定位于字符数组 s 中字符串"I am a student."的字符串结束符'\0'处，即由这个位置开始将 s2 所指的字符串"You are a teacher."逐个字符拷贝到 s1 数组中。当将位于字符串"You are a teacher."之后的字符串结束符'\0'也拷贝到 s1 所指的字符数组中，此时就完成了将字符串"You are a teacher."及字符串结束符'\0'拷贝到字符数组 s 中字符串"I am a student."的后面，由于这时的＊s1 值为'\0'，故结束循环。最后，通过 return 语句由指针变量 p 将字符数组 s 的起始地址传回给 main 函数。

＊6.5　动态数组

到目前为止，我们所讨论的变量和数组都有这样的特点：先在程序或函数的说明部分对变量或数组进行定义，然后才可以对变量或数组进行各种操作，这就是"先定义，后使用"。这类变量或数组在其定义范围内始终存在，即程序开始处定义的变量或数组在程序执行期间存在，在函数中定义的变量或数组（包括形参）则在函数执行期间存在。

与上述变量或数组相对的是动态生成变量或动态数组，它们是在程序执行期间动态生成的，因此无法事先对它们进行定义。这些动态生成的变量或数组在不需要时也可以动态撤消。由于这类动态生成的变量或数组事先没有定义，因此也就没有可供访问的名字，即这类变量或数组的访问只能通过与它们建立联系的指针变量来间接实现。

对于这类动态生成的变量或数组，C 语言是通过一个"堆"的内存区域来对它们实施存储的动态分配及管理的。在此，我们仅对动态数组进行介绍。

所谓动态数组，就是通过"堆"来为数组动态分配内存，且数组的大小可在程序的运行中给定（这一点与以往所介绍的数组不同）。动态数组的定义分为三步：

（1）为将产生的动态数组定义一个指针变量（用于指向动态数组）；

（2）利用动态内存分配函数从"堆"中为动态数组分配足够的内存空间，并使所定义的指针变量指向该动态数组；

（3）使用完后利用动态内存释放函数将分配给动态数组的内存空间回收给"堆"。

在此，需要用到两个函数 calloc 和 free，其含义如下：

（1）calloc 函数的原型如下：

```
void ＊calloc(unsigned n,unsigned size);
```

其功能是以 size 为单位，共分配 n×size 个字节的连续空间，并将该空间的首地址作为函数的返回值。

（2）free 函数的原型如下：

```
void free(void ＊ptr);
```

其功能是释放此前已分配给指针变量 ptr 的动态空间，但指针变量 ptr 的值不会自动变成空指针。例如：

```
int ＊p;
```

```
p=(int * )calloc(10,sizeof(int));
free(p);
```

就是在动态内存空间堆中分配连续 10 个整型数据（即动态数组）的内存空间,并将该空间的起始地址赋给指针变量 p,而“free(p);”语句则回收由指针变量 p 所指向的这个内存空间。

以前介绍的数组必须事先定义其大小,并且在使用中如果越界则产生严重错误。但是,利用动态分配方式给数组分配内存空间则不受限制,其定义的数组大小可以动态变化。

例 6.24   有 n 个朋友围成一圈,按顺序从 1 开始编号到 n。现在从 s 号开始点到,每次点到第 m 个人就请出列,然后从下一个人开始重新点到,仍然每次点到第 m 个人出列。请编程计算出这些朋友的出列顺序。

解   本题就是例 4.21 的约瑟夫问题。由于不知道人数,所以在程序中采用了动态数组来构成环形圈,每个数组元素保存一个朋友的编号,如果已经出列,则将该编号变为负数(见程序中的 out 函数)。

next(c,s,m,n)的作用是从 s 下标开始计数,数到第 m 个人后将其下标值返回。为了能循环计算而提供了总人数变量 n,为了能够判断某人是否出列而提供了动态数组 c。

out(c,s)的作用是将数组中下标为 s 的元素出列。此外,为了使用动态数组,程序开始处还应包含“stdlib. h”的头文件。

程序设计如下:

```c
#include<stdio.h>
#include<stdlib.h>
int next(int c[],int start,int move,int num)
{
    int i,s;
    i=start;
    s=0;
    while(1)
    {
        while(c[i]<0)
            i=(i+1)%num;            /*利用%操作进行数组下标的循环计数*/
        s++;
        if(s==move)
            break;
        else
            i=(i+1)%num;
    }
    return i;
}
void out(int c[],int position)
{
    c[position]=-c[position];      /*出列的人将其编号置为负数*/
```

```
    }
void main()
{
    int s,m,n,i, * c;
    printf("Please input n,s,m:\n");
    scanf(" % d, % d, % d",&n,&s,&m);
    c=(int * )calloc(n,sizeof(int));    /* 根据 n 的大小建立动态数组 c */
    for(i=0;i<n;i++)                     /* 给数组 c 填入人员编号 */
        c[i]=i+1;
    i=0;
    s--;                                 /* 下标序号 s 与开始位置 s 相差 1 */
    while(i<n)
    {
        i++;
        s=next(c,s,m,n);                 /* 从 s 开始计算第 n 个人并返回其下标序号 */
        printf("No. % 2d: % 4d\n",i,c[s]);
        out(c,s);
    }
    free(c);
}
```

运行结果:

```
Please input n,s,m:
5,1,3 ↵
No. 1:     3
No. 2:     1
No. 3:     5
No. 4:     2
No. 5:     4
```

6.6　典型例题精讲

例 6.25

```
# include<stdio.h>
# include<string.h>
void f(char * s,char * t)
{
    char k;
    k= * s; * s= * t; * t=k;
    s++;t--;
```

```
    if(* s)
        f(s,t);
}
void main()
{
    char str[]="abcdefg", * p;
    p=str+strlen(str)/2+1;
    f(p,p-2);
    printf("% s\n",str);
}
```

程序运行后的输出结果是_____。

A. abcdefg   B. gfedcba   C. gbcdefa   D. abedcfg

解 str 是字符数组 str 的起始位置；而 strlen(str) 的值是字符数组 str 中所存放字符串"abcdefg"的字符个数(不包括'\0'),其值为 7。因此执行了"p＝str＋strlen(str/2＋1);"语句后,p 定位于 str＋4 的位置,也就是数组元素 str[4] 的位置。执行函数调用语句"f(p, p－2);",当实参传递给形参后,s 定位于 str[4],而 t 定位于 str[2](见图 6－18(a))。

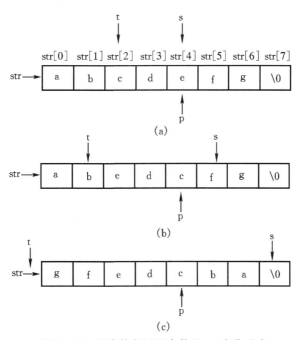

图 6－18　程序执行过程中数组 str 变化示意

在函数 f 的执行中,语句"k＝* s; * s＝* t; * t＝k;"则完成了 s 与 t 所指字符的交换。交换后,s 的指针值后移一个字符位置(即"s＋＋;"),而 t 的指针值则前移一个字符位置(即"t－－;"),其示意见图 6－18(b)。

接下来执行条件语句"if(* s) f(s,t);",也即先判断当前 s 所指位置中的字符是否为 0(即字符'\0'),为 0 时则相当于执行一个空语句,不为 0 时则递归调用"f(s,t);",继续交换指针变量所指的字符然后再改变指针变量的指向。这一递归调用持续到 s 所指字符为 ′\0′ 为止（见图 6-18(c)所示）。

因此，程序运行后的输出结果为 B 项。

例 6.26 给出下面程序的运行结果。

```c
# include<stdio.h>
void f(int * x,int * y)
{
    int t;
    t= * x; * x= * y; * y=t;
}
void main()
{
    int a[8]={1,2,3,4,5,6,7,8};
    int i, * p, * q;
    p=a;
    q=&a[7];
    while(p<q)
    {
        f(p,q);
        p++;
        q--;
    }
    for(i=0;i<8;i++)
        printf("%4d",a[i]);
    printf("\n");
}
```

解 此题与例 6.25 类似，只不过指针变量 p 是指向数组 a 的第一个元素，而 q 则指向数组 a 的最后一个元素（即 a[7]）。在调用函数 f 时将 p 的指针值传给形参 x，将 q 的指针值传给形参 y，然后交换 x 和 y 所指数组元素的数据。交换后，与例 6.25 不同的是 p 和 q 的指向不是向数组 a 的两侧移动，而都是向数组 a 的中间位置移动。交换及移动过程如图 6-19 所示，因此程序最终的输出结果是 87654321，即正好与数组 a 原来的初值相反。所以该程序实现了数组元素值的逆置功能。

例 6.27 阅读下面程序，给出程序的运行结果。

```c
# include<stdio.h>
void main()
{
    char s[]={"Yes\n/No"}, * p=s;
    puts(p+4);
    * (p+4)=0;
```

```
    puts(s);
}
```

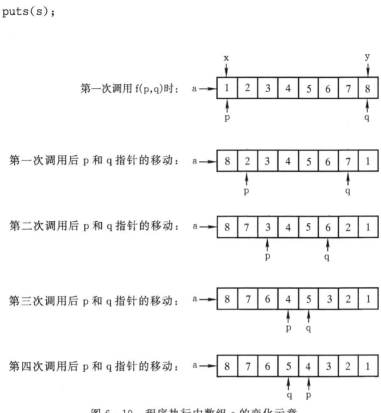

第一次调用 f(p,q)时：

第一次调用后 p 和 q 指针的移动：

第二次调用后 p 和 q 指针的移动：

第三次调用后 p 和 q 指针的移动：

第四次调用后 p 和 q 指针的移动：

图 6-19　程序执行中数组 a 的变化示意

解　定义并赋初值后的字符数组 s 示意如图 6-20(a)所示，这时 p+4 指向数组元素 s[4]。因此，执行语句"puts(p+4);"后将输出"/No"，然后换行（puts 函数输出完字符串后自动换一行）。

执行语句"*(p+4)=0;"后的数组 s 变化情况如图 6-20(b)所示。注意将 0 赋给 *(p+4)所指的数组元素，就是将 ASCII 码值为 0 的字符'\0'赋给 *(p+4)所指的数组元素，即 s[4]的字符由'/'变为'\0'。

接着执行"puts(s);"语句输出"Yes"时因字符'\n'而换行，再接下来遇到'\0'（字符串结束标识符）而停止输出，最后再执行 puts 函数本身输出完字符串后的换行功能，即该程序的实际输出是

```
/No
Yes
```

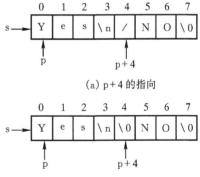

(a) p+4 的指向

(b) 执行"*(p+4)=0;"语句后字符数组 s 的存储示意

图 6-20　字符数组 s 变化情况

例 6.28　用程序实现判断一个字符串是否为另一个字符串的子串。

解　程序设计如下：

```
#include<stdio.h>
```

```
int substr(char * s1,char * s2)
{
    int loc;
    char * p, * p1, * p2;
    loc=0;
    p1=s1;
    while( * p1! = NULL&&loc = =0)
    {
        p=p1;p2=s2;   / * 用 p 标记本趟主串比较的起始位置,p2 置子串开始位置 * /
        while( * p1! = ´\0´&& * p2! = ´\0´&& * p1 = = * p2)
                    / * 当两串都未结束且所比较字符相等时 * /
        {
            p1++;p2++;
        }
        if( * p2 = =´\0´)   / * 如果此时 p2 指向´\0´则表示在主串中已找到子串 * /
            loc=p-s1+1;  / * 通过指针差求子串在主串中的位置 * /
        else
            p1=p+1;    / * 从主串的下一位置开始比较 * /
    }
    return loc;            / * 返回子串在主串的位置值,为 0 则未找到 * /
}
void main()
{
    char s[]="I am a good student.";
    int n;
    n=substr(s,"en");
    if(n = =0)
        printf("Not found! \n");
    else
        printf("This string starts at pos % d\n",n);
}
```

　　我们用 p 来标识每趟比较时主串(即字符数组 s 中的字符串)的起始位置,并在每趟比较开始时置 p1 为主串上一趟比较开始位置的下一个位置(即确定新一趟比较的起始位置),而 p2 则置子串开始位置,然后进行逐个字符的比较。当两串都未到达串结束字符´\0´且比较的字符相等时,则 p1 和 p2 都移至本串顺序的下一个字符位置继续进行比较。这种循环比较过程直至条件表达式" * p1! = ´\0´&& * p2! = ´0´&& * p1 = = * p2"中的某个条件不满足而结束循环。此时,如果 p2 所指的字符位置已经到达串结束字符´\0´时,则表示已经在主串中找到了这个子串。因此应将该子串在主串中的位置返回给 main 函数(注意,虽然此时的 p 值即为该子串在主串中的位置,但它是一个地址值,因此必须与主串的起始位置相减并加 1 后才能得到该子串开始位置是主串的第几个字符位置),而循环退出的其他情况则说明此时在主串中还未找到子串。因此应进行下一趟的子串寻找,也即 p1 应置为上一趟比较时主串的开始位置(在 p 中保存)加1(即新一趟主串比较的开始位置),而开始下一趟的子串寻找。

例 6.29　输入 10 个学生的成绩,然后求出这 10 个学生的平均成绩,要求用指针方式实现。

解　程序设计如下:

```
#include<stdio.h>
float aver(int p[],int n)
{
    int i;
    float av,s=0;
    for(i=0;i<n;i++)
        s=s+p[i];
    av=s/n;
    return av;
}
void main()
{
    int i,score[10], * sp=score;
    float av;
    printf("Input 10 scores:\n");
    for(i=0;i<10;i++)
        scanf("% d",&score[i]);
    av=aver(sp,10);
    printf("Average score is:% 6.2f\n",av);
}
```

在此,我们用指针变量 sp 指向 score 数组,然后再将这个 sp 的指针值传给形参数组名 p 的方法实现求平均成绩,当然,形参也可以使用指针变量。相应的程序如下:

```
#include<stdio.h>
float aver(int  * pa,int n)
{
    int  * pb;
    float av,s=0;
    for(pb=pa;pb<pa+n;pb++)
        s=s+ * pb;
    av=s/n;
    return av;
}
void main()
```

```
{
    int i,score[10], * sp=score;
    float av;
    printf("Input 10 scores:\n");
    for(i=0;i<10;i++)
        scanf("%d",&score[i]);
av=aver(sp,10);
printf("Average score is:%6.2f\n",av);
}
```

还可以采用实参为数组名 score 而形参为指针变量的传递方式,这里就不再叙述了。

例 6.30 将 10 个数由小到大排序。

解 程序设计如下:

```
#include<stdio.h>
void main()
{
    void print(int * p,int n);
    void sort(int b[],int n);
    int a[10]={1,7,4,2,8,3,5,9,10,6};
    printf("Before sort:\n");
    print(a,10);
    sort(a,10);
    printf("After sort:\n");
    print(a,10);
}
void print(int * p,int n)
{
    int * q;
    for(q=p;q<p+n;q++)
        printf("%4d", * q);
    printf("\n");
}
void sort(int b[],int n)
{
    int i,j,t;
    for(i=1;i<n;i++)                /* 进行 n-1 趟排序 */
        for(j=0;j<n-i;j++)
            if(b[j]>b[j+1])
            {
                t=b[j];
```

```
                        b[j]=b[j+1];
                        b[j+1]=t;
                }
        }
}
```

我们看到,虽然被调函数 sort 并不返回任何值(无 return 语句),但形参数组 b 与实参数 a 本身就是同一个数组,即形参数组 b 的任何变化必然会引起实参数组 a 的变化。通过这种方式,可以在被调函数中使一批计算出的结果"带回"给主调函数。此外,我们还在输出函数 print 中,特意使用了一个指针变量 p 作为形参来接受实参数组 a 的地址,然后实现对该数组每一个元素值的输出。

例 6.31 已有一个按降序排好序的数组,现输入一个数,要求仍按降序的规律将它插入到数组中。

解 程序设计如下:

```
#include<stdio.h>
void insert(int s[],int *p,int x)
{
        int i;
        i=*p-1;                 /*i定位于数组a中所存放的最后非0整数位置*/
        while(s[i]<x&&i>=0) /*将大于x值的数组元素值顺序后移1个元素位置*/
        {
                s[i+1]=s[i];
                i--;
        }
        s[i+1]=x;
        (*p)++;                 /*使数组a中存放数据的元素个数计数加1(即存于n中)*/
}
void main()
{
        int a[10]={10,9,7,5,1};
        int i,x,n=5;
        printf("Input x:");
        scanf("%d",&x);
        insert(a,&n,x);
        printf("After insert:\n");
        for(i=0;i<n;i++)
                printf("%4d",a[i]);
        printf("\n");
}
```

insert 函数中的 i 值首先被赋以 a 数组中最后一个非 0 元素的位置值(作为数组下标),然后由后向前将大于 x 值的数组元素顺序后移一个位置,直到 i 值(作为数组下标)所指的数组

元素值不大于 x 值为止。请注意,此时 i+1 位置即为 x 应存放在 a 数组中的位置,而
"(∗p)++;"则是将 a 数组中的数组元素个数计数(存于 n 中)加 1,即由原来的 5 变为 6。因
此,该程序也可以很容易地改为在输入多个数时,仍使数组 a 有序。

　　另外,insert 函数中的形参数组 s 也可以改为一个指针变量,相应的 insert 函数则改为

```
void insert(int * s,int * p,int x)
{
    int i;
    i= * p−1;
    while( * (s+i)<x&&i>=0)
    {
        * (s+i+1)= * (s+i);
        i−−;
    }
    * (s+i+1)=x;
    ( * p)++;
}
```

　　注意,在 insert 函数中,指针变量 s 始终指向 a 数组的首地址(即 a 数组的第 1 个元素位
置),而对每一个数组元素的操作都是通过这个数组的首地址 s 加上一个位移 i 或 i+1,来实
现指向 a 数组的第 i+1 个或 i+2 个数组元素的(因为从第 0 个元素位置算起)。

习题 6

1. 下面关于指针和指针变量的定义错误的描述是_____。
   A. 指针是一种变量,该变量用来存放某个变量的地址值
   B. 指针变量的类型与它所指向的变量类型一致
   C. 指针变量的命名规则与标识符相同
   D. 在定义指针变量时,标识符前的"∗"只对该标识符起作用

2. 若两个指针变量的值相等,则表明两个指针变量_____。
   A. 占据同一内存单元　　　　　　B. 指向同一内存单元地址或者都为空
   C. 是两个空指针　　　　　　　　D. 指向的内存单元值相等

3. 设有定义语句"int x=0, ∗ p;",则下面正确的赋值语句是_____。
   A. p=x;　　　　　B. ∗ p=x;　　　　　C. p=NULL;　　　　　D. ∗ p=NULL;

4. 设有定义语句"int a, ∗ p1=&a, ∗ p2;",则不能完成将 p1 的值赋给 p2 的语句
   是_____。
   A. p2=p1;　　　B. p2= ∗∗ p1;　　　C. p2= ∗ &p1;　　　D. p2=& ∗ p1;

5. 设有定义语句"int n=0, ∗ p=&n, ∗ ∗ q=&p;",则下面正确的赋值语句
   是_____。
   A. p=1;　　　　　B. ∗ q=2;　　　　　C. q=p;　　　　　D. ∗ p=5;

6. 设有定义语句"int x[6]={2,4,6,8,5,7}; ∗ p=x,i;",要求依次输出 x 数组六个元素

中的值,不能完成此操作的语句是_____。

A. for(i=0;i<6;i++)
　　printf("%2d",*(p++));

B. for(i=0;i<6;i++)
　　printf("%2d",*(p+i));

C. for(i=0;i<6;i++)
　　printf("%2d",*p++);

D. for(i=0;i<6;i++)
　　printf("%2d",(*p)++);

7. 设有定义和语句如下:

```
int c[4][5],(*p)[5];
p=c;
```

则能够正确引用 c 数组元素的是_____。

A. p+1　　　　B. *(p+3)　　　　C. *(p+1)+3　　　　D. *(p[0]+2)

8. 以下语句或语句组中,能够正确进行字符串赋值的是_____。

A. char *sp;*sp="right!";

B. char s[10];s="right!";

C. char s[10];*s="right!";

D. char *sp="right!";

9. 设有定义和语句如下:

```
char s[10]="Beijing",*p;
p=s;
```

则执行"p=s;"语句后,下面叙述中正确的是_____。

A. 可以用*p 表示 s[0]

B. s 数组中元素的个数和 p 所指字符串长度相等

C. s 和 p 都是指针变量

D. 数组 s 中的内容和指针变量 p 的内容相同

10. 若有定义语句"char *x[5];",则下面叙述正确的是_____。

A. 定义 x 是一个指针数组,它的每一个元素是一个基类型为 char 的指针变量

B. 定义 x 是一个指针变量,该变量可指向一个长度为 5 的字符型数组

C. 定义 x 是一个指针数组,语句中的"*"号称为间址运算符

D. 定义 x 是一个指向字符型函数的指针

11. 设有定义语句"char a[5]={65,66,67},*p=a;",则执行语句"printf("%s",p+1);"输出的结果是_____。

A. 6667　　　　B. ABC　　　　C. BC　　　　D. 出错

12. 阅读程序,给出程序的运行结果。

```
#include<stdio.h>
void main()
{
    int a=7,b=8,*p,*q,*r;
    p=&a;q=&b;
    r=p;p=q;q=r;
    printf("%d,%d,%d,%d\n",*p,*q,a,b);
}
```

13. 阅读程序,给出程序的运行结果。

```
#include<stdio.h>
void point(char *p)
{
    p=p+3;
}
void main()
{
    char b[4]={'a','b','c','d'},*p=b;
    point(p);
    printf("%c\n",*p);
}
```

14. 阅读程序,给出程序的运行结果

```
#include<stdio.h>
void swap1(int c1[],int c2[])
{
    int t;
    t=c1[0]; c1[0]=c2[0]; c2[0]=t;
}
void swap2(int *c1,int *c2)
{
    int t;
    t=*c1; *c1=*c2; *c2=t;
}
void main()
{
    int a[2]={3,5},b[2]={3,5};
    swap1(a,a+1);
    swap2(&b[0],&b[1]);
    printf("%d%d%d%d\n",a[0],a[1],b[0],b[1]);
}
```

15. 阅读程序,给出程序的运行结果。

```
#include<stdio.h>
int a=2;
int f(int *a)
{
    return (*a)++;
}
void main()
{
```

```
        int s=0;
        {
            int a=5;
            s=s+f(&a);
        }
        s=s+f(&a);
        printf("%d\n",s);
    }
```

16. 阅读程序,给出程序的运行结果。

```
    #include<stdio.h>
    void sum(int *a)
    {
        a[0]=a[1];
    }
    void main()
    {
        int x[10]={1,2,3,4,5,6,7,8,9,10},i;
        for(i=2;i>=0;i--)
            sum(&x[i]);
        printf("%d\n",x[0]);
    }
```

17. 阅读程序,给出程序的运行结果。

```
    #include<stdio.h>
    void fun(int *a,int i,int j)
    {
        int t;
        if(i<j)
        {
            t=a[i]; a[i]=a[j]; a[j]=t;
            i++;
            j--;
            fun(a,i,j);
        }
    }
    void main()
    {
        int x[]={2,6,1,8},i;
        fun(x,0,3);
        for(i=0;i<4;i++)
```

```
        printf(" % 2d",x[i]);
        printf("\n");
    }
```

18. 阅读程序,给出程序的运行结果。

```
# include<stdio.h>
void sort(int a[],int n)
{
    int i,j,t;
    for(i=0;i<n-1;i=i+2)
        for(j=i+2;j<n;j=j+2)
            if(a[i]<a[j])
            {   t=a[i]; a[i]=a[j]; a[j]=t; }
}
void main()
{
    int x[10]={1,2,3,4,5,6,7,8,9,10},i;
    sort(x,10);
    for(i=0;i<10;i++)
        printf(" % d,",x[i]);
    printf("\n");
}
```

19. 阅读程序,给出程序的运行结果。

```
# include<stdio.h>
void main()
{
    char a[4][5]=("1234","abcd","xyz","ijkm");
    int i=3;
    char ( * p)[5]=a;
    for (p=a;p<a+4;p++,i--)
        printf(" % c\n", * ( * p+i));
}
```

20. 阅读程序,若运行时输入"1 2 3 ↵",给出程序的运行结果。

```
# include<stdio.h>
void main()
{
    int a[3][2]={0},( * p)[2],i,j;
    for(i=0;i<2;i++)
    {
        p=a+i;
```

```
        scanf("%d",p);
        p++;
    }
    for(i=0;i<3;i++)
    {
        for(j=0;j<2;j++)
            printf("%2d",a[i][j]);
        printf("\n");
    }
}
```

21. 下面程序中,fun 函数的功能是求 3 行 4 列的二维数组每行元素的最大值,并将找到的每行元素最大值依次放入 b 数组中。请填空。

```
#include<stdio.h>
void fun(int m,int n,int a[][4],int * b)
{
    int i,j,x;
    for(i=0;i<m;i++)
    {
        x=a[i][0];
        for(j=0;j<n;j++)
            if(x<a[i][j])
                x=a[i][j];
        _____=x;
    }
}
void main()
{
    int a[3][4]={{1,2,3,4},{6,3,5,8},{9,10,1,5}};
    int i,b[3];
    fun(3,4,a,b);
    for(i=0;i<3;i++)
        printf("%4d",b[i]);
    printf("\n");
}
```

22. 阅读程序,给出程序的运行结果。

```
#include<stdio.h>
void main()
{
    char str[][10]={"China","Beijing"}, * p=str[0];
```

```
        printf("% s\n",p+10);
    }
```

23. 阅读程序,给出程序的运行结果。

```
    # include<stdio.h>
    # include<string.h>
    void main()
    {
        char * p[5]={"abc","aabdfg","acdbe","abbd","cd"};
        printf("% d\n",strlen(p[3]));
    }
```

24. 阅读程序,给出程序的运行结果。

```
    # include<stdio.h>
    void main()
    {
        char a[]="Language",b[]="Programe";
        char * p1, * p2;
        int k;
        p1=a;
        p2=b;
        for(k=0;k<=7;k++)
            if( * (p1+k)== * (p2+k))
                printf("% c", * (p1+k));
    }
```

25. 阅读程序,给出程序的运行结果。

```
    # include<stdio.h>
    void fun1(char * p)
    {
        char * q;
        q=p;
        while( * q! = '\0')
        {
            ( * q)++;
            q++;
        }
    }
    void main()
    {
        char a[]={"Program"}, * p;
        p=&a[3];
```

```
        fun1(p);
        printf("%s\n",a);
    }
```

26. 阅读程序,给出程序的运行结果。

```
    #include<stdio.h>
    char * s1(char * s)
    {
        char * p,t;
        p=s+1;
        t= * s;
        while( * p)
        {
            * (p-1)= * p;
            p++;
        }
        * (p-1)=t;
        return s;
    }
    void main()
    {
        char * p,str[10]="abcdefgh";
        p=s1(str);
        printf("%s\n",p);
    }
```

27. 阅读程序,给出程序的运行结果。

```
    #include<stdio.h>
    void fun(char * t,char * s)
    {
        while( * t! = 0)
            t++;
        while(( * t++ = * s++)! = 0);
    }
    void main()
    {
        char s1[10]="acc",a1[10]="bbxxyy";
        fun(s1,a1);
        printf("%s,%s\n",s1,a1);
    }
```

28. 下面程序中,strcpy2 函数实现字符串重复复制,即将 t 所指字符串复制两次到 s 所指存储空间中,合并形成一个新的字符串。例如,若 t 所指字符串为"efgh",调用 strcpy2 后,s 所指字符串为"efghefgh"。请填空。

```
#include<stdio.h>
void strcpy2(char * s,char * t)
{
    char * p=t;
    while( * s++= * t++);
    s=    (1)   ;
    while(   (2)   = * p++);
}
void main()
{
    char str1[40]="abcd",str2[]="efgh";
    strcpy2(str1,str2);
    printf("%s\n",str1);
}
```

29. 编程实现输入三个整数,然后用函数完成这三个数由小到大的排序。此外,参数传递要求采用指针方式。

30. 用选择排序法将若干个数从大到小排序,要求用函数实现。此外,参数传递要求采用指针方式。

31. 编写一个函数 fun,它的功能是:删除字符串中的数字字符。例如,输入字符串"01China2010",则输出字符串"China"。此外,参数传递要求采用指针方式。

32. 编写一个函数,不用字符串函数实现子串的搜索,找到则返回子串在主串的开始位置,否则返回-1。此外,参数传递要求采用指针方式。

33. 用函数实现寻找一个二维数组的鞍点,即该行位置上的元素在该行上值最大,在该列上值最小。

34. 用指针和函数实现将一维数组的元素循环左移 m 位。

第7章 结构体

前面的章节已经介绍了各种基本数据类型,包括数组和指针类型,但只有这些数据类型还难以处理一些比较复杂的数据结构。基本数据类型只能处理单个数据,数组可以处理多个数据但要求这些数据的类型相同。在实际应用中,经常需要处理一些彼此关系密切且数据类型又不相同的成批数据,但以往学过的数据类型却没有办法描述它们。为此,C语言给我们提供了将几种不同类型的数据组合到一起的方法,这就是结构体。本章将以前面介绍的数据类型为基础,进一步介绍结构体类型和共同体类型。此外,还将介绍 typedef 定义类型以及结构体的应用——链表。

7.1　结构体类型的定义与结构体变量

7.1.1　结构体类型的定义

在数据的处理中,一组数据往往具有不同的数据类型。例如在学生登记表中,姓名为字符数组型,年龄为整型,性别为字符型,而成绩可为整型或实型。显然不能使用一个数组来存放这组数据,因为数组中各元素的类型必须一致。为了解决这个问题,C语言给出了一种新的构造数据类型——结构体类型,它相当于其他高级语言中的记录类型。

结构体类型是一种构造类型,即将其他数据类型组合在一起构造而成。因此,结构体类型是由若干成员组成的,这些成员可以有不同的数据类型,既可以是一个基本数据类型又可以是另一个构造类型。与数组类似的是,结构体也是一些相关数据的集合;但与数组不同的是,结构体中各成员的数据类型可以不同。结构体类型既然是一种构造类型,也即并不像 int 等类型那样事先由 C 语言构造且定义好,因此在使用之前必须先由用户自行构造和定义,然后才可像 int 等类型那样,用构造(定义)好的结构体类型来定义所需的结构体变量。

一个结构体类型定义的一般形式为

```
struct 结构体名
{
    结构体成员表;
};
```

其中,struct 是关键字,称为结构体定义标识符;结构体名是结构体类型标志,它与 struct 一起构成了一个新的类型名;花括号"{}"内的结构体成员表由若干个成员组成,每个成员都是该结构体的一个组成部分,并且对每个成员必须进行类型说明,其形式为

```
类型标识符 成员名;
```

结构体名和成员名的命名应符合标识符的书写规定。

例如,描述学生登记表的结构体类型定义如下:

```
struct student
{
```

```
        char name[20];
        int age;
        char sex;
        int math,phys,english;
        float average;
    };
```

其中，student 是一个自定义的结构体名，它与 struct 一起构成了一个新的类型名（准确地说是一个新的结构体类型名）。此后就可以像使用 int、char 和 float 等简单类型名一样使用 struct student 这一新类型名了，而 name、age、sex、math、phys、english 和 average 则是该结构体中的成员。

在以往的变量定义中，各个变量之间彼此相互独立，没有任何内在的联系。而结构体类型却不同，如上述结构体类型定义就包含着 name、age、sex 等各项内容，这些内容共同表达了一个学生的有关信息。结构体类型定义时用花括号"{}"将这些彼此有关的变量（即每一个结构体成员）括起来，表示它们之间存在着联系。所以，结构体类型可以看做是对彼此相关变量的一种定义。

结构体类型定义从另一个角度来说类同于表格的描述，表格中的各项都有自己的名字，每项内容都可以归到某种数据类型下。在结构体类型定义中则表现为：表格中的每一项都对应结构体中的一个成员，并且各个成员的数据类型可以不同。结构体类型定义实质上是将一张表格的各项内容转化为结构体成员来描述，而结构体类型定义中的花括号"{}"则相当于一张表格的开始和结束。例如，上述结构体类型定义与学生登记表表格的对照如图 7-1 所示。

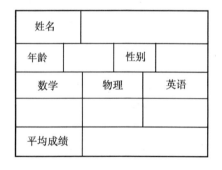

图 7-1   按照学生登记表表格定义的结构体类型

定义结构体类型时应注意以下几点：

（1）结构体类型定义与其他变量定义一样，也是由一条说明语句实现。因此必须用分号";"标识语句的结束，也就是说结构体类型定义时在花括号"}"之后要有分号";"，这一点与复合语句的花括号"}"后无分号";"是不同的。

（2）结构体成员可以是任何一种基本数据类型的变量，也可以是指针变量或者像数组这样的构造类型变量。由于结构体成员可以是一个构造类型变量，那么它当然也可以是一个结构体类型变量，从而形成结构体类型的嵌套定义。例如：

```
    struct student
    {
        char name[20];
        int age;
```

```
        char sex;
        struct date
        {
            int year,mouth,day;
        }birthday;
        int math,phys,english;
        float average;
    };
```

在此,结构体成员 birthday 变量的类型又属于结构体类型 struct date。也可以采用下面的形式进行定义:

```
    struct date
    {
        int year,mouth,day;
    };
    struct student
    {
        char name[20];
        int age;
        char sex;
        struct date birthday;
        int math,phys,english;
        float average;
    };
```

(3) 结构体类型的定义除指针变量外不允许递归定义。例如:

```
    struct stu
    {
        char name[10];
        int score;
        struct stu a;
    };
```

在结构体类型 struct stu 的定义中,又定义了一个类型为 struct stu 的成员 a,这种定义方式是错误的。但可以在结构体类型的定义中,用结构体类型来定义一个指向该结构体类型变量的指针变量。例如:

```
    struct node
    {
        char ch;
        struct node * next;
    };
```

在结构体类型 struct node 的定义中,用结构体类型 struct node 定义了一个指针变量 next(next 可以指向类型为 struct node 的变量),这种定义方式是正确的。

（4）同一结构体内的各成员名不能相同；在结构体类型嵌套定义中，不同层的成员名可以相同；此外，结构体成员名也可以与普通变量同名。

7.1.2　结构体变量

1. 结构体变量的定义

定义了一个结构体类型，只是描述了该结构体的组织形式，即有几个成员以及每个成员是什么类型。这个结构体类型就像 int 类型一样，仅表明又多了一种可以使用的数据类型。要注意的是，就如同 int 是数据类型而不是变量一样，结构体类型本身也是数据类型而不是结构体变量，因此系统并不为结构体类型分配存储空间。只有用结构体类型定义了一个结构体变量之后，系统才为这个结构体变量分配存储空间（即为该结构体变量的每一个成员分配对应的内存空间），这样才能够在程序中使用该结构体变量。

一个结构体变量的定义可以采用下面三种方法：

（1）定义了结构体类型后再定义结构体变量。一般形式为

```
struct 结构体名
{
    结构体成员表；
};
struct 结构体名 变量名列表；
```

例如：

```
struct student
{
    char name[20];
    int age;
    char sex;
    float score;
};
struct student stu1,stu2;
```

这里，"struct student"表示类型名，而 stu1 和 stu2 则是类型为"struct student"的变量。

（2）定义结构体类型的同时定义该类型的结构体变量。一般形式为

```
struct 结构体名
{
    结构体成员表；
}变量名列表；
```

例如：

```
struct student
{
    char name[20];
    int age;
    char sex;
    float score;
```

}stu1,stu2;

(3) 缺省结构体名的直接定义结构体变量。一般形式为

```
struct
{
    结构体成员表;
}变量名列表;
```

例如：

```
struct
{
    char name[20];
    int age;
    char sex;
    float score;
}stu1,stu2;
```

第(3)种方法与第(2)种方法的区别在于省去了结构体名,因此也就不存在这个结构体类型的名字。如果需要在程序的其他地方再定义这种结构体类型的变量,则因无结构体类型名而不能定义结构体变量。而第(1)种和第(2)种方法在程序的任何地方都可以通过结构体类型名去定义新的结构体变量。

注意,当有多种结构体类型需要定义时,就不能缺省结构体名,即必须用结构体名来区分不同的结构体类型。

上述三种方法对结构体变量 stu1 分配的存储空间分配示意如图 7-2 所示。

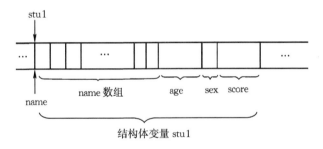

图 7-2 结构体变量 stu1 内存分配示意

下面嵌套形式结构体类型所定义的变量 stu1,其存储空间分配示意如图 7-3 所示。

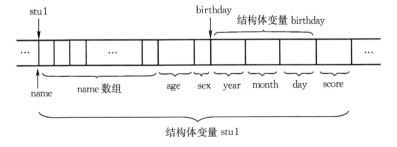

图 7-3 嵌套形式下结构体变量 stu1 内存分配示意

```
struct student
{
    char name[20];
    int age;
    char sex;
    struct
    {
        int year,month,day;
    }birthday;
    float score;
}stu1;
```

2. 结构体变量的初始化

结构体变量初始化的一般形式为

      结构体类型 结构体变量名＝{初始化值表};

初始化值表给出的初始值将依次赋给结构体变量中顺序出现的每一个成员，给出的初始化数据必须与这个数据的成员类型一致，且个数不得多于结构体变量中的成员个数；如果提供的初始值项数少于成员个数，则与数组类似，没有赋值的成员自动初始化为 0 值。

如果定义时没有给结构体变量提供初始值，则系统对结构体变量的处理与普通变量一样，外部和全局变量用 0 初始化；局部变量不初始化，故其各成员的值不确定。

结构体变量的初始化也有如下两种方式：

（1）定义结构体类型之后，在进行结构体变量定义时的初始化。例如：

```
struct student
{
    char name[20];
    int age;
    char sex;
    float score;
};
struct student stu1＝{"Li min",21,'M',86}
```

（2）在定义结构体类型的同时定义结构体变量并初始化。例如：

```
struct student
{
    char name[20];
    int age;
    char sex;
    float score;
} stu1＝{"Li min",21,'M',86},
stu2＝{"Wang fang",20,'F',82};
```

3. 结构体变量的引用

一般情况下,不能将一个结构体变量作为整体引用,而只能引用其中的成员,包括赋值、运算、输入和输出等都是通过结构体变量的成员来实现的。结构体变量中成员引用的一般形式为

　　　　结构体变量名.成员名

其中,"."是结构体成员运算符,其优先级最高,结合性自左至右。通过成员运算符"."就可以像引用简单变量一样引用结构体变量的每一个成员。

注意,对结构体变量中的成员,可以像同类型的普通变量那样进行各种运算和操作。对结构体变量成员的引用,不能直接使用成员名,而是采用"由整体到局部"的层次方式,即先指明是哪个结构体变量,然后再通过成员运算符"."逐层指定成员,且必须找到最低层的成员才能使用。例如:

```
struct student s1,s2;       /* 假定结构体类型定义同前,在此仅定义结构体变量 */
scanf("%s",s1.name);                              /* 输入姓名 */
scanf("%f",&s1.score);                            /* 输入成绩 */
printf("name=%s,score=%f\n",s1.name,s1.score);   /* 输出姓名和成绩 */
```

我们知道,一般情况下不能整体引用一个结构体变量,而只能引用其中的成员,但下面两种情况下可以对结构体变量赋值:

(1) 给结构体变量整体赋值。例如:

```
struct student s1={"Li min",21,'M',86},s2;
s2=s1;
```

(2) 取结构体变量地址。例如:

```
struct student * p, s1={"Li min",21,'M',86};
p=&s1;
```

注意,结构体变量名是一个地址常量,其含义与数组名相同,但不能对结构体变量做整体运算和输入、输出。

例 7.1　给结构体变量赋值并输出其值。

解　程序如下:

```
#include<stdio.h>
void main()
{
    struct student
    {
        char name[20];
        int age;
        char sex;
        float score;
    }stu1,stu2;
    printf("Input name,age,sex,score:\n");
    scanf("%s ,%d,%c,%f",stu1.name,&stu1.age,&stu1.sex,&stu1.score);
```

```
        printf("Output:\n");
        printf("name=%s,age=%d\n",stu1.name,stu1.age);
        printf("sex=%c,score=%f\n",stu1.sex,stu1.score);
    }
```

运行结果：

    Input name,age,sex,score:
    ZhangHua ,21,M,85 ↵
    Output:
    name=ZhangHua,age=21
    sex=M,score=85.000000

例 7.2 有以下程序：

```
    #include<stdio.h>
    void main()
    {
        struct STU
        {
            char name[9];
            char sex;
            float score[2];
        };
        struct STU a={"Zhao",'m',85.0,90.0}, b={"Qian",'f',95.0,92.0};
        b=a;
        printf("%s,%c,%2.0f,%2.0f\n",b.name,b.sex,b.score[0],b.score[1]);
    }
```

程序运行的结果是_____。

A. Qian,f,95,92   B. Qian,m,85,90   C. Zhao,f,95,92   D. Zhao,m,85,90

解 本题定义并初始化了两个 STU 结构体变量，由于相同类型的结构体变量之间可以直接整体赋值，因此执行语句"b=a;"后，结构体变量 b 的内容已全部是结构体变量 a 中的内容，最后逐个输出结构体变量 b 中各成员的值，实际上就是初始化时 a 的内容，故选 D。

例 7.3 有以下程序：

```
    #include<stdio.h>
    struct S
    {
        int n;
        int a[20];
    };
    void f(int *a,int n)
    {
        int i;
```

```
        for(i=0;i<n−1;i++)
            a[i]=a[i]+i;
    }
    void main()
    {
        int i;
        struct S s1={10,{2,3,1,6,8,7,5,4,10,9}};
        f(s1.a,s1.n);
        for(i=0;i<s1.n;i++)
            printf("%d,",s1.a[i]);
    }
```

程序运行的结果是_____。

A. 2,4,3,9,12,12,11,11,18,9,　　　　B. 3,4,2,7,9,8,6,5,11,10,

C. 2,3,1,6,8,7,5,4,10,9,　　　　　　D. 1,2,3,6,8,7,5,4,10,9,

解　程序在调用函数 f 时,是将结构体变量 s 中的成员 a 数组的数组名 a(数组 a 的首地址)传给了函数 f 的形参指针变量 a,即这个形参指针变量 a 指向 a 数组的起始地址;同时将 s 中的另一成员 n(其值为 10)传给了函数 f 的另一形参 n。函数 f 的功能是对形参指针变量 a 所指的数组元素 a[0]~a[n−2]分别自增 0~8,即执行函数 f 后实现了对数组 a 中的 a[0]~a[8]元素分别自增 0~8。因此结果选 A。

7.1.3　用 typedef 定义类型标识符

在定义结构体变量时,由于定义过于麻烦,所以往往会出现这样的错误,如将"struct student stu1, stu2;"写成

```
        struct stu1, stu2;
```

或者

```
        student stu1, stu2;
```

这都是受到形如"int a, b;"这种简单变量定义的影响。能否像定义简单变量那样来定义结构体变量呢? C 语言提供了这种方法,即允许用户自己定义新的类型标识符;也就是说,允许由用户为数据类型取"别名",它是通过类型定义符 typedef 来实现的。

typedef 定义的一般形式为

```
        typedef 原类型名 新类型名;
```

使用 typedef 时应注意以下两点:

(1) typedef 可以定义新的类型名,但不能用来定义变量。

(2) typedef 只能对已经存在的类型增加一个新的类型标识符(即同时存在两个类型名),但不能创建新的类型。

1. 用 typedef 定义结构体类型标识符

用 typedef 定义结构体类型标识符的方法有两种:

(1) 重新命名结构体类型标识符。例如:

```
        struct student
```

```
    {
        char name[20];
        int age;
        char sex;
        float score;
    };
```

此时已有结构体类型标识符"struct student",我们可以将这个类型标识符用 typedef 重新命名为另一个名字 STU:

```
    typedef struct student STU;
```

以后就可以按下面的方法定义结构体变量 stu1、stu2 了。

```
    STU stu1,stu2;
```

(2) 在结构体类型定义时就用 typedef 指定它的结构体类型名。这种方式的一般形式为

```
    typedef struct
    {
        结构体成员表;
    }结构体类型名;
```

或者

```
    typedef struct 结构体名
    {
        结构体成员表;
    }结构体类型名;
```

请注意它与下面结构体类型定义的区别:

```
    struct 结构体名
    {
        结构体成员表;
    }变量名列表;
```

即 typedef 开头定义的结构体类型中,其花括号"}"后面是结构体类型名而不是结构体变量名,这一点要尤其注意。例如:

```
    typedef struct
    {
        char name[20];
        int age;
        char sex;
        float score;
    }STU;
    STU stu1,stu2;
```

由此例可以看出,以 typedef 开头的结构体类型定义中,STU 是结构体类型名,因此可以用 STU 直接定义结构体变量 stu1 和 stu2 了。

2. typedef 与 ♯ define 在定义结构体类型时的区别

我们也可以用宏定义"♯ define"(在第 9 章介绍)通过一个符号常量来表示一个结构体类型。例如：

```
♯ define STU struct student
STU
{
    char name[20];
    int age;
    char sex;
    float score;
};
STU stu1,stu2;
```

从形式上看,♯ define 与 typedef 很相似,但是两者是有区别的。♯ define 只能作简单的字符串替换,即将字符串"STU"换成字符串"struct student",而不管"struct student"的含义如何,即"struct student"可以是一个常量名、变量名、类型标识符等。而 typedef 的功能则是给已经存在的类型标识符起一个新的名字。此外,宏定义是由预处理完成的,而 typedef 则是在编译时完成的,它更为灵活方便。

例 7.4 下面结构体类型及结构体变量定义中正确的是_____。

A. `typedef struct`
   `{ int n; char c; }REC;`
   `REC t1,t2;`

B. `struct REC;`
   `{ int n; char c;};`
   `REC t1,t2;`

C. `typedef struct REC`
   `{int n=0; char c='A';}t1,t2;`

D. `struct`
   `{int n; char c;}REC;`
   `REC t1,t2;`

解 B 项的错误其一是在"struct REC"中应去掉分号";",其二是在"REC t1, t2;"前应加上 struct。

C 项的错误其一是在结构体类型定义中不能给成员赋初值,给成员赋初值只是针对结构体变量的;其二是在"struct"之前应有"typedef",因此"}"后出现的只能是一个结构体类型名,而题中"}"后的"t1,t2"本意应是变量名,所以是错误的。

D 项的错误是 REC 是一个结构体变量而不是结构体类型名,D 项正确的写法应为

```
struct
{ int n;char c; } t1,t2;
```

A 项中的 REC 为结构体类型名,因此是正确的,故选择 A。

例 7.5 有以下程序：

```
♯ include<stdio.h>
♯ include<string.h>
typedef struct
{
    char name[9];
```

```
        char sex;
        float score[2];
    }STU;
    void f(STU a)
    {
        STU b={"Zhao",'m',85.0,90.0};
        int i;
        strcpy(a.name,b.name);
        a.sex=b.sex;
        for(i=0;i<2;i++)
            a.score[i]=b.score[i];
    }
    void main()
    {
        STU c={"Qian",'f',95.0,92.0};
        f(c);
        printf("%s,%c,%2.0f,%2.0f\n",c.name,c.sex,c.score[0],c.score[1]);
    }
```

程序的运行结果是_____。

A. Qian,f,95,92　　　B. Qian,m,85,90　　　C. Zhao,f,95,92　　　D. Zhao,m,85,90

解　本题采用了 typedef 定义方式定义了一个结构体类型。请注意"STU"是结构体类型名而不是变量名,由于函数 f 调用时是将结构体变量 c 整体传给了结构体形参 a,此后 a 与 c 就再无关系了,也即 a 内容的任何改变都不会影响到实参 c,所以最终输出 c 的内容与初始化时的 a 相同。故选择 A。

7.2　结构体数组及指向结构体的指针变量

7.2.1　结构体数组

我们已经知道,可以用一个结构体变量来描述一个学生登记表,但如果是一个班级的学生呢? 由于每个学生都有同样的一张表格,因此我们必须采用数组方式,即数组元素必须是结构体类型的变量(每个数组元素构成一张登记表),且每个数组元素的类型都相同(都是同样的表格),这样就构成了结构体数组,而整个结构体数组则构成了全班学生的登记表。

结构体数组的每一个元素都是带有下标并且具有相同结构体类型的结构体变量,其构造方法与结构体变量相似,只需说明它为数组类型即可。因此,结构体数组既有结构体的特点,又有数组的特点:

(1) 结构体数组元素有下标标识,每个数组元素都是一个同类型的结构体变量。

(2) 结构体数组元素通过成员运算符"."引用数组元素中的每一个成员。

结构体数组的定义方法和结构体变量相似,也有三种方式:

（1）定义了结构体类型后再定义结构体数组。例如：

```
struct student
{
    char name[20];
    int age;
    char sex;
    float score;
};
struct student stu[50];
```

即定义了一个结构体数组 stu，共有 50 个元素 stu[0]～stu[49]，每个数组元素都具有 struct student 类型。

（2）在定义结构体类型的同时定义结构体数组。例如：

```
struct student
{
    char name[20];
    int age;
    char sex;
    float score;
}stu[50];
```

（3）缺省结构体名，直接定义结构体数组。例如：

```
struct
{
    char name[20];
    int age;
    char sex;
    float score;
}stu[50];
```

在定义了一个结构体数组后，系统就在内存为其开辟一个连续的存储区来存放它的每一个元素，结构体数组名就是这个存储区的起始地址；并且数组元素在内存中的存放仍然按顺序排列，所不同的是每一个元素所占用的内存大小是一个结构体类型数据存放空间的大小。对结构体数组中元素的操作与普通数组元素类似：

（1）将一个数组元素赋给另一个数组元素，从而实现结构体变量之间的整体赋值。例如：

```
stu[1]=stu[10];
```

（2）在结构体数组中，将一个数组元素中的某个成员赋给另一个数组元素中同一类型的成员。例如：

```
stu[1].score=stu[10].score;
```

结构体数组的初始化也有如下两种形式：

（1）定义结构体类型之后，在定义结构体数组时进行初始化。

```
struct 结构体名
```

```
{
    结构体成员表;
};
struct 结构体名 数组名[大小]={初值表};
```

(2)在定义结构体类型的同时定义结构体数组并初始化。

```
struct 结构体名
{
    结构体成员表;
}数组名[大小]={初值表};
```

例7.6 下面程序中函数 fun 的功能是:统计 person 所对应的结构体数组中所有性别 (sex)为 M 的数组元素个数,将其存入变量 n 中并作为函数值返回。请填空。

```c
#include<stdio.h>
struct ss
{
    int num;
    char name[10];
    char sex;
};
int fun(struct ss person[])
{
    int i,n=0;
    for(i=0;i<3;i++)
        if(_____=='M') n++;
    return n;
}
void main()
{
    int n;
    struct ss w[3]={{1,"AA",'F'},{2,"BB",'M'},{3,"CC",'M'}};
    n=fun(w);
    printf("n=%d\n",n);
}
```

解 由第6章可知,数组名作为实参去调用被调函数时,是把实参数组 w 的首地址传给形参数组名 person,使形参数组名指向实参数组 w,所有对形参数组 person 的操作实际上都是对实参数组 w 进行的。在此,由于实参数组 w 是结构体数组,所以必须通过成员运算符“.”来引用数组元素中的各个成员。

根据题目要求“统计性别(sex)为 M 的数组元素个数”,所以应通过 for 循环来遍历结构体数组中的每一个数组元素,并判断该元素中的 sex 成员是否为'M'。由此可见,空缺处应填入“当前数组元素的 sex 成员”,也即填入“person[i].sex”。

例 7.7 输入某班 30 个同学的姓名、数学和英语成绩,计算并输出每位同学的平均成绩。

解 程序如下:

```
# include<stdio.h>
struct student
{
    char name[10];
    int math,english;
    float aver;
};
void main()
{
    struct student s[30];            /*定义结构体数组 s*/
    int i;
    for(i=0;i<30;i++)
    {
        printf("Input No. %d name math english\n",i+1);
        scanf("%s%d%d",s[i].name,&s[i].math,&s[i].english);
        s[i].aver=(s[i].math+s[i].english)/2.0;
    }
    printf("Output:\n");
    for(i=0;i<30;i++)
        printf("%10s %f\n",s[i].name,s[i].aver);
}
```

7.2.2 指向结构体的指针变量

1. 指向结构体变量的指针变量

指向结构体变量的指针变量,和以往所介绍的指针变量一样,只不过它指向的变量是结构体类型的变量;也即,这种指针变量的值是结构体变量的起始地址。

定义指向结构体变量的指针变量的一般形式为:

```
struct 结构体名 *指针变量名;
```

例如:

```
struct student
{
    char name[20];
    int age;
    char sex;
    float score;
};
struct student *p,stu1;
```

```
        p=&stu1;
```
　　也可以在定义结构体类型的同时定义指向结构体变量的指针变量。有了指向结构体变量的指针变量,就可以更方便地访问结构体变量的各个成员。

　　注意,结构体名(如上面结构体定义中的 student)和结构体变量是两个不同的概念,不能混淆。结构体名只是为指定的结构体类型取一个名字,以便区别于其他结构体类型。系统并不给结构体名(当然也不给结构体类型)分配内存空间,只有当某个变量被定义为这种结构体类型(如 struct student 类型)时,系统才按该结构体类型为这个变量分配其各个成员的内存空间。因此:

```
        p=&student;
```
这种写法是错误的,因为不可能去取一个结构体名的首地址。

　　指向结构体变量的指针变量必须赋值后使用,这是所有指针变量都具有的特点。给指向结构体变量的指针变量赋值是把结构体变量的首地址赋给该指针变量。例如上面的"p=&stu1;",这时 p 已经指向结构体变量 stu1。此外,指向结构体变量的指针变量只能指向一个结构体变量而不能指向该结构体变量中的某个成员。换句话说,指向结构体变量的指针变量只能存放结构体变量的(首)地址。例如,下面的写法是错误的:

```
        p=&stu1.sex;
```
　　定义好一个指向结构体变量的指针变量之后,就可以对该指针变量进行各种操作。如给该指针变量赋一个结构体变量的地址值,输出该指针变量所指的结构体变量中某个成员的值,访问该指针变量所指的结构体变量中的某个成员等。引用指针变量所指的结构体变量中成员的一般形式为

```
        (*指针变量名).成员名
```
或
```
        指针变量名—>成员名
```
二者完全等价。例如:
```
        (*p).sex
```
或
```
        p—>sex
```
　　要注意"(*p)"两侧的圆括号"( )"不可少,因为成员运算符"."的优先级高于"*"。如果去掉圆括号"( )"而写成"*p.sex",则等效于"*(p.sex)",即必然出错了。此外,引用一般结构体变量中的成员还可以采用"结构体变量名.成员名"这种方式。

　　例 7.8　分析下面程序的运行结果。

```
        #include<stdio.h>
        struct student
        {
            char name[10];
            char sex;
            float score;
        }stu1={"Zhang",'M',81.5};
        void main()
```

```
{
    struct student  * p=&stu1;
    printf("Name= % s,sex= % c,score= % f\n",stu1. name,stu1. sex,stu1.
        score);
    printf("Name= % s,sex= % c,score= % f\n",( * p). name,( * p). sex,( * p).
        score);
    printf("Name= % s,sex= % c,score= % f\n",p->name,p->sex,p->
        score);
}
```

运行结果：

Name=Zhang,sex=M,score=81.500000

Name=Zhang,sex=M,score=81.500000

Name=Zhang,sex=M,score=81.500000

解 本程序定义了一个结构体类型"struct student",同时定义了该类型的结构体变量 stu1 并进行了初始化赋值。在 main 函数中,定义了指向 struct student 类型变量的指针变量 p 并被赋以 stu1 的地址,因此 p 指向结构体变量 stu1;然后在 printf 语句中以三种形式输出 stu1 各成员的值。也即,程序的运行结果是分三行输出 stu1 各成员的值,也就是初始化时的内容。

2. 指向结构体数组的指针变量

指针变量还可以用来指向结构体数组或结构体数组中的数组元素。由于在结构体数组中,一个数组元素其实就是一个结构体变量,因此,上面用于指向结构体变量的概念和方法都适用于结构体数组或结构体数组中的数组元素。并且,与前面所介绍的指向数组的指针变量方法相同,指向结构体数组的指针变量加 1 将指向结构体数组中相继的下一个数组元素。

例 7.9 有以下程序：

```
# include<stdio. h>
struct S{int n; int a[20];};
void f(struct S  * p)
{
    int i,j,t;
    for(i=0;i<p->n-1;i++)
        for(j=i+1;j<p->n;j++)
            if(p->a[i]>p->a[j])
            {
                t=p->a[i];p->a[i]=p->a[j];p->a[j]=t;
            }
}
void main()
{
    int i;
```

```
struct S m＝{10,{2,3,1,6,8,7,5,4,10,9}};
f(&m);
for(i=0;i<m.n;i++)
    printf("%d,",m.a[i]);
}
```

程序运行后的输出结果是：_____。

A. 1,2,3,4,5,6,7,8,9,10,　　　　B. 10,9,8,7,6,5,4,3,2,1,

C. 2,3,4,6,8,7,5,4,10,9,　　　　D. 10,9,8,7,6,1,2,3,4,5,

解　在程序中,函数 f 中的形参 p 是一个指向结构体变量的指针变量,它接受实参结构体变量 m 的地址,即指向结构体变量 m;所有对 p 所指结构体变量中成员的操作都是对结构体变量 m 中成员的操作。而函数 f 的功能可以很容易地看出是冒泡排序,即最终实现对 p 所指成员数组 a 中数组元素按值由小到大的排序。因此,最终结果应选 A。

对于自增和自减运算曾经约定,将 i++ 的"++"操作看作运算级别最低的操作,而将 ++i 的"++"操作看作运算级别最高的操作。将这种自增和自减运算的概念应用于结构体指针变量 p 时则应注意,指针操作运算符"->"的运算级别是最高的(见附录 2)。所以对下面的(3),"++p->n"中的 ++ 遇到 -> 时则先执行 ->,也就是说将 p->n 看作一个整体,即给 p 所指的成员 n 执行 ++ 操作,然后再引用 n 值。即有：

(1)p->n++。引用 p 指向的结构体变量中成员 n 的值,然后使 n 增 1。

(2)(p++)->n。引用 p 指向的结构体变量中成员 n 的值,然后使 p 增 1。

(3)++p->n。使 p 指向的结构体变量中成员 n 的值先增 1,然后再引用 n 值。

(4)(++p)->n。使 p 的值先增 1,然后再引用 p 指向的结构体变量中成员 n 的值。

例 7.10　给出下面程序的运行结果。

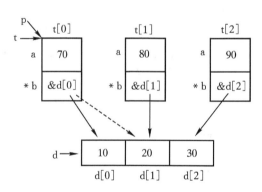

图 7-4　程序执行分析示意

```
#include<stdio.h>
void main()
{
    struct sp
    {
        int a;
        int * b;
    } * p;
    int d[3]={10,20,30};
    struct sp t[3]={70,&d[0],80,&d[1],90,&d[2]};
    p=t;
    printf("%d,%d\n",++(p->a), * ++p->b);
}
```

解　(1) printf 语句中的输出表达式是由右向左进行计算,然后由左向左顺序输出。

(2) ++p->b 是给指针 b 加 1(即 b 由指向 d[0]改为指向 d[1],而不是给 p 加 1(即认为 p 由指向 t[0]改为指向 t[1]是错误的。)因此,++p->b指向 d[1],即 * ++p->b 的值为 20。

(3) 由于 p 仍指向 t[0],故 p—>a 的值为 70,而++(p—>a)的值即为 71。

分析示意见图 7-4,程序输出结果为"71,20"。

7.3　链　表

7.3.1　链表的概念

如果在结构体变量中,除了存储数据的成员外,还有一个成员作为指针变量来指向下一个具有同样结构体类型的结构体变量,而这下一个结构体变量中的成员——指针变量又继续再指向另一个同样结构体类型的结构体变量,如此下去像一条链一样,就形成了一种我们称之为"链表"的数据结构。由于链表中的每一个链表成员(称为结点)至少要包含数据和指针(变量)这两种不同类型的信息,所以链表中的每个结点只能是一个结构体变量。

下面的程序就是一个链表的例子:

```
#include<stdio.h>
struct node
{
    int x;
    struct node * t;
} * p;
struct node a[4]={20,a+1,15,a+2,30,a+3,17,'\0'};
void main()
{
    int i;
    p=a;
    for(i=1;i<=4;i++)
    {
        printf("%4d",p—>x);
        p=p—>t;
    }
    printf("\n");
}
```

程序的执行结果如下:

```
20   15   30   17
```

结构体数组 a 的存储示意如图 7-5 所示。程序执行的过程是:首先通过语句"p=a;"使指针 p 指向链表的第 1 个结点 a[0];然后由语句"printf("%4d",p—>x);"输出 a[0]中成员 x 的值 20;接着由语句"p=p—>t;"取出 a[0]中的成员 t 值"a+1"(a[1]的地址)赋给 p,即 p 的指针值移至链表的第 2 个结点 a[1]处;然后继续重复上面输出和移动 p 的指针值的过程,直到第 4 个结点 a[3]中成员 x 值 17 输出为止。由程序可知,链表结点的类型可以如下定义:

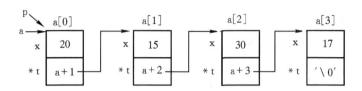

图 7-5　数组 a 存储示意

```
struct node
{
    int data;
    struct node * next;
};
```

即在"struct node"类型中,除了数据成员 data 外,还要有一个指针成员 * next 并且它所指的变量类型也是"struct node"这种结构体类型。一般链表结点中的成员与上面的定义大致相同,只不过数据成员或指针成员可能有多个。由图 7-5 可知,一个链表必须具备以下几点:

(1) 一个用于指示链表第一个结点的头指针变量,简称头指针(在此,数组名 a 兼做头指针);

(2) 每个链表结点的成员中要有能够指向后继链表结点的指针成员;

(3) 最后的链表结点要有表示链表结束的标志,即其指针成员的值为 NULL(在不知道链表结点个数的情况下就不能采用上述程序中 i 值由 1～4 的控制方式了)。

为了能够访问链表,就得有一个指针变量(称为头指针)始终指向链表的第一个结点,否则将无法找到这个链表。链表还要有结束标志,以便作为查找或遍历链表的结束条件。链表也可以为空,头指针的值为 NULL(NULL 又可以表示为 0 或'\0')时表示一个空链表。

7.3.2　动态存储分配

实际使用的链表是一种动态链表。所谓动态链表是指在程序执行过程中从无到有的建立起一个链表来,也就是一个一个的创建(动态生成)链表结点,创建的同时给结点的数据成员输入数据并使指针成员建立起结点间的链接关系。

如何动态地创建和回收一个链表结点呢? C 语言提供了以下三种库函数:

(1) malloc 函数(分配内存空间函数),一般调用形式为

　　　　(类型标识符 *)malloc(size)

其功能是:在内存的动态存储区中分配一块长度为 size 字节的连续内存单元(size 是一个无符号数),然后函数返回所分配内存单元的起始地址;"(类型标识符 *)"则表示返回的内存单元起始地址只能赋给指针变量,且该指针变量所指数据的类型必须与"类型标识符"指定的类型相同。

例如:

　　　　int * p;
　　　　p=(int *)malloc(sizeof(int));

即"sizeof(int)"表示按一个 int 类型数据所需的存储字节个数分配一块连续的内存单元,也即

生成一个动态整型变量(由于是动态生成的,所以没有名字),并将该内存单元的首地址通过
"(int＊)"赋给指针变量 p(在此 p 所指的数据类型必须是整型),此时指针变量 p 就指向该动
态变量。

（2）calloc 函数(分配内存空间函数),用于分配连续的 n×size 个字节空间,主要用于动态
数组。calloc 的使用已在 6.5 节中介绍过。

（3）free 函数(回收内存空间函数),一般调用形式为

    free(void ＊ ptr);

其功能是:释放并回收 ptr 所指向的内存空间,free 的使用也已在 6.5 节中介绍过。

例如:

```
int  * p;
p=(int * )malloc(sizeof(int));
free(p);
```

执行"free(p);"语句就将一块大小为 int 类型数据长度的内存空间(由指针变量 p 所指向)
收回。

使用上述库函数要注意,上述函数的原形在"stdlib. h"和"malloc. h"中定义,因此在程序
中必须包括这两个头文件中的一个。

例 7.11　分配一块内存区域并输入一个学生有关数据,然后将输入的数据输出。

解　程序如下:

```
# include<stdio. h>
# include<malloc. h>
# include<string. h>
void main()
{
    struct stu
    {
        char name[15];
        int age;
        char sex;
        float score;
    } * p;
    p=(struct stu * )malloc(sizeof(struct stu));
    strcpy(p->name,"Zhang ming");
    p->age=21;
    p->sex='M';
    p->score=98;
    printf("Name= % s\nAge= % d\n",p->name,p->age);
    printf("Sex= % c\nScore= % f\n",p->sex,p->score);
    free(p);
}
```

运行结果：
    Name＝Zhang ming
    Age＝21
    Sex＝M
    Score＝98.000000

7.3.3　动态链表的建立与查找

我们以下面的结构体类型为例,来介绍动态链表的建立与查找方法。

```
struct node
{
    int data;
    struct node * next;
} * head, * p, * q;
```

1. 链表的建立

通常需要 3 个指针变量来完成一个链表的建立。例如,我们用指针变量 head 指向链表的第一个结点(表头结点);指针变量 q 则指向链表的链尾结点;指针变量 p 则指向新产生的链表结点。并且,新产生的链表结点 * p 总是插入到链尾结点 * q 的后面而成为新的链尾结点。因此,插入结束时要使指针变量 q 指向这个新的链尾结点(即 q 始终指向链尾结点)。链表建立的过程如下:

(1) 表头结点的建立。

```
p＝(struct node * )malloc(sizeof(struct node));  /* 动态申请 1 个结点空间 */
scanf("%d",&p—>data);           /* 给结点中的数据成员输入数据 */
p—>next＝NULL;                 /* 置链尾结点标志 */
head＝p;                       /* 第 1 个产生的链表结点即为头结点 */
q＝p;                          /* 第 1 个产生的链表结点,同时也是链尾结
点 */
```

(2) 其他链表结点的建立。

```
p＝(struct node * )malloc(sizeof(struct node));  /* 动态申请 1 个结点空间 */
scanf("%d",&p—>data);           /* 给结点中的数据成员输入数据 */
p—>next＝NULL;                 /* 置链尾结点标志 */
q—>next＝p;                    /* 将这个新结点链接到原链尾结点的后面 */
q＝p;                          /* 使指针 q 指向这个新的链尾结点 */
```

由于指针变量 head 总是指向链表的表头结点(第一个链表结点),所以表头结点的建立过程与其他链表结点的建立是有区别的;另外,新产生的链表结点 * p 同时又是链尾结点,故除了给结点 * p 的数据成员赋值之外,还应使 * p 的指针成员 p—>next 为空(NULL)来表示新的链尾。表头结点的建立如图 7 - 6(a)所示,在图 7 - 6(a)中我们用"∧"表示空指针值NULL。

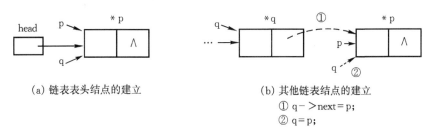

(a) 链表表头结点的建立　　　　　　　　(b) 其他链表结点的建立
　　　　　　　　　　　　　　　　　　　① q->next=p;
　　　　　　　　　　　　　　　　　　　② q=p;

图 7-6　链表的建立

　　对于其他链表结点的建立,则多了一个将新产生的链表结点 * p 链接到原链尾结点 * q 后面的操作。由于指针变量 q 总是指向链表的链尾结点,所以待新链表结点 * p 产生之后,原链尾结点 * q 的指针成员 q->next 应指向这个新链表结点 * p,这样才能使新链表结点 * p 链到原链尾结点 * q 之后而成为新的链尾结点。这一操作过程是由语句“q->next=p ;”完成的。最后还应使指针变量 q 指向这个新的链尾结点 * p,即通过语句“q=p;”来使 q 指向新的链尾结点,这样使得指针变量 q 始终指向链尾结点。其他链表结点的建立如图 7-6(b) 所示。

2. 链表的遍历及输出

　　链表生成后,接下来就是如何访问链表中每一个结点即遍历整个链表的过程。遍历链表中每一个结点的方法是:从表头指针变量指示的表头结点开始,依据结点中指针成员的指向顺序遍历每一个后继结点直到遇见链尾标志 NULL 为止。为了实现这种遍历需要使用一个指针变量 p,首先将链表的表头指针变量 head 值赋给指针变量 p(见图 7-7(a)),这样就可以通过指针变量 p 实现由链表的表头结点开始遍历整个链表了。当访问过一个链表结点后,再通过语句“p=p->next;”使 p 指向相继的下一个链表结点(见图 7-7(b))。这样不断地使 p 移动指向后继链表结点直到 p 值为 NULL 时,就遍历了整个链表。注意,直接使用表头指针变量 head 虽然也可以遍历整个链表(遍历结束时 head 值为 NULL),但下一次遍历链表时我们将无法找到这个链表的表头,即这个链表“丢失”了。因此指向表头结点的指针变量的值是不允许改变的(始终指向表头结点),这就是必须要另外设置一个遍历指针变量的原因。

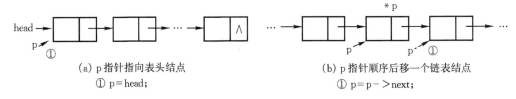

(a) p 指针指向表头结点　　　　　　　　(b) p 指针顺序后移一个链表结点
　　① p=head;　　　　　　　　　　　　　① p=p->next;

图 7-7　链表的顺序查找

遍历链表的程序段如下:

```
p=head;
do{
    printf("%d",p->data);
    p=p->next;
}while(p! = NULL);
```

　　由于 do 语句至少要执行一次循环体,且循环体中包括"p＝p—＞next;"语句,因此对于空链表(即表头指针变量 head 为 NULL)遍历时就会出错。常用的遍历链表程序段为

```
p＝head;
while(p! ＝ NULL)
{
    printf("％d",p—＞data);
    p＝p—＞next;
}
```

　　由于我们需要的是全部链表结点数据的输出,而对指针变量 p 最终具有何值、是否仍与链表有联系并不关心,因此用"while(p! ＝ NULL) 循环体;"这种循环形式来输出所有链表结点的有关信息是可行的。这是由于在全部链表结点的有关信息输出后指针变量 p 才与链表脱离了联系,此时已不再需要指针变量 p 了。

　　例 7.12　输入一字符串,为每一个字符建立一个链表结点,从而形成字符串链表,最后对链表中每一个链表结点中的字符进行输出。

　　解　程序如下:

```
# include＜stdio.h＞
# include＜stdlib.h＞
struct node                                    /＊定义结构体类型＊/
{
    char data;
    struct node ＊next;
};
void main()
{
    struct node ＊head,＊p,＊q;               /＊设置 3 个指针变量 head、p、q＊/
    char x;
    printf("Input any char string:\n");
    p＝(struct node ＊)malloc(sizeof(struct node)); /＊建立链表表头结点＊/
    scanf("％c",&p—＞data);
    p—＞next＝NULL;
    head＝p;
    q＝p;
    scanf("％c",&x);
    while(x! ＝ '\n')                          /＊建立其他链表结点＊/
    {
        p＝(struct node ＊)malloc(sizeof(struct node));
        p—＞data＝x;
        p—＞next＝NULL;
        q—＞next＝p;
```

```
            q＝p；
            scanf("％c",&x)；
        }
        printf("Output char string：\n")；
        p＝head；                                      /＊遍历并输出链表信息＊/
        while(p！＝NULL)
        {
            printf("％2c",p－＞data)；
            p＝p－＞next；
        }
        printf("\n")；
    }
```

运行结果：

　　　Input any char string：

　　　abcd ↵

　　　Output char string：

　　　a b c d

　　在程序中,对一般链表结点的建立稍微做了一点改动,因为是循环建立一般链表结点,所以是先通过 scanf 语句读入字符信息给字符变量 x,然后判断这个 x 值不等于'\n'时才建立一个新的链表结点,否则就结束链表的建立过程。因此,给新结点数据成员 p－＞data 赋的是这个 x 值,而无需通过 scanf 语句输入了。

7.3.4　链表结点的插入与删除

　　因为链表中的各结点是通过指针链接起来的,所以我们可以通过改变链表结点中指针成员的指向来实现链表结点的插入与删除。我们知道,数组进行插入或删除操作时需要移动大量的数组元素,但是链表的插入或删除操作由于仅需修改相关结点中指针成员的指向而变得非常容易。

1. 链表结点的插入

　　在链表结点 ＊p 之后插入链表结点 ＊q 的示意如图 7-8 所示。插入操作如下：

　　① q－＞next＝p－＞next；

　　② p－＞next＝q；

　　在涉及改变指针成员的指针值的操作中一定要注意指针值的改变次序,否则容易出错。假如上面插入操作的顺序改为

　　① p－＞next ＝q；

　　② q－＞next＝p－＞next；

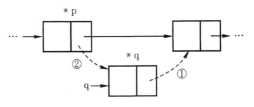

图 7-8　在结点 ＊p 之后插入结点 ＊q

① q－＞next＝p－＞next；

② p－＞next＝q；

此时,①将使链表结点 ＊p 的指针成员 p－＞next 指向链表结点 ＊q,②将 ＊p 的指针成员

p—>next值(指向 * q)赋给了结点 * q 的指针成员 q—>next,这使得结点 * q 的指针成员 q—>next指向结点 * q 自身。这种结果将导致链表由此断为两截,而后面的一截链表就"丢失"了。因此,在插入链表结点 * q 时,应将链表结点 * p 的指针成员 p—>next 值(指向后继结点)先赋给结点 * q 的指针成员 q—>next(即语句"q—>next＝p—>next;"),以防止链表的断开,然后再使结点 * p 的指针成员 p—>next 改为指向结点 * q(即语句"p—>next＝q;")。

2. 删除链表结点

要在链表中删除一个结点必须知道它的前趋结点,只有使指针变量 p 指向这个前趋结点,才可以通过下面的语句实现所要删除的操作(见图 7-9):

        p—>next＝ p—>next—>next;

也即通过改变链表结点 * p 中指针成员 p—>nxet 的指向,使它由指向待删结点改为指向待删结点的后继结点,由此达到从链表中删去待删结点的目的。

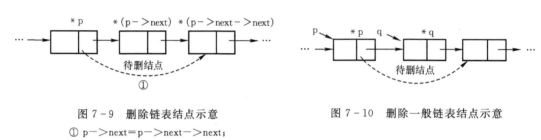

图 7-9   删除链表结点示意   图 7-10   删除一般链表结点示意

① p—>next＝p—>next—>next;

多数情况下,在删除待删结点前都要先找到这个待删结点的前趋结点,这就需要借助一个指针变量(如 p)来定位于这个前趋结点,然后才能进行删除操作(见图 7-10)。如果待删结点是表头结点则应单独处理。删除链表结点 * q 操作过程描述如下:

```
if(q==head)
    head=q—>next;                    /* 删去表头结点 */
else
    {
        p=head;
        while(p—>next!= q)           /* 查找待删结点 q 的前趋结点 */
            p=p—>next;
        p—>next=q—>next;             /* 删去待删结点 */
    }
free(q);                             /* 释放并回收刚删去的结点 */
```

例 7.13   建立一个字符串链表,查找某链表结点的数据成员值等于 ch1 时则在该结点后插入一个新结点,并且其数据成员值为 x;然后在链表中查找结点数据成员值为 x1 者并予以删除。

解   程序实现如下:

```
# include<stdio.h>
# include<stdlib.h>
struct node
{
```

```
        char data;
        struct node * next;
    };
    void print(struct node * p)                    /* 输出函数 */
    {
        while(p! = NULL)
        {
            printf("% 2c",p—>data);
            p=p—>next;
        }
        printf("\n");
    }
    void main()
    {
        struct node * head, * p, * q;
        char x,ch1,x1;
        printf("Input any charstring:\n");         /* 创建链表 */
        p=(struct node * )malloc(sizeof(struct node));
        scanf("% c",&p—>data);
        p—>next=NULL;
        head=p;
        q=p;
        scanf("% c",&x);
        while(x! = '\n')
        {
            p=(struct node * )malloc(sizeof(struct node));
            p—>data=x;
            p—>next=NULL;
            q—>next=p;
            q=p;
            scanf("% c",&x);
        }
        printf("Output charstring:\n");
        print(head);
        printf("Insert ch1,x:");
                /* 在字符等于 ch1 值的结点后插入一个新结点(其数据成员值为 x) */
        scanf("% c,% c",&ch1,&x);
        p=head;
        while(p—>data! = ch1&&p! = NULL)
```

```
        p=p->next;
    if(p==NULL)
        printf("Insert error! \n");
    else
    {
        q=(struct node * )malloc(sizeof(struct node));
        q->data=x;
        q->next=p->next;
        p->next=q;
    }
    printf("After Insert:\n");
    print(head);
    printf("Delete x1:");    /* 在链表中查找结点中数据成员值为 x1 者并予以删除 */
    getchar();
    scanf(" % c",&x1);
    if(head->data==x1)                     /* 删除的是头结点 */
    {
        q=head;
        head=q->next;
        free(q);
    }
    else
    {
        p=head;
        while(p->next->data! = x1&&p->next! = NULL)
                                /* 查找待删结点,p 指向其前驱结点 */
            p=p->next;
        if(p->next==NULL)
            printf("Delete error! \n");
        else
        {
            q=p->next;
            p->next=q->next;
        }
        free(q);
    }
    printf("After delete:\n");
    print(head);
}
```

运行结果：

Input any charstring：

abcde ⏎

Output charstring：

a b c d e

Insert ch1,x：d,f ⏎

After Insert：

a b c d f e

Delete x1：d ⏎

After delete：

a b c f e

例 7.14 下面程序的功能是建立一个有 3 个结点的单循环链表,然后求各个结点成员 data 中的数据之和(链表示意如图 7－11 所示)。请填空。

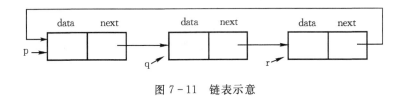

图 7－11 链表示意

```
#include<stdio.h>
#include<stdlib.h>
struct NODE
{
    int data；
    struct NODE  * next；
};
void main()
{
    struct NODE  * p, * q, * r；
    int sum＝0；
    p＝(struct NODE  * )malloc(sizeof(struct NODE))；
    q＝(struct NODE  * )malloc(sizeof(struct NODE))；
    r＝(struct NODE  * )malloc(sizeof(struct NODE))；
    p－>data＝100；
    q－>data＝200；
    r－>data＝300；
    p－>next＝q；
    q－>next＝r；
    r－>next＝p；
```

```
        sum=p->data+p->next->data+r->next->next _____;
        printf(" % d\n",sum);
    }
```

　　解　题目要求求3个结点中成员 data 的数据之和,而 p->data 是 p 所指结点中的数据,p->next->data 是 p 的下一个结点(即 q 所指结点)中的数据,所以下划线位置就剩下 r 所指结点数据了。因为链表是循环的,而 r->next->next->next 即循环一圈后又指向 r 所指结点,故 r->next->next->next->data 即等于 r->data,所以该空应填入->next->data。

7.4　共用体

7.4.1　共用体的概念与定义

　　有时需要使几种不同类型的变量存放到同一段内存单元中,例如,可以把一个整型变量、一个字符型变量、一个实型变量放在同一个地址开始的内存单元中(见图 7-12)。虽然这三个变量在内存中所占的字节数不同,但都是按同一个地址开始(图中假设地址为 1000)存放的,即它们共用同一段内存区域。在使用中,这几个变量的值相互覆盖,但都可以以该变量的类型来读取这段内存区域的值,这就是"共用体"结构。

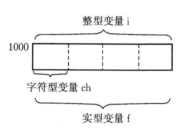

图 7-12　共用体存储示意

　　C 语言使用共用体结构主要是受到 FORTRAN 语言"公用区"结构的影响,因为在当时环境下内存价格昂贵且容量很小,所以能够公用的内存区域就尽量公用。由于现今的内存与那时相比已有了数万倍的增长,因此共用体结构已经很少需要,并且由于"共用"带来的一系列问题都可能造成程序出错。所以,共用体在此仅作为一个概念进行介绍。

　　共用体与结构体有一些相似之处,但两者在本质上是不同的。在结构体中,结构体变量的各成员在内存中是依次顺序存放的,每个成员都有各自专用的内存空间,一个结构体变量占用内存的总长度是各成员长度之和;而在共用体中,共用体变量的各成员是共同存放于内存的同一个地址中,即各成员共享同一段内存空间,一个共用体变量占用内存的总长度等于各成员中所占内存最长的那个成员长度。应该说明的是,所谓的共享并不是指把多个成员同时装入一个共用体变量内,而是指该共用体变量可以保存任一成员的值,但给共用体变量分配的内存空间任何时候只能保存一个成员的值,存入任何一个成员的值都会覆盖掉原来保存的成员值。

　　共用体类型的定义和共用体变量的定义与前面介绍的结构体基本相同。一个共用体类型必须先进行定义,然后才能用它来定义共用体变量。

　　一个共用体类型定义的一般形式为

```
    union 共用体名
    {
        共用体成员表;
    };
```

其中,union 是关键字,称之为共用体定义标识符,其余则完全与结构体的概念及使用相同。

例如：

```
union data
{
    int i;
    char ch;
    float f;
};
```

定义了一个名为 union data 的共用体类型,它有三个成员:一个名为 i 的整型成员,一个名为 ch 的字符型成员,还有一个名为 f 的实型成员。

定义了共用体类型后就可以用它来定义共用体变量。共用体变量的定义方法和结构体变量的定义方法完全相同,也有三种形式:

(1) 定义了共用体类型后再定义共用体变量。例如:

```
union data
{
    int i;
    char ch;
    float f;
};
union data a,b;              /* a,b 为 union data 型变量 */
```

(2) 定义共用体类型的同时定义该类型的共用体变量。例如:

```
union data
{
    int i;
    char ch;
    float f;
}a,b;                        /* a,b 为 union data 型变量 */
```

(3) 缺省共用体名的直接定义共用体变量。例如:

```
union
{
    int i;
    char ch;
    float f;
}a,b;                        /* a,b 为共用体变量 */
```

经定义后,a、b 变量的长度应等于"union data"类型成员中存储长度最大的那个成员的长度。由于 i 占 4 个字节,ch 占 1 个字节,而 f 占 4 个字节,所以 a、b 的长度为 4 个字节。

7.4.2　共用体变量的引用和赋值

共用体变量的引用和结构体变量的引用一样,不能将一个共用体变量作为一个整体来引用,只能引用其中的成员。共用体变量中成员引用的一般形式为

共用体变量名.成员名

例如,定义共用体类型及共用体变量如下:

```
union data
{
    int i;
    char ch;
    float f;
}a,b;
```

则可以用下面的方式来引用共用体变量的成员:

```
a.ch
```

同样,也可以通过指针变量来引用共用体变量的成员:

```
union data * p,a;
p=&a;
```

则可如下引用:

```
p->f
```

对共用体变量的赋值、使用都只能是对共用体变量的成员进行。不允许仅通过共用体变量名来做赋值或其他操作,因为共用体变量每次只能保存一个成员值,而通过共用体变量名将无法得知是哪一个成员的值。此外,也不允许对共用体变量做初始化赋值(不知道赋给哪个成员),赋值只能通过赋值语句或 scanf 语句对共用体变量的成员进行。需要强调的是:一个共用体变量每次只能给它的一个成员赋值,换言之,一个共用体变量的值实际上就是该共用体变量的某个成员的值。

例 7.15 指出下面共用体定义中的错误。

(1)
```
union data
{
    int i;
    char ch;
    float f;
}a={1,'a',7.5};
```

(2)
```
union data
{
    int i;
    char ch;
    float f;
};
union data a={1};
```

(3)
```
union data
{
    int i;
    char ch[20];
    float f;
}a;
int m;
a=1;
m=a;
```

解 定义(1)的错误首先是不能对共用体变量进行初始化;其次是没有搞清楚共用体变量

的概念,一个共用体变量每次只能存放一个成员的值,显然这里是将结构体变量的初始化引入到共同体来了。

定义(2)的错误仍然是不能对共用体变量进行初始化,而且将初值 1 赋给变量 a,到底是给 a 的哪个成员,所以不能给共用体变量进行初始化。

定义(3)的错误一是不能对共用体变量赋值,执行语句"a=1;"出现的问题同样是不知道将 1 赋给共用体变量 a 的哪个成员。错误二是不能引用共用体变量名来得到一个值,执行语句"m=a"不知道是按 a 中的哪个成员类型取出 a 值来赋给 m(虽然 m 是整型)。

使用共用体类型数据时要注意以下几点:

(1) 同一地址的内存段可以存放几种不同类型的成员值,但每次只能存放其中的一种成员值,而不是同时存放几种成员值。也就是说,每次只有一个成员起作用,而其他成员不起作用,它们也不能同时存在和同时起作用。

(2) 共用体变量中起作用的成员是最后一次接受赋值的那个成员,在存入一个新成员值后原有的成员值就被覆盖了。

(3) 共用体变量的地址和它各成员的地址都是同一个地址。

(4) 不能对共用体变量名赋值,也不能通过引用共用体变量名来得到一个值,更不能在定义共用体变量时对它初始化。

(5) 共用体可以出现在结构体定义中(作为结构体中的一个成员),也可以定义共用体数组(即每个数组元素是共用体类型)。反之,结构体也可出现在共用体类型定义中,数组也可作为共用体的成员。

注意,由于共用体变量中的各成员共享同一段内存空间,且不同类型的数据在内存中存储的方式也不同,按照这个成员数据类型存入的数据也可以以另一个成员的数据类型取出,这时取出的数据值很可能与存入时的数据值不同。例如,下面的程序是以 float 型给共用体变量成员 a.d2 赋 10,由于整型数据和实型数据在内存的存储方式不同(见第 2 章 2.3.2 节),则以整型数据输出刚存入实型成员值则变为 1092616192 而不是 10。

```
#include <stdio.h>
void main()
{
    union data
    {
        int d1;
        float d2;
    }a;
    a.d2=10;
    printf("%d,%7.2f\n",a.d1,a.d2);
}
```

运行结果:1092616192,10.00

例 7.16　有以下程序:

```
#include<stdio.h>
void main()
```

```
    {
        union
        {
            char ch[2];
            short d;
        }s;
        s.d=0x4321;
        printf("%x,%x\n",s.ch[0],s.ch[1]);
    }
```

程序执行后的输出结果是_____。

A. 21,43   B. 43,21   C. 43,00   D. 21,00

解   数据在内存中的存放方式是:数据低位存放在内存低地址,数据高位存放在内存高地址。所以 16 进制数 4321 在内存中的存放示意如图 7 - 13 所示。

由于共用体的所有成员是共享同一块存储空间,所以在本题所定义的共用体变量 s 中,ch[0]等于 d 的低字节值,ch[1]等于 d 的高字节值。程序首先给 s.d 赋 0x4321 值,然后输出 s.ch[0]和 s.ch[1],也就是先输出了 0x4321 的低字节值 21 然后输出高字节值 43 (见图 7 - 13)。故应选 A。

例 7.17   请给出下面程序的输出结果。

```
#include<stdio.h>
void main()
{
    union
    {
        struct
        {
            int a;
            int b;
        }out;
        int e;
        int c;
    }p;
    p.e=1; p.c=3;
    p.out.a=p.e;
    p.out.b=p.c;
    printf("%d,%d\n",p.out.a,p.out.b);
}
```

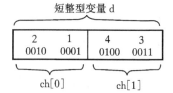

图 7 - 13   16 进制数 4321 在内存中的存放示意

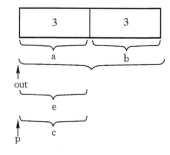

图 7 - 14   共用体与结构体嵌套定义的内存分配示意

解   本题采用的是共用体与结构体嵌套定义,其内存分配示意如图 7 - 14 所示。由于p.e 和 p.c 共用同一块内存区域,因此在执行语句"p.e=1;"和"p.c=3;"后,内存实际存放的是后放入的值 3。所以接下来执行语句"p.out.a=p.e;"和"p.out.b=p.c;"中的 p.e 和 p.c 的值都是 3(见图 7-14)。故最终的输出结果是"3,3"。

7.5　典型例题精讲

例 7.18　下面四种结构体定义是否相同,请予以说明。

(1) struct student
```
{
    int num;
    char name[10];
    float score[2];
}a;
```

(2) typedef struct
```
{
    int num;
    char name[10];
    float score[2];
}a;
```

(3) struct
```
{
    char name[10];
    int num;
    float score[2];
}a;
```

(4) #define STU struct student
```
STU
{
    int num;
    char name[10];
    float score[2];
}a;
```

解　(2)与(1)的定义不同。(2)中花括号"}"后的 a 表示一个结构体类型名,而(1)花括号"}"后的 a 则表示一个结构体变量。

(3)与(1)的定义相同。结构体类型定义时每个成员出现的先后顺序无关紧要。

(4)与(1)的定义相同。"#define"意指用字符串"struct student"替换字符串"STU",则完全与(1)相同。

例 7.19　根据输入的年、月、日输出是该年中的第几天。

解　程序设计如下:

```
#include<stdio.h>
int dayTable[][12]={{31,28,31,30,31,30,31,31,30,31,30,31},
                    {31,29,31,30,31,30,31,31,30,31,30,31}};
struct data
{
    int day,month,year,yearDay;
}date;                          /*定义 1 个 data 型结构体变量*/
int dayofyear(int d,int m,int y)  /*计算是该年第几天*/
{
    int i,leap,day=d;
    leap=(y%4==0&&y%100!=0)||y%400==0;
    for(i=0;i<m-1;i++)
        day=day+dayTable[leap][i];
    return day;
```

```
    }
    void main()
    {
        int leap,days;
        printf("Year=");
        scanf("%d",&date.year);
        for( ; ; )
        {
            printf("Month=");
            scanf("%d",&date.month);
            if(date.month>=1&&date.month<=12)
                break;
            else
                printf("Month error! \n");
        }
        leap=(date.year%4==0&&date.year%100!=0)||date.year%400==0;
        days=dayTable[leap][date.month-1];
        for( ; ; )
        {
            printf("Day=");
            scanf("%d",&date.day);
            if(date.day>=1&&date.day<days)
                break;
            else
                printf("Day error! \n");
        }
        date.yearDay=dayofyear(date.day,date.month,date.year);
        printf("The days of the year are：%d\n",date.yearDay);
    }
```

运行结果：

```
Year=2010 ↵
Month=3 ↵
Day=1 ↵
The days of the year are：60
```

解　本题程序是用结构体类型实现的。在主函数 main 中调用 dayofyear 时，使用了结构体变量 date 的三个成员 date.day、date.month 和 date.year 作为实参，在 dayofyear 函数中则用三个形参 d、m 和 y 与之对应，并将最后的计算结果通过语句"return day;"返回给主函数 main 并赋给结构体变量 date 的成员 date.yearday。

例 7.20　先任意生成 1 个整型数据链表（输入－1 时链表结束），然后根据链表结点的数据成员值的大小由小到大对链表结点进行排序,形成一个升序链表。

解　程序如下:

```
#include<stdio.h>
#include<stdlib.h>
struct node
{
    int data;
    struct node * next;
};
void print(struct node * p)                          /* 输出函数 */
{
    while(p! = NULL)
    {
        printf("%4d",p->data);
        p=p->next;
    }
    printf("\n");
}
void main()
{
    struct node  * head, * p, * q;
    int b,t,x;
    printf("Create list:\n");
    head=NULL;
    scanf("%d",&x);
    while(x! = -1)                                   /* 生成1个链表 */
    {
        p=(struct node * )malloc(sizeof(struct node));
        p->data=x;
        p->next=head;
        head=p;
        scanf("%d",&x);
    }
    printf("Output list\n");
    print(head);
    b=1;
    while(b)                                         /* 冒泡法排序 */
    {
        b=0;
```

```
        p＝head;
        while(p—＞next! ＝ NULL)
        {
            q＝p;
            p＝p—＞next;
            if(p—＞data＜q—＞data)
            {
                t＝p—＞data;
                p—＞data＝q—＞data;
                q—＞data＝t;
                b＝1;
            }
        }
    }
    printf("Output after order:\n");
    print(head);
}
```

运行结果:

```
Create list:
3 15 2 12 8 9 4 —1 ↵
Output list
    4   9   8   12   2   5   1   3
Output after order:
    1   2   3   4   5   8   9   12
```

在程序中先生成一个链表,然后采用冒泡法对链表进行排序。即用指针变量 q 和 p 顺序指向相邻的两个链表结点,然后比较这两个链表结点数据成员 data 的大小,当 p—＞data＜q—＞data时,就交换 q—＞data 和 p—＞data 的值。这相当于交换了 ＊q 和 ＊p 这两个链表结点,不过这种交换并不需要移动链表结点的指针。对链表的每一趟扫描,总是使数据成员值大的链表结点往链尾移动(确切地说是移动链表结点中数据成员的数据)。这样当某趟扫描中没有链表结点移动时,也即 b 等于 0 时链表排序就完成了。

此外,程序中的链表采用的是链首插入新链表结点的方法,它不同于前面所介绍的链尾插入新链表结点的方法。由语句"p—＞next＝head;"和语句"head＝p;"可以看出:新的链表结点总是在链首进行插入的,即最先产生的链表结点是链尾结点,越靠后产生的链表结点越接近链首,最后产生的链表结点是表头结点。因此,最后由链首顺序查找链表结点所输出的数据正好与建立链表时输入的数据相反。

例 7.21　用链表结构实现例 4.21 的约瑟夫问题求解。

解　前面已经用数组方法求解过约瑟夫问题,在此我们采用链表结构实现求解。具体程序如下:

```
# include＜stdio.h＞
```

```
# include<stdlib.h>
struct node
{
    int id;
    struct node * next;
};
void main()
{
    struct node * p, * q, * r;
    int i,n,m,s,count;
    printf("Total number,Start order,Repeat number(n,s,m):\n");
    scanf("%d,%d,%d",&n,&s,&m);
    p=(struct node * )malloc(sizeof(struct node));
    q=p;
    for(i=1;i<n;i++)                        /* 从编号 s 开始建立 1 循环链表 */
    {
        q->id=s;
        s=s%n+1;
        q->next=(struct node * )malloc(sizeof(struct node));
        q=q->next;
    }
    q->id=s;
    q->next=p;
    count=n;
    r=(struct node * )malloc(sizeof(struct node));
                                /* 从链表结点 * r 开始建立 1 个出队链表 */
    q=r;
    if(m==1)
    {
        r->next=p;
        for(i=1;i<n;i++)
            p=p->next;
    }
    else
        while(count>1)
        {
            for(i=1;i<m-1;i++)
                p=p->next;
            q->next=p->next;
```

```
            q＝q―＞next；
            p―＞next＝p―＞next―＞next；
            p＝p―＞next；
            count＝count―1；
        }
    p―＞next＝NULL；
    printf("Out quence：\n")；
    count＝1；
    p＝r―＞next；
    while(p! ＝ NULL)                        /＊输出出圈序列＊/
    {
        printf("％4d",p―＞id)；
        if(count％10＝＝0)
            printf("\n")；
        p＝p―＞next；
        count＝count＋1；
    }
    printf("\n")；
}
```

运行结果：

    Total number,Start order,Repeat number(n,s,m)：

    12,3,5 ↵

    Out quence：

        7   12   5   11   6   2   10   9   1   4

        8   3

程序中,n 个人的编号顺序存放在所生成的 n 个链表结点的 id 成员中。由于是从第 s 个人开始报数,所以链表从编号 s 开始建立表头结点,并用指针变量 p 来指向这个表头结点,顺序下来的每一个链表结点中的 id 值通过赋值语句"s＝s％n＋1；"得到。最后,链尾结点的成员 next 被赋以 p 值而指向表头结点；这样就构成了一个循环链表,n 个人的初始排列状态就在这个环形链表中反映出来(见图 7－15(a))。

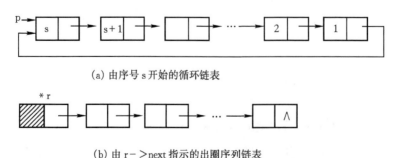

(a) 由序号 s 开始的循环链表

(b) 由 r―＞next 指示的出圈序列链表

图 7－15   链式结构下的约瑟夫问题求解示意

接下来是要形成一个出队链表,即形成一个以出圈先后次序来排列链表结点序列的这样一个链表。为此需要按出圈先后的次序将循环链表中的每一个链表结点摘下来形成一个新的出队链表。为了建立这个出队链表,我们首先产生一个结点 * r,并用 r—>next 来指向出队链表中的第 1 个结点。因此 * r 这个链表结点只是用于指向出队链表的表头而不用作其他用途。当循环链表上所剩的最后一个结点也被摘下来挂到 r 所指出队链表的链尾时,就将这个链表结点中的成员 next 赋以 NULL 值来表示出队链表的链尾(见图 7 - 15(b))。

例 7. 22 下面程序的功能是:建立一个带有头结点的单向链表,并将存储在数组中的字符依次转存到链表的各个结点中,请从与下划线处号码对应的一组选项中选择出正确的选项。

```
# include<stdio.h>
# include<stdlib.h>
struct node
{
    char data;
    struct node * next;
};
  (1)   CreatList(char * s)
{
    struct node * h, * p, * q;
    h=(struct node * )malloc(sizeof(struct node));
    p=q=h;
    while( * s! = '\0')
    {
        p=(struct node * )malloc(sizeof(struct node));
        p—>data=  (2)  ;
        q—>next=p;
        q=  (3)  ;
        s++;
    }
    p—>next=NULL;
    return h;
}
void main()
{
    char str[]="link list";
    struct node * head, * p;
    head=CreatList(str);
    p=head—>next;
    while(p! = NULL)
    {
```

```
        printf("%2c",p->data);
        p=p->next;
    }
    printf("\n");
}
```

(1) A. char *   B. struct node   C. struct node *   D. char

(2) A. * s   B. s   C. * s++   D. (* s)++

(3) A. p->next   B. p   C. s   D. s->next

解 （1）在主函数中定义了一个结构体指针变量 head，然后将函数 CreatList 的返回值赋给指针变量 head。由此可知函数 CreatList 的返回值为 sturct node * 类型，所以（1）应填"sturct node * "，故（1）应选 C。

（2）在函数 CreatList 中首先定义了三个结构体指针变量 h、p 和 q，然后调用 malloc 函数分配一个结点空间，并让指针变量 h 指向这个结点空间，然后让指针变量 p 和 q 也指向它。接下来是执行一个 while 循环语句，当到达形参指针变量 s 所指字符串数组的串结束符'\0'时结束循环。在每次循环中分配一个结点空间，并让指针变量 p 指向它，然后让 * p 结点的数据成员 p->data 接收指针变量 s 所指数组元素的值，即 * s。所以（2）应填" * s"。因此（2）题的答案应选 A。

（3）接下来让指针变量 q 的指针成员 q->next 指向结点 * p（即将指针 p 值赋给 q->next），然后指针变量 q 的指向顺序后移一个结点（即将 p 赋给 q）。所以（3）应填"p"。因此（3）应选 B。

例 7.23 给出下面程序的输出结果。

```
#include<stdio.h>
union out
{
    int a[2];
    struct
    {
        int b;
        int c;
    }in;
    int d;
};
void main()
{
    union out e;
    int i;
    e.in.b=5;
    e.in.c=6;
    e.d=7;
```

```
        for(i=0;i<2;i++)
            printf("%5d",e.a[i]);
        printf("\n");
    }
```

解 主函数 main 中定义共用体变量 e 后,e 的存储示意见图 7 - 16。由图 7 - 16 可知,e 的成员 a[0]、in.b 和 d 三者共用同一个内存区域,而成员 a[1]和 in.c 共用同一个内存区域。给成员 in.b 赋 5 则意味着 a[0]的值为 5,给成员 in.c 赋 6 则意味着 a[1]的值为 6,给成员 d 赋 7 则意味着 a[0]的值又变为 7。因此,最终输出的成员 a[0]和 a[1]的值为: 7   6

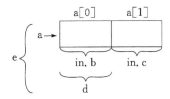

图 7 - 16 共同体变量 e 的存储示意

习题 7

1. 以下对结构体类型变量 td 的定义中,错误的是_____。

A. typedef struct aa　　B. struct aa　　C. struct　　D. struct

```
   { int n;            { int n;         { int n;        { int n;
     float m;            float m;          float m;        float m;
   }AA;                };                }aa;            }td;
   AA td;               struct aa td;    struct aa td;
```

2. 有以下结构体说明、变量定义和赋值语句:

```
   struct
   {
       char name[20];
       char color;
       float price;
   }std, * ptr;
   ptr=&std;
```

要引用结构体变量 std 的成员 color,下面选项中错误的是 。

A. std.color 　　B. ptr->color 　　C. std->color 　　D. (* ptr).color

3. 有以下结构体说明和变量定义语句:

```
   struct student
   { int age; char num[8];};
   struct student stu[3]={{20,"200801"},{21,"200802"},{19,"200803"}};
   struct student * p=stu;
```

下面选项中引用结构体变量成员的表达式错误的是_____。

  A. (p++)->num B. p->num C. (* p). num D. stu[3]. age

 4. 有以下结构体说明、变量定义和赋值语句：

   struct STD

   { char name[10];

    int age;

    char sex;

   }s[5], * ps;

   ps=&s[0];

则下面 scanf 函数调用语句中错误引用结构体变量成员的是_____。

  A. scanf("％s",s[0]. name); B. scanf("％d",&s[0]. age);

  C. scanf("％c",&(ps->sex)); D. scanf("％d",ps->age);

 5. 下面叙述中错误的是_____。

  A. 可以通过 typedef 增加新的类型

  B. 可以用 typedef 将已存在的类型用一个新的名字来代表

  C. 用 typedef 定义新的类型名后,原有类型名仍有效

  D. 用 typedef 可以为各种类型起别名,但不能为变量起别名

 6. 若有以下类型定义语句：

   typedef struct S

   {

    int g; char h;

   }T;

则下面叙述中正确的是_____。

  A. 可用 S 定义结构体变量 B. 可用 T 定义结构体变量

  C. S 是 struct 类型的变量 D. T 是 struct S 类型的变量

 7. 若有以下共同体说明和变量定义语句：

   union dt

   {

    int a; char b; double c;

   }data;

则下面叙述中错误的是_____。

  A. data 的每个成员起始地址都相同

  B. 变量 data 所占内存字节数与成员 c 所占字节数相同

  C. 已执行了"data. a=5;"语句,则执行"printf("％f\n",data. c);"语句输出的结果将

   是 5.000000

  D. data 可以作为函数的实参

 8. 若有以下共用体说明和变量定义语句：

   union data

   { int i; char c; float f; }x;

   int y;

则下面正确的语句是＿＿＿＿＿＿。

  A．x＝10.5； B．x.c＝101； C．y＝x； D．printf("%d\n",x)；

 9．有以下程序段：

```
struct st
{ int x, int * y; } * pt;
int a[]={1,2},b[]={3,4};
struct st c[2]={10,a,20,b};
pt=c;
```

则下面选项中表达式的值为 11 的是＿＿＿＿＿＿。

  A．*pt->y B．pt->x C．++pt->x D．(pt++)->x

 10．阅读程序,给出程序的运行结果。

```
#include<stdio.h>
struct st
{
    int x,y;
}data[2]={1,10,2,20};
void main()
{
    struct st * p=data;
    printf("%d",p->y);
    printf("%d\n",(++p)->x);
}
```

 11．阅读程序,给出程序的运行结果。

```
#include<stdio.h>
typedef struct
{
    int b,p;
}A;
void f(A c)
{
    int j;
    c.b+=1;
    c.p+=2;
}
void main()
{
    int i;
    A a={1,2};
    f(a);
```

```
        printf("%d,%d\n",a.b,a.p);
    }
```

12. 阅读程序,给出程序的运行结果。

```
#include<stdio.h>
#include<string.h>
typedef struct student
{
    char name[10];
    int sno;
    float score;
}STU;
void main()
{
    STU a={"Zhangsan",2008,95},b={"Shangxian",2009,90},
      c={"Anhua",2010,95},d,*p=&d;
    d=a;
    if(strcmp(a.name,b.name)>0)
        d=b;
    if(strcmp(c.name,d.name)>0)
        d=c;
    printf("%d%s\n",d.sno,p->name);
}
```

13. 阅读程序,给出程序的运行结果。

```
#include<stdio.h>
struct NODE
{
    int k;
    struct NODE *link;
};
void main()
{
    struct NODE m[5],*p=m,*q=m+4;
    int i=0;
    while(p!=q)
    {
        p->k=++i;
        p++;
        q->k=i++;
        q--;
```

```
        }
        q->k=i;
        for(i=0;i<5;i++)
            printf("%d",m[i].k);
        printf("\n");
    }
```

14. 阅读程序,给出程序的运行结果。

```
#include <stdio.h>
struct stri_type
{
    char ch1;
    char ch2;
    struct
    {
        int a;
        int b;
    }ins;
};
void main()
{
    struct stri_type ci;
    ci.ch1='a';
    ci.ch2='A';
    ci.ins.a=ci.ch1+ci.ch2;
    ci.ins.b=ci.ins.a-ci.ch1;
    printf("%d,%c\n",ci.ins.a,ci.ins.b);
}
```

15. 阅读程序,给出程序的运行结果。

```
#include <stdio.h>
void main()
{
    struct data
    {
        int m;
        int n;
        union
        {
            int y;
            int z;
```

```
        }da;
    };
    struct data out;
    out.m=3;
    out.n=6;
    out.da.y=out.m+out.n;
    out.da.z=out.m-out.n;
    printf("%5d%5d\n",out.da.y,out.da.z);
}
```

16. 阅读程序,给出程序运行的结果。

```
#include <stdio.h>
union out
{
    int a[2];
    struct
    {
        int b;
        int c;
    }in;
    int d;
};
void main()
{
    union out e;
    int i;
    e.in.b=1;
    e.in.c=2;
    e.d=3;
    for(i=0;i<2;i++)
        printf("%5d",e.a[i]);
    printf("\n");
}
```

17. 阅读程序,若从键盘上输入:20 30 40 50 ↙,给出程序的运行结果。

```
#include <stdio.h>
struct data
{
    int d1;
    int d2;
};
```

```
void main()
{
    struct data a[2]={{2,3},{5,6}};
    int i,sum=10;
    for(i=0;i<2;i++)
    {
        scanf("%d%d",&a[i].d1,&a[i].d2);
        sum=a[i].d1+a[i].d2+sum;
    }
    printf("sum=%d\n",sum);
}
```

18. 阅读程序,给出程序的运行结果。

```
#include<stdio.h>
#include<string.h>
struct STU
{
    char name[10];
    int num;
};
void f(char *name,int num)
{
    struct STU s[2]={{"SunDan",20103},{"PengHua",20104}};
    num=s[0].num;
    strcpy(name,s[0].name);
}
void main()
{
    struct STU s[2]={{"YangSan",20101},{"LiGuo",20102}},*p;
    p=&s[1];
    f(p->name,p->num);
    printf("%s %d\n",p->name,p->num);
}
```

19. 阅读程序,给出程序的运行结果。

```
#include<stdio.h>
struct STU
{
    char name[10];
    int num;
    float score;
```

```
};
void f(struct STU * p)
{
    struct STU s[2]={{"SunDan",20103,550},{"PengHua",20104,537}}, * q=s;
    ++p;
    ++q;
    * p= * q;
}
void main()
{
    struct STU s[3]={{"YangSan",20101,703},{"LiGuo",20102,580}};
    f(s);
    printf("% s  % d  % 3.0f\n",s[1].name,s[1].num,s[1].score);
}
```

20. 阅读程序,给出程序的运行结果。

```
# include<stdio.h>
struct STU
{
    char name[10];
    int num;
};
void f1(struct STU c)
{
    struct STU b={"LiGuo",20102};
    c=b;
}
void f2(struct STU * c)
{
    struct STU b={"SunDan",20104};
    * c=b;
}
void main()
{
    struct STU a={"YangSan",20101},b={"WangYin",20103};
    f1(a);
    f2(&b);
    printf("% d  % d\n",a.num,b.num);
}
```

21. 阅读程序,给出程序的运行结果。

```
#include<stdio.h>
struct STU
{
    char name[10];
    int num;
    int score;
};
void main()
{
    struct STU s[5]={{"YangSan",20101,703},{"LiGuo",20102,580},
                     {"WangYin",20103,680},{"SunDan",20104,550},
                     {"PengHua",20105,537}},*p[5],*t;
    int i,j;
    for(i=0;i<5;i++)
        p[i]=&s[i];
    for(i=0;i<4;i++)
        for(j=i+1;j<5;j++)
            if(p[i]->score>p[j]->score)
            {
                t=p[i]; p[i]=p[j]; p[j]=t;
            }
    printf("%d %d\n",s[1].score,p[1]->score);
}
```

22. 阅读程序,给出程序的运行结果。

```
#include<stdio.h>
struct NODE
{
    int num;
    struct NODE *next;
};
void main()
{
    struct NODE s[3]={{1,'\0'},{2,'\0'},{3,'\0'}},*p,*q,*r;
    int sum=0;
    s[0].next=s+1;
    s[1].next=s+2;
    s[2].next=s;
    p=s;
    q=p->next;
```

```
        r=q->next;
        sum+=q->next->num;
        sum+=r->next->next->num;
        printf("%d\n",sum);
    }
```

23. 用结构体记录一个班级学生的成绩,成员包括学生姓名、三门课成绩和总分。用程序实现输入全班每个学生的信息及三门课成绩,由程序完成总分计算并根据总分由高到低进行排序,最后输出这个排好序的学生信息及三门课成绩清单。

24. 定义一个结构体数组用来存放 12 个月的信息,每个数组元素由三个成员组成:月份的数字表示、月份的英文单词及该月的天数。编写一个输出一年 12 个月信息的程序。

25. 学生借书证包括姓名、班级、允许借阅数量、已借数量及登录所借书号(见图 7-16)。现设计一个完成借阅图书的程序,要求在借书时先判断是否已达到最大借阅量,若是则拒绝借阅,否则登录借出的书号同时修改借书证上的已借书数(此程序不考虑还书及注销书号过程)。

姓名		班级	
最大借阅量		已借书数	
书号 1			
书号 2			
⋮		⋮	
书号 n			

图 7-16　学生借书证示意

26. 编写程序计算链表的长度,若链表为空,则返回零值。

27. 编写实现将两个已知的有序链表合并成一个有序链表的程序。

28. 编写从无序的整数链表中找出值最小的结点,然后将它从链表中删去的程序。

第8章 文 件

8.1 文件的概念

所谓文件,是指一组相关数据的有序集合。这个数据集合有一个名称,即文件名。实际上以前我们已多次使用过文件,例如源文件、目标文件、可执行文件、库文件(头文件)等。本章主要介绍 C 语言的数据文件。

8.1.1 文件的分类

文件通常是驻留在外部介质(如磁盘、U 盘等)上的,在使用时才调入到内存中来。从用户角度看,文件可以分为普通文件和设备文件两种。普通文件是指驻留在磁盘或其他外部介质上的一个有序数据集合,可以是我们通常使用的源程序文件、目标文件、可执行文件,也可以是一组等待输入处理的原始数据,或者是一组等待输出的结果数据。源文件、目标文件、可执行文件可以称作程序文件,而用于输入或输出的数据则称作数据文件。设备文件是指与主机相联的各种外部设备,如显示器、打印机、键盘等,即把实际的物理设备抽象为逻辑设备。通常把显示器定义为标准输出文件,如经常使用的 printf、putchar 函数就属于这类输出,而键盘通常被指定为标准输入文件,如 scanf、getchar 函数就属于这类输入。

使用文件的好处如下:

(1) 程序与数据分离:数据的改动不引起程序的改动。

(2) 数据共享:不同的程序可以访问同一个数据文件中的数据。

(3) 延长数据的生存周期:能够用文件长期保存程序运行的中间数据或结果数据。

在 C 语言中,文件被看作是字符(或字节)的序列,即文件是由一个个字符(或字节)按一定的顺序组成的,这个字符(或字节)序列称之为字节流。文件以字节为单位进行处理而且并不区分类型,这样能够增强数据处理的灵活性。输入/输出字节流的开始和结束只受程序的控制而不受字节流中的某个字符(如换行符'\n')的控制。通常也把这种文件称为流式文件。

根据数据存储方式的不同,C 语言中的文件可分为文本文件和二进制文件两种类型。以 ASCII 码字符形式存储的文件称为文本文件(又称 ASCII 文件)。在文本文件中,每一个字节存放一个 ASCII 码字符。ASCII 码这种字节与字符的对应方式,优点是既便于对字符进行逐个处理,又便于输出字符,但文本文件与二进制文件相比则需要占用更多的存储空间。在二进制文件中,数据是以二进制形式存储的,这种存储方式结构紧凑并能节省大量的存储空间。在二进制文件中,一个字节并不直接对应一个字符,它需要转换后才能以字符的方式输出。不过,计算机处理的数据都是二进制的。所以当从二进制文件中读取数据时,无需转换就可以直接将数据读入内存进行数据的运算和处理,从而提高了文件的处理速度。

在两种文件存储方式下,十进制数 5678 在内存中的存储示意见图 8-1。

由图 8-1 可知,十进制数 5678 以 ASCII 码方式存储需要占用 4 个字节,而采用二进制方

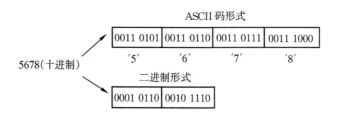

图 8-1　十进制数 5678 在内存中的两种存储方式示意

式存储则只需要占用 2 个字节。

　　注意,二进制文件虽然也可以在屏幕上显示,但由于不是以字符方式存储的,所以显示的内容将无法读懂。因为 C 语言在处理这些文件时并不区分类型,即都是看成字节流按字节进行处理的,所以才造成了二进制文件显示内容无法看懂。

　　从文件的读/写方式上来看,文件还可以分为顺序读/写文件和随机读/写文件两种。顺序读/写文件是指按文件从头到尾的顺序读出或写入数据,随机读/写文件则可以读/写文件中任意位置上的数据。

8.1.2　文件指针及文件操作过程

　　在 C 语言中,对文件的访问是通过文件指针变量来实现的,即用一个指针变量来指向一个文件,这个指针变量就称为文件指针变量。通过文件指针变量就可以对由它所指的文件进行各种操作。

　　定义文件指针变量的一般形式为

　　　　FILE ＊指针变量标识符;

其中,FILE 应大写,它实际上是由系统定义的一个结构体类型,该结构体中含有文件名、文件状态和文件当前位置等信息。在编写程序时无需关心 FILE 结构体类型的细节,而是当需要使用一个数据文件时,定义一个指向 FILE 结构体类型的指针变量即可。例如:

　　　　FILE ＊fp;

表示 fp 是一个指向 FILE 结构体类型的指针变量,通过 fp 即可找到与它相关联的文件,并对该文件实施所需的操作。因此,我们称 fp 是指向文件的指针变量。

　　通过程序可以对文件进行操作,即从文件中读取数据或向文件中写入数据。文件操作的步骤通常如下:

　　(1) 建立或打开文件;

　　(2) 从文件中读取数据或向文件中写入数据;

　　(3) 关闭文件。

　　上述三个步骤依次进行。建立文件与打开文件的区别是建立文件比打开文件多了一个创建新外存文件的过程,即创建后再打开该文件。所以打开文件是对文件进行读/写的前提。打开文件就是通过文件指针变量将指定的文件与所执行的程序联系起来,建立起外存数据文件与内存中程序的数据传递通道,也即为文件的读/写操作做好准备。当需要为写操作打开一个文件时,如果该文件不存在,则系统会先创建这个文件;当需要为读操作打开一个文件时,则这个文件必须是已经存在的外存数据文件,否则就会出错。

　　数据文件可以通过文本编辑程序建立（如同建立源程序文件一样），也可在程序中创建并打开一个数据文件，然后通过写操作向该数据文件写入数据。从文件中读取数据，就是从指定的外存文件中读取数据，然后存入内存中程序的数组或变量。

　　文件存储在外存上，而程序则在内存中运行。程序运行所产生的结果（数据）总是先暂存在内存中的文件缓冲区，当缓冲区装满数据后，数据才整块地被写入外存文件中。如果在内存中运行的程序需要获取（读出）外存文件中的数据，也是将外存文件的一批数据一次性读到内存中的文件缓冲区，然后再由程序从该缓冲区中取出数据，送入程序中相应的数组或变量。这种方法使大量地读/写数据操作都是在内存中的文件缓冲区和程序之间进行，避免了内、外存之间频繁的数据传递，从而提高了读/写数据的效率。图8-2给出了外存文件与内存中程序之间传递数据的示意。

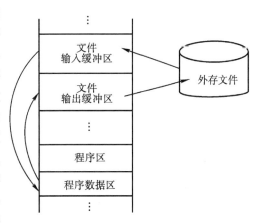

图 8-2　外存文件与内存程序的数据传递示意

　　因此，建立或打开文件就是在内存中开辟一个文件缓冲区，即将外存文件、内存程序与文件缓冲区这三者联系起来，形成一个内存程序与外存文件之间的数据传输通道。而关闭文件则是将文件缓冲区未放满的输出数据（如果有的话）写到外存文件上，否则可能造成输出数据的丢失；然后撤销内存中的文件缓冲区，即关闭了外存文件与内存程序之间的数据传输通道。所以，只要程序需要访问外存文件，就必须先执行建立或打开文件的操作，在文件读/写操作结束后，还必须执行关闭文件的操作。

8.2　文件的打开与关闭

　　C 语言并不是直接通过文件名对文件进行操作，而是首先创建一个和文件联系的指针变量，然后通过文件指针变量对文件进行操作。因此，文件在进行读/写操作之前首先要打开，使用完后要关闭，即进行文件操作必须遵守"打开—读/写—关闭"的操作流程。所谓打开文件，实际上是建立文件的各种相关信息，并使文件指针变量指向该文件，以便进行读/写操作。关闭文件则是断开文件指针变量与文件之间的联系，即禁止再对该文件进行操作。

　　在 C 语言中，文件操作都是由库函数来完成的。

8.2.1　文件的打开

　　使用文件之前要打开文件。打开文件完成以下工作：

　　（1）在外存设备中寻找或创建一个指定文件；

　　（2）在内存中建立文件缓冲区；

　　（3）建立与文件联系的指针变量；

　　（4）确定文件的使用方式。

　　C 语言通过 fopen 函数来打开一个文件，其调用的一般形式为

文件指针变量＝fopen(文件名,打开文件方式);

其中,文件指针变量必须是被说明为 FILE 类型的指针变量;文件名是指被打开文件的名字(包括文件名之前的路径),它可以是字符串常量或字符串数组;打开文件方式是指文件的类型和操作要求。

例如:

```
FILE * fp;
fp＝fopen("file1","r");
```

其功能是在当前目录下打开文件 file1,只允许对文件进行读操作,并使指针变量 p 指向该文件。又如:

```
FILE * fp1;
fp1＝fopen("c:\\h.txt","rt");
```

其功能是打开 c 盘根目录下的文件 h.txt,这是一个文本文件,只允许按字符方式进行读操作(rt 即为 read text)。两个反斜杠"\\"中的第一个"\"表示转义字符,即表示第二个"\"是一个"\"字符;在此表示根目录。

使用文件的方式共有 12 种,表 8.1 给出它们的符号和意义。

表 8.1 文件打开方式

打开方式	功　能
"rt"	以只读方式打开 1 个文本文件,只允许读数据
"wt"	以只写方式打开或创建 1 个文本文件,只允许写数据
"at"	以追加方式打开 1 个文本文件,并在文件末尾追加写数据
"rb"	以只读方式打开 1 个二进制文件,只允许读数据
"wb"	以只写方式打开或创建 1 个二进制文件,只允许写数据
"ab"	以追加方式打开 1 个二进制文件,并在文件末尾追加写数据
"rt+"	以读/写方式打开 1 个文本文件,允许读和写
"wt+"	以读/写方式打开或创建 1 个文本文件,允许读和写
"at+"	以读/写方式打开 1 个文本文件,允许读或在文件末尾追加写数据
"rb+"	以读/写方式打开 1 个二进制文件,允许读和写
"wb+"	以读/写方式打开或创建 1 个二进制文件,允许读和写
"ab+"	以读/写方式打开 1 个二进制文件,允许读或在文件末尾追加写数据

表中"rb"即英文"read binary"的缩写,而"wt"则是英文"write text"的缩写。此外,表 8.1 中的 t 一律可以略去,即"rt"可直接写成"r","wt+"可直接写成"w+"。

文件打开方式要注意以下几点:

(1) 文件打开方式由"r""w""a""t""b""+"这六个字符组合而成,各字符的含义如下:

r(read)	:	读
w(write)	:	写
a(append)	:	追加
t(text)	:	文本文件,可省略不写

	b(binary)	:	二进制文件
	＋	:	读和写

(2) 用"r"打开一个文件时,该文件必须已经存在,且只能从该文件读出数据。

(3) 用"w"打开的文件只能向该文件写入数据。若打开的文件不存在,则以指定的文件名创建一个新文件;若打开的文件已经存在,则删除该文件(即意味着该文件中的原有数据全部丢失),然后以这个文件名重新创建一个新文件。

(4) 若要向一个已经存在的文件尾部追加新的数据,则只能用"a"方式打开文件,但这个文件必须是已经存在的,否则出错。

(5) 如果打开一个文件时出现错误,则 fopen 函数将返回一个空指针值 NULL。因此,常用下面的程序段打开文件:

```
if((fp＝fopen("c:\\hh","rb"))＝＝NULL)              /＊打开文件是否失败＊/
{
    printf("error on open c:\\hh file! \n");
    getchar();
    exit(1);                                       /＊退出程序＊/
}
```

这段程序的意思是,如果返回的指针值为空,就表示不能打开 c 盘根目录下的 hh 文件,即给出提示信息"error on open c:\\hh file!"。下一行 getchar 的功能则是从键盘读入一个字符,但不在屏幕上显示,它的作用是等待,只有从键盘上敲入任意键后程序才继续执行。因此可以利用这个等待时间阅读出错提示,即敲键后执行语句"exit(1);"退出程序。当然,也可以不要"getchar();"语句。另外要注意的是,程序中如果使用语句"exit(1);",则 C 程序开始处必须包含"stdlib. h"头文件。

(6) 把一个文本文件读入内存时,要将 ASCII 码转换成二进制码;而把文件以文本方式写入外存文件时,也要将二进制码转换成 ASCII 码。因此文本文件的读写要花费较多的转换时间。

(7) 标准输入文件(键盘)、标准输出文件(显示器)、标准出错输出文件(出错信息)是由系统自动打开的,可以直接使用。系统中定义了三个文件指针 stdin、stdout 和 stderr 来分别指向标准输入文件、标准输出文件和标准出错输出文件。

8.2.2　文件的关闭

文件一旦使用完毕应当立即关闭,以避免文件数据的丢失或者文件被再次误用。关闭文件完成以下工作:

(1) 如果文件是以"写"或"读/写"方式打开的,则把文件缓冲区中还未存入外存文件的剩余数据存储到外存文件中。

(2) 断开文件指针变量与这个文件的联系,此时文件指针变量可用于指向其他文件。

(3) 释放内存中的文件缓冲区。

C 语言通过 fclose 函数来关闭一个文件,其调用的一般形式为

```
fclose(文件指针变量);
```

例如:

```
fclose(fp);
```

其作用是关闭 fp 所指向的文件。正常完成关闭文件操作时,fclose 函数返回值为 0,如果返回非零值则表示关闭出错。

在程序中,一个文件使用完毕后应及时关闭。特别要注意的是:在程序执行结束之前应关闭所有已打开的文件以防止数据的丢失。因为向外存文件写数据时,是先将数据写到该文件在内存的文件缓冲区,每当缓冲区装满数据时才启动一次将缓冲区中数据传送给外存文件的操作。当程序运行结束时,很可能内存缓冲区仍存有未传送的数据,这是因为缓冲区未满而并没有将这些数据传给外存文件,所以必须用 fclose 函数来关闭文件,由系统强制将内存缓冲区中的剩余数据传送给外存文件,然后释放内存缓冲区及文件指针变量,即终止程序与这个外存文件的联系;否则,程序中传送给外存文件的某些数据可能并没有真正传给外存文件,而只是暂存于内存缓冲区中,在没有用 fclose 关闭文件的情况下,结束程序的运行将会造成这些数据的丢失。

注意,由系统打开的标准输入、输出文件,在程序运行结束时会自动关闭。

例 8.1　以写方式打开一个在 c 盘下名为 test.txt 的文本文件。

解　程序如下:

```
# include<stdio.h>
# include<stdlib.h>
void main()
{
    FILE * fp;
    if((fp=fopen("c:\\test.txt","w"))==NULL)
    {
        printf("Can not open file! \n");
        exit(1);
    }
    fclose(fp);
}
```

8.3　文件的读写

文件打开之后,就可以对文件进行读写操作了。C 语言提供了多种文件读/写函数,包括字符、字符串、数据块和格式化等。需要注意的是:读/写文本文件和读/写二进制文件所使用的函数是不同的。文件读/写函数如下:

字符读/写函数:	fgetc 和 fputc
字符串读/写函数:	fgets 和 fputs
数据块读/写函数:	fread 和 fwrite
格式化读/写函数:	fscanf 和 fprintf

8.3.1　字符读/写函数

字符读/写函数是以字节为单位的读/写函数,每次可以从文件读取或向文件写入一个字符。

1. 写字符函数 fputc

写字符函数 fputc 调用的一般形式为

        fputc(字符量,文件指针变量);

fputc 函数的功能是把一个字符写入指定文件的当前读写指针位置,然后将该文件的读写指针顺序后移一个字符位置,其中待写入的字符量可以是字符常量或字符变量。

注意,文件的读写指针不是文件指针变量,文件指针变量是用户定义的指针变量,它用来指向文件,即建立程序与文件的联系;而文件读写指针是系统设置的内部指针,它用于定位文件中需要进行读/写的数据位置。文件读写指针对用户是透明的,即用户看不见读写指针在文件中的移动。

例如:

        fputc('a',fp);

其功能是将字符 a 写入 fp 所指文件的当前读写指针位置。

使用 fputc 函数时需要注意以下几点:

(1) 给文件写数据可以用写"w"、读/写"w+"、追加"a"和"a+"方式打开文件。如果用写或读/写方式打开一个已经存在的文件时,则文件原有的数据将被清除;写入字符的操作是从文件开始处依次写入。若使用追加方式打开文件,则文件原有的数据将被保留,写入字符的操作则是从文件尾部开始写入。若被写入的文件不存在,则这几种写方式都将创建一个新文件,然后开始写操作。

(2) fputc 函数有一个返回值,如果写入成功则返回所写入的字符,否则返回文件结束标志 EOF(值为-1)表示写操作失败。

(3) 每写入一个字符后,文件内部的读写指针将自动顺序后移一个字符位置,该指针由系统设置,用来指示文件的当前读写位置。

2. 读字符函数 fgetc

读字符函数 fgetc 调用的一般形式为

        字符变量=fgetc(文件指针变量);

fgetc 函数的功能是由文件指针变量所指文件中的读写指针所指位置,读出一个字符并送入赋值号"="左边的变量,然后文件内部的读写指针自动顺序后移一个字符位置。

例如:

        ch=fgetc(fp);

其功能是从打开的文件(由 fp 所指)中当前读写指针处读取一个字符并送入字符变量 ch 中,同时文件内部的读写指针自动后移一个字符位置。

使用 fgetc 函数时需要注意以下几点:

(1) 在 fgetc 函数调用中,读取文件中字符数据的这个文件必须是以读或读/写方式打开的。

(2) 文件内部有一个读写指针用来指示文件的当前读写位置。在文件打开时,该读写指针总是指向文件中的第一个字符(字节),使用 fgetc 函数读出一个字符后,该读写指针自动顺序后移一个字节位置,因此可以连续多次使用 fgetc 函数来读取文件中的多个字符。

注意,在 VC++6.0 中,fputc 可用 putc 表示,fgetc 也可用 getc 表示。

例 8.2 在 c 盘上建立一个 myfile. txt 文件,并将字符串"How are you"写入文件,然后从该文件中读出数据并显示在屏幕上。

解　程序如下：

```
#include<stdio.h>
void main()
{
    FILE *fp;
    char ch,a[20]="How are you", *p=a;
    fp=fopen("c:\\myfile.txt","w");      /*创建 myfile.txt 文件用于写操作*/
    while( *p! = '\0')
    {
        fputc( *p,fp);                   /*将 *p(p 所指数组元素的内容)写入文件*/
        p++;
    }
    fclose(fp);                          /*关闭文件*/
    fp=fopen("c:\\myfile.txt","r");      /*打开 myfile.txt 文件用于读操作*/
    ch=fgetc(fp);                        /*从文件中读取 1 个字符*/
    while(ch! = EOF)                     /*EOF 为文件结束标志*/
    {
        putchar(ch);
        ch=fgetc(fp);                    /*继续从文件中读取字符*/
    }
    fclose(fp);                          /*关闭文件*/
}
```

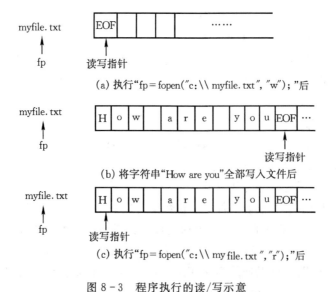

图 8-3　程序执行的读/写示意

程序执行的读/写过程示意见图 8-3。程序首先通过语句"fp=fopen("c:\\myfile. txt", "w");"在 c 盘根目录下创建了一个名为 myfile. txt 的文件,此时文件的读写指针是指向该文件的第 1 个字符位置(见图 8-3(a))。接下来通过语句"fputc(∗p,fp);"将头一个字符'H'(∗p 此时为 a[0])写到文件中,然后文件读写指针后移一个字符位置,"p++;"使指针变量 p 指向 a[1]。这一写操作持续到将数组 a 中的整个字符串全部写入到文件中,并且读写指针的定位如图 8-3(b)所示。因此,无法由指向文件结束标志(EOF)位置的读写指针来读取文件中的数据。所以必须先关闭文件,然后再用读方式打开该文件,这时读写指针就又定位于该文件的第 1 个字符位置,也即可以从这个位置开始读取文件的数据了(见图8-3(c))。

8.3.2 字符串读/写函数

1. 写字符串函数 fputs

写字符串函数 fputs 调用的一般形式为

　　　fputs(字符串,文件指针变量);

fputs 函数的功能是向由文件指针变量指定的文件写入一个字符串。其中,字符串可以是字符串常量,也可以是字符数组名或指向字符串的指针变量。

例如:

　　　fputs("abcd",fp);

其功能是把字符串"abcd"写入 fp 所指的文件中,写操作成功函数将返回 0 值,写操作失败则返回非 0 值。

2. 读字符串函数 fgets

读字符串函数 fgets 调用的一般形式为

　　　fgets(字符数组名,n,文件指针变量);

fgets 函数的功能是从文件指针变量指定的文件中读出一个字符串到程序的字符数组中。其中,n 是一个正整数,表示从文件中读出的字符串不超过 n-1 个字符,并且在读入的最后一个字符后加上字符串结束标志'\0'。

注意,fgets 函数从文件中读取字符直到遇到回车符'\n'或文件结束标志 EOF 为止,或者直到读入了给定个数(n-1 个)字符为止。

例如:

　　　fgets(str,n,fp);

其功能是从 fp 所指文件中读取 n-1 个字符送入字符数组 str 中,并在其后加上字符串结束标志'\0'(即传给字符数组 str 的是一个字符串)。函数读成功返回 str 指针值(数组 str 的首地址),失败则返回一个空指针 NULL。

例 8.3 用字符串读/写函数实现例 8.2 的功能。

解 程序如下:

```
#include<stdio.h>
void main()
{
    FILE ∗ fp;
```

```
        char a[20]="How are you",b[20];
        fp=fopen("c:\\myfile.txt","w");
        fputs(a,fp);
        fclose(fp);
        fp=fopen("c:\\myfile.txt","r");
        fgets(b,12,fp);
        fclose(fp);
        puts(b);
    }
```

对于字符串的读写,采用字符串读/写函数实现起来要比字符读/写函数方便。在程序中,当将一个字符串写到文件后,仍然要先关闭文件,然后再用读方式打开文件。这样文件内部的读写指针就定位于文件的第一个字符上,此时才可以使用 fgets 函数来读取文件中的数据。如果在执行了"fputs(a,fp);"语句之后就接着执行"fgets(b,12,fp);"语句,则由于该读写指针定位于文件尾而无法读取文件中的数据。

例 8.4　有以下程序:

```
    #include<stdio.h>
    void WriteStr(char * fn,char * str)
    {
        FILE * fp;
        fp=fopen(fn,"w");
        fputs(str,fp);
        fclose(fp);
    }
    void main()
    {
        WriteStr("t1.dat","start");
        WriteStr("t1.dat","end");
    }
```

程序运行后,文件 t1.dat 中的内容是_____。
A. start　　　　　B. end　　　　　C. startend　　　　　D. endrt

解　WriteStr 函数有两个字符指针形参,即 fn 用来接受文件名实参,而 str 用来接受字符串的地址。由于 WriteStr 函数中文件打开的方式为"w",即写打开一个文本文件,而这种打开方式是:如果指定的文件"t1.dat"不存在,则新建名为"t1.dat"的文件;否则删除该文件,然后以该文件名重新创建一个新文件。因此,在主函数两次调用 WriteStr 函数时,写入的是同一个文件"t1.dat",故只有最后一次写入的字符串有效,即选 B。

8.3.3　数据块读/写函数

1. 写数据块函数 fwrite
C 语言在文件操作中提供了用于整块数据的写函数 fwrite,可用来写一组数据,如一个数组、一个结构体变量的值。

写数据块函数 fwrite 调用的一般形式为

```
fwrite(buffer,size,count,fp);
```

其中,buffer 是一个指针,表示存放输出数据的首地址;size 表示数据块的字节数(等于该数据块中数据的个数×一个数据类型占用的字节数);count 表示要写到文件的数据块的块数;fp 表示文件指针变量。即,fwrite 每次是将 count 个数据块且每块大小为 size 字节的数据(如一个结构体变量数组)写入到文件中,然后读写指针自动移至写入的 count 个数据块之后的位置等待下一次数据块的写入。如果所写入的数据块块数小于 count 值,就出现写错误。

例如,设有定义:

```
int a[10]={1,2,3,4,5,6,7,8,9,10};
```

则使用函数 fwrite 将数组整体写入到文件的语句为

```
fwrite(a,40,1,fp);
```

其功能是:从数组 a 的首地址开始,一次将 40 个字节(一个整型数占 4 个字节)写入到 fp 所指的文件中。当不知道一个数据块的大小时,也可以采用下面的形式来写数据:

```
fwrite(a,10 * sizeof(int),1,fp);
```

2. 读数据块函数 fread

C 语言在文件操作中也提供了用于整块数据的读函数 fread,可用来读一组数据,如一个数组、一个结构体变量的值。

读数据块函数 fread 调用的一般形式为

```
fread(buffer,size,count,fp);
```

其中,buffer 是一个指针,表示内存中用于存放从文件读出数据的首地址(如数组名、结构体变量名等);size 和 fp 与 fwrite 中的相同;count 表示要从文件中读出的数据块的块数。

例如:

```
fread(a,4,5,fp);
```

假定 a 是一实型数组名,则上述语句的功能是:从 fp 所指的文件中每次读出 4 个字节(1 个实数大小)送入程序中的 a 数组中,连续读 5 次,即一共读了 5 个实数到数组 a 中。文件中的读写指针将随所读数据块的字节数自动后移相应个字节位置,即定位于下一个未读的数据块位置。如果读取的数据块的块数少于 fread 函数调用时所要求的数目(即 count 值),则可能出现错误,或者已经到达了文件末尾。

例 8.5　求下面程序执行后的输出结果。

```
#include<stdio.h>
void main()
{
    FILE  *fp;
    int a[10]={1,2,3,0,0},i;
    fp=fopen("d1.dat","wb");
    fwrite(a,sizeof(int),5,fp);
    fwrite(a,sizeof(int),5,fp);
    fclose(fp);
```

```
        fp=fopen("d1.dat","rb");
        fread(a,sizeof(int),10,fp);
        fclose(fp);
        for(i=0;i<10;i++)
            printf("%d,",a[i]);
        printf("\n");
    }
```

解　程序首先定义了一个文件指针变量 fp,然后通过 fopen 函数打开一个名为“d1.dat”的文件。参数“wb”表示以写方式打开一个二进制文件,然后通过 fwrite 函数将数组 a 的前 5 个元素值顺序写入了 d1.dat 文件中。注意:为什么两次写入文件都是数组 a 的前 5 个元素呢,因为两次写操作 fwrite 中的输出数据首地址都是 a,即都是从数组 a 的第 1 个元素开始将连续的 5 个元素值写入文件 d1.dat 中的;其二,是否第 2 次写入的 5 个数据会覆盖掉第 1 次写入的 5 个数据呢,由于在第 1 次写和第 2 次写之间并没有其他操作,故第 1 次执行 fwrite 写操作后,读写指针是定位于已写入文件的 5 个数据之后的位置,当第 2 次执行 fwrite 写操作时,即从这个位置开始再写入数组 a 的前 5 个数据,因此并不会覆盖掉第 1 次写入的 5 个数据。接下来使用 fclose 函数关闭 d1.dat 文件,然后又用 fopen 函数再次打开 d1.dat 文件。此时,读写指针定位于 d1.dat 的第 1 个数据位置,这时执行 fread 函数则将 d1.dat 中存放的 10 个数据顺序读入 a 数组中。因此,最终通过 for 语句输出 a 数组中的 10 个元素值为:“1,2,3,0,0,1,2,3,0,0,”。

8.3.4　格式化读/写函数

文件中的格式化读/写与数据的标准输入/输出基本相似。文件中的格式化读/写函数 fscanf 和 fprintf 与标准输入/输出函数 scanf 和 printf 的区别就在于它们的读写对象不同:一个是外存文件,而另一个是键盘和显示器。

1. 格式化写函数 fprintf

格式化写函数 fprintf 调用的一般形式为

```
        fprintf(文件指针变量,格式控制字符串,输出项列表);
```

其中,fprintf 函数的书写格式除了多一个文件指针变量外,其余完全与 printf 函数相同。

例如:

```
        fprintf(fp,"%d%d",i,j);
```

fprintf 函数返回值为实际写入文件的字节数,如果写出错则返回 EOF(即-1)。

2. 格式化读函数 fscanf

格式化读函数 fscanf 调用的一般形式为

```
        fscanf(文件指针变量,格式控制字符串,输入项地址列表);
```

其中,fscanf 函数的书写格式除了多一个文件指针变量外,其余完全与 scanf 函数相同。

例如:

```
        fscanf(fp,"%d%c",&i,&ch);
```

fscanf 函数返回值为实际读出的字节数,如果调用失败则返回 EOF(即-1)。

例 8.6 求下面程序执行后的输出结果。

```
#include<stdio.h>
void main()
{
    FILE *fp;
    int i=20,j=30,k,n;
    fp=fopen("d1.dat","w");
    fprintf(fp,"%d\n",i);
    fprintf(fp,"%d\n",j);
    fclose(fp);
    fp=fopen("d1.dat","r");
    fscanf(fp,"%d%d",&k,&n);
    printf("%d,%d\n",k,n);
    fclose(fp);
}
```

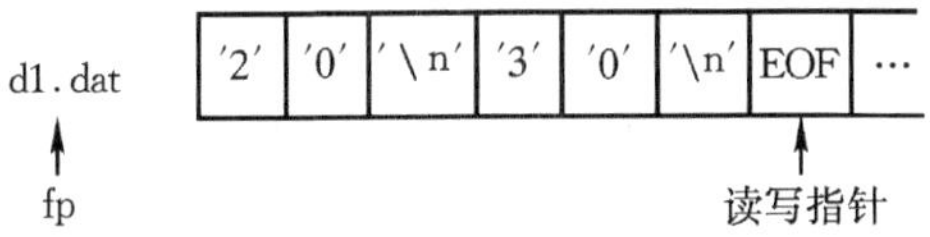

d1.dat

'2'	'0'	'\n'	'3'	'0'	'\n'	EOF	…

↑ fp   ↑ 读写指针

图 8-4 执行两次 fprintf 后文件 d1.dat 的存储示意

解 本题中,首先用 fopen 函数以写方式打开 d1.dat 文件,然后两次通过 fprintf 函数写入 i 值(后加'\n')和 j 值(后加'\n'),其文件存储示意如图 8-4 所示。接着用 fclose 函数关闭该文件。当用 fopen 函数再次以读方式打开 d1.dat 文件时,此时读写指针即定位于文件的第 1 个字符'2'处。这时用 fscanf 语句将文件中的数据读给程序中整型变量 k 和 n,由于数据在文件中是以字符方式存放的,所以就如同 scanf 语句输入数据一样,一个数据结束标志要么是空格符,要么是回车符。因此,fscanf 语句是将 20 读给了变量 k,30 读给了变量 n,也即最终语句"printf("%d,%d\n",k,n);"的输出结果为"20,30"。

例 8.7 有以下程序:

```
#include<stdio.h>
void main()
{
    FILE *fp;
    int k,n,a[6]={1,2,3,4,5,6};
    fp=fopen("d2.dat","w");
    fprintf(fp,"%d%d%d\n",a[0],a[1],a[2]);
    fprintf(fp,"%d%d%d\n",a[3],a[4],a[5]);
    fclose(fp);
    fp=fopen("d2.dat","r");
```

```
        fscanf(fp,"%d%d",&k,&n);
        printf("%d,%d\n",k,n);
        fclose(fp);
    }
```

程序运行后的输出结果是_____。

A. 1,2　　　　　B. 1,4　　　　　C. 123,4　　　　　D. 123,456

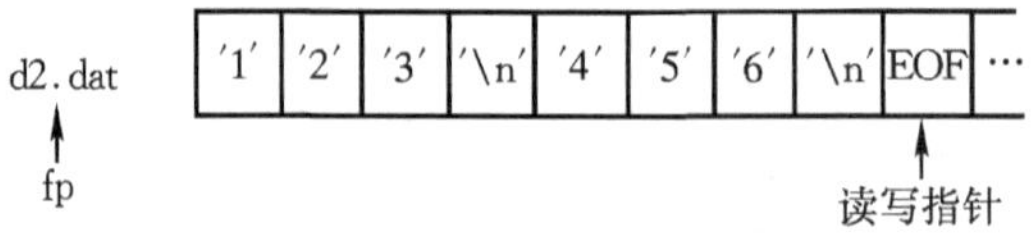

图 8-5　执行两次 fprintf 语句后文件 d2.dat 的存储示意

解　程序执行两次 fprintf 语句后文件 d2.dat 的存储示意见图 8-5。由例 8.6 可知，再次从文件 d2.dat 读出数据送给整型变量 k、n 的分别是 123 和 456。因此应选 D。另外，分散的数据读入文件后，如果没有用空格符或回车换行符分隔开，则当再次从文件中读出时，这些数据就连到一起成了一个数据，这一点要引起足够的重视。

8.4　文件的定位与随机读/写

前面介绍的对文件的读/写方式都是顺序读/写，即读只能从文件首开始，写只能从文件首或文件尾开始，文件内部的读写指针按所读/写的数据长度自动顺序后移进行读/写。但在实际应用中常常需要读/写文件中某一指定位置上的数据，即能够将文件内部的读写指针根据需要移动到文件中任意的数据位置上，然后再进行读/写，这种读/写方式称为随机读/写。实现随机读/写的关键是使读写指针能够移动到指定的位置，这称之为文件的定位。进行文件定位是通过移动文件内部的读写指针来实现的，完成这个功能的 C 语言函数主要有两个，即 rewind 函数和 fseek 函数。

1. 定位于文件首函数 rewind

rewind 函数调用的一般形式为

　　　rewind(文件指针变量);

其功能是把文件指针变量所指文件的内部读写指针重新移到文件的起始位置，该函数没有返回值，仅仅是执行移动文件内部读写指针的操作。

例 8.8　用程序实现将源文件 file1.dat 复制到目标文件 file2.dat，然后显示所复制的 file2.dat 内容。

解　程序如下：

```
    #include<stdio.h>
    void main()
    {
        FILE *pin,*pout;
        pin=fopen("file1.txt","r");
```

```
        pout＝fopen("file2.txt","w＋");
        while(! feof(pin))                  /＊当文件未结束时＊/
            putc(getc(pin),pout);
        rewind(pout);
        while(! feof(pout))
            putchar(getc(pout));
        fclose(pin);
        fclose(pout);
    }
```

　　当程序执行完第 1 个 while 循环时,目标文件 file2.dat 就复制完成了,此时两个文件的读写指针都已移到文件的末尾。由于程序还要在屏幕上显示所复制的目标文件内容,因此在语句"rewind(pout);"的作用下,将目标文件 file2.dat 的读写指针又重新调回到文件的开始位置。如果用前面介绍的方法,则需要先关闭 file2.dat 文件,接着再以读方式打开 file2.dat 文件,然后才能显示所复制的 file2.dat 内容。因此,使用 rewind 函数将使文件操作更加简捷。

　　此外,在程序中还使用了文件结束位置判断函数 feof,当文件结束时,feof 返回 1 值,否则返回 0 值。

　　例 8.9　有以下程序:

```
    ♯include＜stdio.h＞
    void main()
    {
        FILE ＊pf;
        char ＊s1＝"China", ＊s2＝"Beijing";
        pf＝fopen("abc.dat","wb＋");
        fwrite(s2,7,1,pf);
        rewind(pf);
        fwrite(s1,5,1,pf);
        fclose(pf);
    }
```

以上程序执行后 abc.dat 文件的内容是_____。

A. China　　　　　B. Chinang　　　　　C. ChinaBeijing　　　　　D. Beijing China

　　解　程序通过 fopen 函数以"wb＋"方式新建一个可读/写的二进制文件"abc.dat"(见图 8-6(a)),然后使用 fwrite 函数写入字符串 s2 的前"7×1 字节"个字符。注意,由于是逐个字节地以二进制方式读出 s2 所指字符串中的字符,因此读出的字符没有发生改变,将其写入文件 abc.dat 后文件的内容以字符方式看仍为"Beijing"(见图 8-6(b))。接下来程序使用 rewind 函数将文件的读写指针调回到文件的起始位置(见图 8-6(c)),然后又用 fwrite 语句给文件 abc.dat 写入 s1 所指字符串的前"5×1"个字符,所以文件原有内容"Beijing"中的前 5 个字符被"China"覆盖(见图 8-6(d))。结果应选 B。

　　注意:打开一个文件时,文件结束标志"EOF"就在文件的第 1 个位置;然后每写入一个字节数据,"EOF"就顺序后移一个字节;本题第 2 次由文件开始处写入字符时,这个"EOF"已在

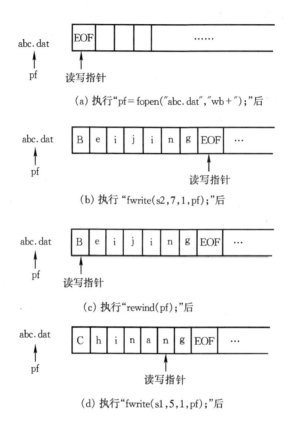

图 8 - 6　程序执行中文件 abc. dat 变化示意

第 1 次给文件写入数据时移至所写数据"Beijing"的后面。

2. 移动读写指针函数 fseek

fseek 函数调用的一般形式为

    fseek(文件指针变量,位移量,起始位置);

其中,文件指针变量指向需要移动读/写位置的文件;位移量是指文件读写指针需要移动的字节数,大于 0 表明新的读/写位置在起始位置的后面,小于 0 表明新的读/写位置在起始位置的前面,当用常量表示位移量时,通常要求加后缀"L";起始位置表示从何处开始计算位移量,规定的起始位置有三种,即文件首、当前位置和文件尾,其表示方法见表 8.2。

表 8.2　起始位置的表示方法

起始位置	用符号表示	用数字表示
文件首	SEEK_SET	0
当前位置	SEEK_CUR	1
文件尾	SEEK_END	2

注意,位移量也可由 sizeof 运算符计算得出。sizeof 是 C 语言的一个单目运算符,它的引用格式为

sizeof 变量名 或 sizeof(类型名)

例如:

    fseek(fp,−2L * sizeof(int),SEEK_CUR);

则表示把文件的读写指针由当前位置开始向前移动两个整型数据位置。

需要说明的是,fseek 函数一般用于二进制文件;在文本文件中由于要进行字符到二进制的转换,这样 fseek 计算的位置就会出错(即与实际位置不符)。

在文件随机读/写过程中,通过 fseek 确定读写指针位置之后,就可以采用前面介绍的任何一种读/写函数来进行读/写了。由于一般是读/写一个数据块,因此常用 fread 和 fwrite 函数。

例 8.10 给出下面程序的运行结果。

```
#include<stdio.h>
void main()
{
    FILE *fp;
    int i,a[]={1,2,3,4,5,6};
    fp=fopen("d1.dat","w+b");
    fwrite(a,sizeof(int),6,fp);
    fseek(fp,sizeof(int) * 3,SEEK_SET);
    fread(a,sizeof(int),3,fp);
    fclose(fp);
    for(i=0;i<6;i++)
        printf("%d,",a[i]);
    printf("\n");
}
```

(a) 执行"fwrite (a,sizeof(int),6,fp);"后

(b)执行"fseek(fp,sizeof(int) * 3,SEEK_SET);"后

图 8-7 读写指针移动示意

解 在程序中,首先通过 fopen 打开 d1. dat 文件,参数"w+b"即以二进制读写方式打开 d1. dat 文件。注意,字符"w""+""b"可任意组合。如果文件 d1. dat 不存在,则新建一个 d1. dat 文件。打开文件后,通过 fwrite 函数将数组 a 中的前 6 个元素顺序写入文件 d1. dat (见图 8-7(a))。接着通过 fseek 函数使文件 d1. dat 的读写指针移到文件开始位置算起向后偏移的第 3 个整型数位置(见图 8-7(b)),然后使用 fread 函数顺序读出文件读写指针所指的 3 个数送到数组 a 的前 3 个元素中。所以读入 a[0]~a[2]中的数据分别是 4、5、6,也即数组 a 中现在的内容是{4,5,6,4,5,6,},故最终输出的结果是:4,5,6,4,5,6,。

例 8.11 有以下程序:

```
#include<stdio.h>
void main()
{
    FILE *fp;
```

```
    int i,a[4]={1,2,3,4},b;
    fp=fopen("data.dat","wb");
    for(i=0;i<4;i++)
        fwrite(&a[i],sizeof(int),1,fp);
    fclose(fp);
    fp=fopen("data.dat","rb");
    fseek(fp,-2L*sizeof(int),SEEK_END);
    fread(&b,sizeof(int),1,fp);
    fclose(fp);
    printf("%d\n",b);
}
```

程序执行的输出结果是_____。

A. 2　　　　　 B. 1　　　　　 C. 3　　　　　 D. 4

解　在程序中,首选通过 fopen 函数打开 data. dat 文件,打开的方式"wb"是以二进制写方式打开 data. dat 文件。打开文件后,通过 for 循环中的 fwrite 语句将数组 a 中的 4 个元素值写入 data. dat 文件(见图 8-8 (a)),然后关闭 data. dat 文件。接下来通过 fopen 函数以"rb"方式即二进制读方式打开 data. dat 文件。随后由 fseek 函数使读写指针从文件未尾向前移动 2 个整型数据(int)位置(见图 8-8(b)),最后通过 fread 函数从文件读写指针的位置读取 1 个整型数据赋给程序中的变量 b。由图 8-8(b)可知,读取的数是 3,因此最后输出的 b 值为 3。

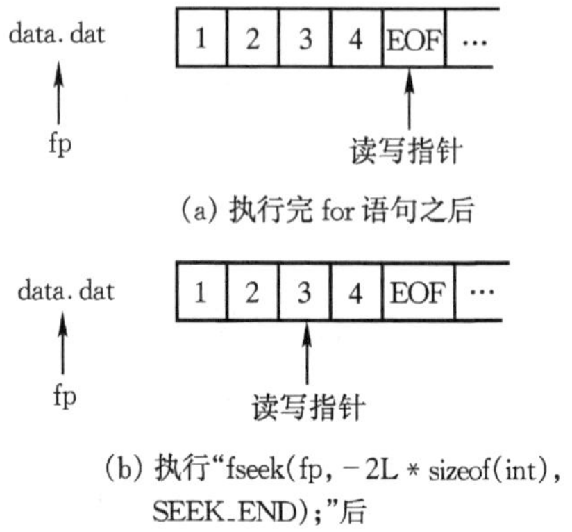

(a) 执行完 for 语句之后

(b) 执行"fseek(fp, -2L * sizeof(int), SEEK_END);"后

图 8-8　读写指针移动示意

8.5　典型例题精讲

例 8.12　有以下程序:

```
#include<stdio.h>
void main()
{
    FILE *fp;
    int i,k,n;
    fp=fopen("d1.dat","w+");
    for(i=1;i<6;i++)
    {
        fprintf(fp,"%d ",i);          /* %d 后有 1 个空格符 */
        if(i%3==0)
            fprintf(fp,"\n");
    }
    rewind(fp);
```

```
        fscanf(fp,"%d%d",&k,&n);
        printf("%d,%d\n",k,n);
        fclose(fp);
    }
```

程序运行的输出结果是_____。

A. 0,0   B. 123,45   C. 1,4   D. 1,2

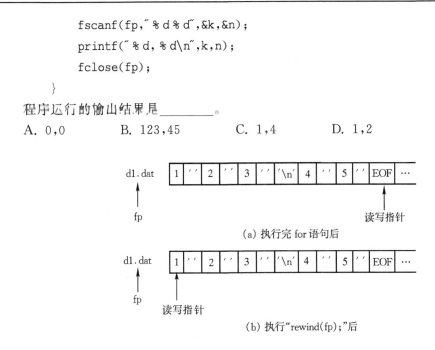

图 8-9 文件 d1.dat 中的内容及读写指针移动示意

解 程序首先定义了一个文件指针变量 fp,然后用 fopen 函数以"w+"方式新建一个用读/写方式打开的文件 d1.dat。在 for 循环中,循环变量 i 从 1 递增到 5,也即执行 5 次循环体,每次将循环变量 i 的值和 1 个空格符写入文件 d1.dat 中,当 i 值能被 3 整除时还要多写入 1 个回车符'\n';所以循环结束时,文件 d1.dat 中的内容如图 8-9(a)所示。接下来通过 rewind 函数将文件的读写指针移回到文件的开始处(见图 8-9(b)),然后执行 fscanf 函数从文件 d1.dat 中读取 2 个整型数到变量 k 和 n 中。注意,从文件中读出数据,则一个数据的结束标志要么是空格符要么是回车符,因此实际上是将 1 和 2 分别读入到变量 k 和 m,也即本题应选 D。

例 8.13 分析下面程序的输出结果。

```
#include<stdio.h>
void main()
{
    FILE * fp;
    char a[4]={'a','b','c','d'};
    int i;
    fp=fopen("c:\\h.dat","w");
    for(i=0;i<4;i++)
        fputc(a[i],fp);
    fclose(fp);
    fp=fopen("c:\\h.dat","a+");
    for(i=2;i<4;i++)
```

```
        fputc(a[i],fp);
    rewind(fp);
    while(! feof(fp))
        printf(" % c",fgetc(fp));
    printf("\n");
    fclose(fp);
}
```

解　程序首先以写方式"w"在 c 盘根目录下创建一个文本文件 h. dat,然后将数组 a 中的数据'a'、'b'、'c'、'd'写入到文件 h. dat 中。接下来用语句"fclose(fp);"关闭由文件指针变量 fp 所指的文件 h. dat,然后再以"a+"方式打开文件 h. dat,并继续将 a[2] 和 a[3] 中的数据'c'和'd'追加写入到文件 h. dat 的文件尾,即此时文件 h. dat 中的数据为'a'、'b'、'c'、'd'、'c'和'd'。最后,用语句"rewind(fp);"重新将文件 h. dat 的读写指针定位于文件的开始处,并通过循环语句"while(! feof(fp)) printf("%c",fgetc(fp));"循环输出文件 h. dat 中的每一个数据,即输出:abcdcd。接下来再输出一个回车符后用语句"fclose(fp);"关闭文件 h. dat。

注意,以"a+"方式打开文件后,读数据仍是从文件首部开始读取;写数据则是从文件尾部开始追加写入。如果先从文件读出一个数据(读后,文件的读写指针将定位在文件首部的第 2 个数据上),然后再给文件写入数据;那么是写入到读写指针定位的文件首部第 2 个数据位置上,还是追加写入到文件的尾部? 这就出现了二义性。VC++6.0 处理的方法是:读写指针还是按写操作由第 2 个数据位置移到第 3 个数据位置上,只是没有执行写入数据这个操作而已。即以"a+"方式打开的文件,如果先执行了读操作则不再进行写操作,以免造成混乱。

例 8.14　判断两个文本文件的内容是否相同。

解　程序设计如下:

```
# include<stdio. h>
# include<stdlib. h>
void main()
{
    FILE * fp, * ft;
    char k,n;
    if((fp=fopen("d1. txt","r"))==NULL)
    {
        printf("Can not open file1! \n");
        exit(1);
    }
    if((ft=fopen("d2. txt","r"))==NULL)
    {
        printf("Can not open file2! \n");
        exit(1);
    }
    while(! feof(fp)&&! feof(ft))
```

```
    {
        k＝fgetc(fp);
        n＝fgetc(ft);
        if(k! ＝ n)
            break;
    }
    if(feof(fp)&&feof(ft))
        printf("The two files are identical.\n");
    else
        printf("The two files are not identical.\n");
}
```

　　程序首先打开 d1. txt 和 d2. txt 两个文本文件,如果打开失败则结束程序的执行。当两个文件都打开成功,则通过 while 循环顺序比较两文件对应位置上的字符是否相等,即通过 fgetc 读字符函数将两文件中对应位置上的字符分别读到字符变量 k 和 n 中,然后比较 k 值和 n 值是否相等,如果不相等即表示两文件的内容不同,这时通过 break 语句跳出 while 循环;如果相等则从两文件中继续读出下一个字符再进行比较。

　　当 while 循环结束后,两文件内容相同的标志是,两文件的读写指针都已经到达文件结束标志 EOF 处;如果不是,则表示两文件内容不同。在程序中就是据此来判断两文件内容是否相同的。

　　例 8.15　将两个递增数据文件 d1. dat 和 d2. dat 合并为一个递增数据文件 d3. dat。

　　解　程序设计如下:

```
    ＃include＜stdio.h＞
    void main()
    {
        FILE  * f, * p, * q;
        int i,m,n;
        f＝fopen("d1.dat","wb＋");
        for(i＝1;i＜＝10;i＋＋)    / * 按递增数据顺序输入 10 个整数给 d1. dat * /
        {
            scanf("％d",&m);
            fprintf(f,"％d ",m);
        }
        p＝fopen("d2.dat","wb＋");
        for(i＝1;i＜＝6;i＋＋)    / * 按递增数据顺序输入 6 个整数给 d2. dat * /
        {
            scanf("％d",&n);
            fprintf(p,"％d ",n);
        }
        rewind(f);
```

```
        rewind(p);
        q=fopen("d3.dat","wb+");
        fscanf(f,"%d",&m);
        fscanf(p,"%d",&n);
        while(! feof(f)&&! feof(p))
                            /* 逐个比较两个文件中当前数据,将小者先存入 q 文件 */
            if(m<n)
            {
                fprintf(q,"%d",m);
                fscanf(f,"%d",&m);
            }
            else
            {
                fprintf(q,"%d",n);
                fscanf(p,"%d",&n);
            }
        while(! feof(f))            /* 当 f 所指文件数据未读完时 */
        {
            fprintf(q,"%d",m);
            fscanf(f,"%d",&m);
        }
        while(! feof(p))            /* 当 p 所指文件数据未读完时 */
        {
            fprintf(q,"%d",n);
            fscanf(p,"%d",&n);
        }
        fclose(f);
        fclose(p);
        rewind(q);
        while(! feof(q))
        {
            fscanf(q,"%d",&m);
            printf("%4d",m);
        }
        printf("\n");
        fclose(q);
    }
```

运行结果:
     1 3 5 7 9 11 13 15 17 19 ↵

2 4 6 8 10 12 ⌋

　　1　2　3　4　5　6　7　8　9　10　11　12　13　15　17　19　19

　　程序首先产生两个递增的数据文件 d1. dat 和 d2. dat,然后通过 rewind 函数将这两个文件的读写指针移至各自文件的开始处。接下来在第 1 个 while 循环语句中逐个比较两文件读写指针所指的当前数据值,将小者送入 d3. dat 文件,并从比较的两文件里取出小者所在文件中顺序的下一个数据,然后继续和另一个文件的当前数据进行比较,之后继续将小者送入 d3. dat 文件。这一过程持续到一个文件的数据读完为止。后两个 while 循环则是将 d1. dat 或 d3. dat 文件中未读完的数据全部复制到 d3. dat 文件中。

　　从输出结果可以看出,d3. dat 文件中最后一个数据 19 被保存了两次,这也是 VC++6.0 在文件操作处理中存在的一个问题。

　　例 8.16　将一组学生登记表以结构体的形式送入文件中,然后从文件中读出内容进行显示。

　　解　程序设计如下:

```c
#include<stdio.h>
struct st
{
    char name[10];
    int age;
    float score;
};
void main()
{
    FILE * fp;
    struct st student[5], * p;
    fp=fopen("std1.txt","w+");
    for(p=student;p<student+5;p++)
    {
        scanf("%s%d%f",p->name,&p->age,&p->score);
        fwrite(p,sizeof(struct st),1,fp);
    }
    rewind(fp);
    while(! feof(fp))
    {
        fread(p,sizeof(struct st),1,fp);
        printf("%s,%d,%f\n",p->name,p->age,p->score);
    }
    fclose(fp);
}
```

　　程序中使用了结构体数组来保存学生的登记表信息,并用结构体指针变量 p 来指向这个结构体数组;其后在 for 循环中依次将 5 个结构体数组元素的内容写入到文件 std1. txt 文件中。接下来通过 rewind 函数使文件的读写指针移至文件开始处,然后读出每 1 个结构体数组元素并显示元素中每一个成员的信息。

注意,由于数据存储的是结构体类型,所以必须用文件的数据块读/写方式来实现。

习题 8

1. 下面关于 C 语言中文件的叙述,错误的是_____。
   A. C 语言中的文本文件以 ASCII 码形式存储数据
   B. C 语言中对二进制文件的访问速度比文本文件的快
   C. 语句"FILE fp;"定义了一个名为 fp 的文件指针变量
   D. C 语言中的随机文件以二进制代码形式存储数据

2. 下面叙述中正确的是_____。
   A. C 语言中的文件是流式文件,因此只能顺序存取数据
   B. 打开一个已存在的文件并进行写操作后,原有文件中的全部数据必定被覆盖
   C. 在一个程序中对文件进行写操作后,必须先关闭该文件然后再打开才能读到文件的第一个数据
   D. 当对文件的读(写)操作完成之后必须将它关闭,否则可能导致数据丢失

3. 若执行 fopen 函数时发生错误,则函数的返回值是_____。
   A. 地址值   B. 0   C. 1   D. EOF

4. 在 fopen 函数中使用"a＋"方式打开一个已经存在的文件,则下面叙述正确的是_____。
   A. 文件打开时原有文件内容并不删除,文件读写指针移到文件末尾,可做追加数据或读操作
   B. 文件打开时原有文件内容并不删除,文件读写指针移到文件首,可做重写数据或读操作
   C. 文件打开时原有文件内容被删除,只可做写操作
   D. 以上三种说法都不正确

5. 若要用 fopen 函数打开一个新的既能读又能写的二进制文件,则打开文件方式应是_____。
   A. ab＋   B. wb＋   C. rb＋   D. ab

6. fgetc 函数的作用是从指定文件中读出一个字符,则该文件打开的方式必须是_____。
   A. 只写   B. 追加   C. 读或读/写   D. B 和 C

7. 下面叙述中错误的是_____。
   A. gets 函数用于从键盘读入字符串
   B. getchar 函数用于从外存文件中读入字符
   C. fputs 函数用于把字符串输出到文件中
   D. fwrite 函数用于将二进制形式的数据写到文件中

8. 读取二进制文件的函数调用形式为"fread(buffer，size，count，fp);"，其中"buffer"代表的是_____。

A. 一个文件指针变量，指向待读取的文件

B. 一个整型变量，代表待读取数据的字节数

C. 一个内存块的首地址，代表读入数据存放的地址

D. 一个内存块的字节数

9. 函数调用语句"fseek(fp，−20L，2);"的作用是_____。

A. 将文件读写指针移到距文件头 20 个字节处

B. 将文件读写指针由当前位置向后移动 20 个字节

C. 将文件读写指针由文件末尾处向前移动 20 个字节

D. 将文件读写指针移到当前位置之前的 20 个字节处

10. 下面与函数 fseek(fp，0L，SEEK_ SET) 有相同作用的是_____。

A. feof(fp)　　　　B. ftell(fp)　　　　C. fgetc(fp)　　　　D. rewind(fp)

11. 在 C 语言程序中，可以把整型数以二进制形式写到文件中的函数是_____。

A. fprintf　　　　B. fread　　　　C. fwrite　　　　D. fputc

12. 若 fp 是指向某文件的指针变量，且已读到文件的末尾，则函数 feof(fp) 的返回值是_____。

A. EOF　　　　B. −1　　　　C. 非零值　　　　D. NULL

13. 下面程序用变量 count 统计文件中字符的个数，请填空。

```c
# include<stdio.h>
# include<stdlib.h>
void main()
{
    FILE * fp;
    int count=0,i;
    fp=fopen("letter.dat","w");
    for(i=0;i<10;i++)
        fputc(i,fp);
    fclose(fp);
    if((fp=fopen("letter.dat","__(1)__"))==NULL)
    {
        printf("Can't open file! \n");
        exit(0);
    }
    while(! feof(fp))
    {
        __(2)__ ;
        __(3)__ ;
    }
}
```

```
            printf("count= %d\n",count);
            fclose(fp);
        }
```

14. 阅读程序,给出程序的运行结果。

```
    #include<stdio.h>
    void main()
    {
        FILE *fp;
        int i;
        char ch[]="abcd",t;
        fp=fopen("abc.dat","wb+");
        for(i=0;i<4;i++)
            fwrite(&ch[i],1,1,fp);
        fseek(fp,-2L,SEEK_END);
        fread(&t,1,1,fp);
        fclose(fp);
        printf("%c\n",t);
    }
```

15. 阅读程序,给出程序运行后文件 test.txt 中的内容。

```
    #include<stdio.h>
    #include<stdlib.h>
    void main()
    {
        FILE *fp;
        char *s1="Fortran",*s2="Basic";
        if((fp=fopen("test.txt","wb"))==NULL)
        {
            printf("Can't open test.txt! \n");
            exit(1);
        }
        fwrite(s1,7,1,fp);
        fseek(fp,0L,SEEK_SET);
        fwrite(s2,5,1,fp);
        fclose(fp);
    }
```

16. 阅读程序,给出程序的运行结果。

```
    #include<stdio.h>
    void main()
    {
```

```
        FILE * fp;
        int a[10]={1,2,3},i,n;
        fp=fopen("d1.dat","w");
        for(i=0;i<3;i++)
            fprintf(fp," % d",a[i]);
        fprintf(fp,"\n");
        fclose(fp);
        fp=fopen("d1.dat","r");
        fscanf(fp," % d",&n);
        fclose(fp);
        printf(" % d\n",n);
    }
```

17. 有如下程序：

```
    # include<stdio.h>
    void main()
    {
        FILE * fp1;
        fp1=fopen("f1.txt","w");
        fprintf(fp1,"abc");
        fclose(fp1);
    }
```

若文本文件 f1.txt 中原的内容为 good，则运行上面程序后文件 f1.txt 中的内容为_____。

A. goodabc　　　　　B. abcd　　　　　C. abc　　　　　D. abcgood

18. 有以下程序，其功能是：以二进制"写"方式打开文件 d1.dat，写入 1～100 这 100 个整数后关闭文件；再以二进制"读"方式打开文件 d1.dat，将这 100 个整数读入到另一数组 b 中，并打印输出。请填空。

```
    # include<stdio.h>
    void main()
    {
        FILE * fp;
        int i,a[100],b[100];
        fp=fopen("d1.dat",  (1)  );
        for(i=0;i<100;i++)
            a[i]=i+1;
        fwrite(a,sizeof(int),100,fp);
        fclose(fp);
        fp=fopen("d1.dat",  (2)  );
        fread(b,sizeof(int),100,fp);
        fclose(fp);
```

```
        for(i=0;i<100;i++)
            printf("%d\n",b[i]);
}
```

19. 编写一个程序,用 fputs 函数将 5 个字符串写入文件中。

20. 编写一个程序,将整型数组中的所有数据写入一个文本文件中。

21. 新建一个文本文件,将由键盘输入的字符存放到名为 file.dat 的新文件中,"♯"作为输入结束标志,并统计该文本文件中字符的个数,然后以"♯字符个数"的形式写到该文件的最后。

22. 有两个磁盘文件 file1.txt 和 file2.txt 各存放一行字母,要求按字母排列的顺序来合并两个文件中的信息,将其写到新文件 file3.txt 中。

23. 先给文件 file.dat 中存放一组整数,然后统计并输出该文件中正整数、零和负整数的个数。

24. 从键盘上给文件输入 5 个学生的有关信息(包括:学生姓名、三门课成绩),然后从文件中读出数据计算出平均成绩,并将原有的数据和所计算出的平均分数存放到新文件 stud.dat 中。

* 第9章　C语言与程序设计补遗

从C语言与程序设计的连贯性、条理性和紧凑性出发,我们介绍了前面各章内容,对一些与主要知识衔接不那么紧密,或者对程序设计影响不大的有关内容则集中在本章介绍。

9.1　变量的存储类别与生命期

1. 生命期的概念

从变量的生命期(即由创建到撤销)来分,可以将变量分为静态存储变量和动态存储变量两类:

(1) 静态存储变量:在程序运行时固定分配存储空间的变量。

(2) 动态存储变量:在程序运行中根据需要动态分配存储空间的变量。

程序运行时对应的内存分配示意如图9-1所示。

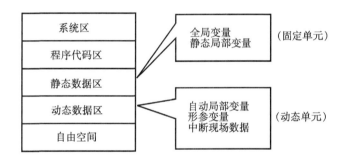

图 9-1　程序运行时对应的内存分配示意

全局变量和用 static 声明的静态局部变量存放在静态数据区,程序开始执行时给它们分配存储单元,程序执行结束时再释放这些存储单元。也即在程序的整个执行过程中这些变量都存在(有自己的存储单元),它们的生命期为程序的整个执行过程。

动态数据区存放未用 static 声明的自动局部变量、函数的形参变量和用于中断现场的保护数据。在函数调用时为自动局部变量和形参变量在动态数据区分配存储单元,当函数执行结束时释放这些存储单元。也即在函数的整个执行过程中这些变量都存在,它们的生命期为函数的整个执行过程。

在 C 语言中,每个变量都有两个属性:数据类型和数据的存储类别。前面各章节中,我们在定义变量时只涉及它的数据类型,其实还可以定义变量的存储类别,它决定这个变量的存放位置(是静态数据区还是动态数据区)和生命期。

变量定义的一般形式如下:

　　　　［存储类别］类型标识符 变量名;

其中,方括号"［ ］"中的内容为可选项。

C 语言中的变量可以有四种存储类别：自动变量、寄存器变量、静态变量和外部变量，分别用存储类别 auto、register、static 和 extern。下面仅对自动变量、寄存器变量和静态变量进行介绍。

2. 自动变量

在函数体内或复合语句内定义变量时，如果没有指定存储类别或使用了 auto 存储类别，则系统都认为所定义的变量为自动局部变量，简称为自动变量。此外，函数首部中的形参也是自动变量。例如：

```
auto int a＝2,b;
int a＝2,b;
```

上述两种定义方法是等价的，即都定义了 a 和 b 为自动变量。每当进入函数体或复合语句时，系统在动态数据区为自动变量分配临时存储单元，退出函数体或复合语句时系统回收这些存储单元。再次进入函数或复合语句时，系统又为它们重新分配临时存储单元，退出时系统又回收这些存储单元。即回收存储单元后的自动变量将不再存在，其值也不可能保留。因此，自动变量的作用域及生命期只存在于定义它的函数体内或复合语句内。

自动变量在动态数据区分配存储单元，并随着程序的运行可能不断释放和重新分配存储单元，而且每次分配的存储单元区域是不固定的，因此自动变量中的值也会随之改变。所以，自动变量在使用之前必须赋值，否则它的值是不确定的。此外，在不同函数中使用的同名自动变量也不会相互影响。

例 9.1 分析下面程序的运行结果。

```
＃include＜stdio.h＞
void fun()
{
    int n＝2;                    /＊自动变量＊/
    n++;
    printf("n＝% d\n",n);
}
void main()
{
    fun();
    fun();
}
```

解 在程序中，函数 fun 中定义的 n 为自动变量，其作用域只在函数 fun 内。第 1 次调用 fun 时，为 n 分配临时存储单元且 n 的初值为 2，执行"n++;"后 n 值为 3，因此输出结果为 3。

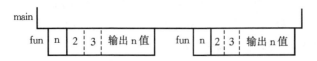

图 9－2 程序执行的动态图

第 1 次调用 fun 结束,此时分配给 n 的存储单元被系统回收。第 2 次调用 fun 时,又为 n 重新分配了存储单元,函数 fun 的执行过程与第 1 次一样,因此输出的结果仍是 3。程序执行的动态图如图 9 - 2 所示。程序执行后的输出结果为

```
n=3
n=3
```

3. 寄存器变量

寄存器变量也是自动变量,它与一般自动变量的区别在于,寄存器变量的值存储于 CPU 内的寄存器中,而一般的自动变量则存储于内存中。由于从寄存器中读取数据比从内存中读取数据的速度快,所以为了提高运算速度,可以将一些频繁使用的局部变量或形参变量定义为寄存器变量。寄存器变量只要在定义时加上存储类别 register 即可。例如:

```
register int a;
```

使用寄存器变量时要注意以下几点:

(1) 寄存器变量本身是一个自动变量,因此只有函数内定义的变量或形参才可以定义为寄存器变量。

(2) CPU 中的寄存器数目有限,所以只能将少数的变量定义为寄存器变量。

(3) 受寄存器长度的限制,寄存器变量只能是 char、int 和指针类型的变量。

(4) 由于寄存器变量是保存在 CPU 的寄存器中而不是保存在内存中,因此不能进行取地址运算。

(5) 在调用函数时,函数中的寄存器变量才占用寄存器存放其值,当函数调用结束时就释放寄存器,即寄存器变量消失。

例 9.2　编写求 n! 的程序。

解　程序如下:

```
#include<stdio.h>
long fac(int n)
{
    register long t=1;
    register int k;
    for(k=2;k<=n;k++)
        t=t*k;
    return (t);
}
void main()
{
    int n;
    long f;
    printf("Input n=");
    scanf("%d",&n);
    f=fac(n);
    printf("%d! = %ld\n",n,f);
```

```
    }
```

运行结果：

```
    Input n=5 ↵
    5! = 120
```

在程序中，由于函数 fac 中的变量 t 和 k 频繁使用，故将其定义为寄存器变量。

4. 静态变量

静态变量的存储空间为内存中的静态数据区，存储于该区域的变量在整个程序运行期间一直占用分配给它们的存储空间，直到整个程序结束。

特别要注意的是，函数体内如果在定义静态变量（称为局部静态变量）的同时进行了初始化，则以后程序不用再对其进行初始化操作。这是由于第一次遇到局部静态变量时，系统即为局部静态变量分配了专用的存储单元并将初始化值送入这个存储单元，此后该局部静态变量就一直使用这个存储单元，而无论函数的调用或结束；也即，下一次函数调用时，这个局部静态变量仍然使用这个存储单元，而且并不重新初始化。这样，局部静态变量就可以保存前一次函数调用得到的值而用于下一次函数调用，这一点是局部静态变量与自动变量的本质区别。

局部静态变量的初值是在程序编译时赋予的，在程序执行过程中不再赋值。对没有赋初值的局部静态变量，编译系统自动给它赋初值 0。

auto 型局部变量与 static 型局部变量的区别如表 9.1 所示。

表 9.1　auto 型局部变量与 static 型局部变量的区别

auto 型局部变量	static 型局部变量
函数调用时产生，函数返回时消失，故函数结束后变量的值不再存在	程序运行前即产生，程序运行结束时才消失，故函数结束后变量及变量的值都存在
函数体内如果对变量赋初值，则每次函数调用中都要执行这个赋初值操作	函数体内如果对变量赋初值，则赋初值是在程序开始执行前就赋过初值了，而在每次函数调用中不再执行赋初值操作

例 9.3　分析下面程序的运行结果

```
    #include<stdio.h>
    void fun()
    {
        static int n=2;              /* 局部静态变量 */
        n++;
        printf("n= %d\n",n);
    }
    void main()
    {
        fun();
        fun();
    }
```

解 在程序中,函数 fun 中定义的 n 为局部静态变量,其作用域只在函数 fun 内。在程序执行开始前,系统已为 n 分配了存储单元且 n 的初值为 2,第 1 次函数 fun 调用时,执行"n++;"后 n 值为 3,输出 3;第 1 次调用 fun 函数结束,但系统并不回收分配给 n 的存储单元,第 2 次调用 fun 时,执行"n++;"后 n 值由 3 变为 4(注意,不执行对静态局部变量的初始化操作 static int n=2),故输出结果为 4。所以,程序执行后的输出结果为

    n=3
    n=4

例 9.4 分析下面程序的运行结果。

```c
#include<stdio.h>
int fun(int x,int y)
{
    static int m=0,i=2;
    i=i+m+1;
    m=i+x+y;
    return m;
}
void main()
{
    int j=4,m=1,k;
    k=fun(j,m);
    printf("%d,",k);
    k=fun(j,m);
    printf("%d\n",k);
}
```

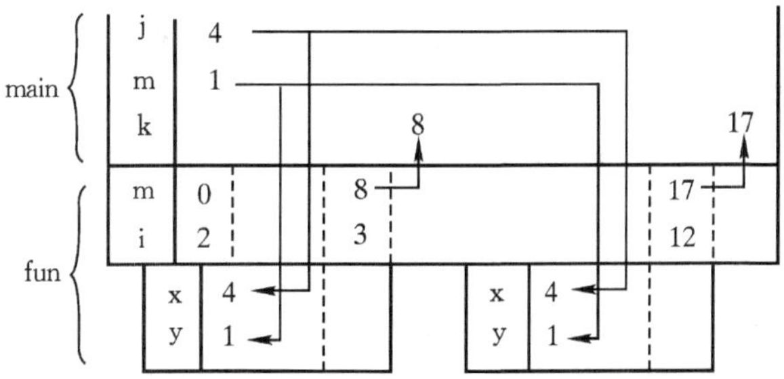

图 9-3 程序执行的动态图

解 程序执行的动态图如图 9-3 所示。由于静态局部变量在每次函数调用结束时并不消失,所以在动态图中,我们将静态局部变量 m 和 i 放置于函数 fun 空间的开始处,并且当函数 fun 结束时,它们仍然存在(在动态图上是用一条横线将它们与局部自动变量分开,且这条线一直持续到程序结束)。在下一次调用函数 fun 时,仍可使用它们的值。由动态图可知,程序的运行结果为"8,17"。

9.2 指向函数的指针变量

在 C 语言中,一个函数总是存放在一段连续的内存区域内,并且像数组名代表数组的首地址一样,函数名就代表着该函数所占内存区域的首地址。因此,函数名可以看作是一个广义的变量,我们可以把这个变量——函数名(函数的首地址)赋给一个指针变量,使该指针变量指向这个函数,然后通过指针变量就可以找到并调用执行这个函数。这种指向函数的指针变量就称为"函数指针变量"。

1. 函数指针变量的定义与初始化

函数指针变量定义的一般形式为:

           类型说明符（＊指针变量名)();

其中,类型说明符表示被指向的那个函数的返回值类型,"(＊指针变量名)"表示"＊"后面的变量名是一个指针变量,最后的空括号"()"表示这个指针变量的指向是一个函数。

     例如:

           int (＊p)();

定义了 p 是一个指向函数的指针变量,该函数的返回值为整型。p 是用来存放函数的入口地址的,在没有赋值前它不指向任何一个具体函数,其值为 NULL。

想要通过函数指针变量来实现对某个函数的调用,还必须对函数指针变量进行初始化,即将需要调用的某个函数入口地址赋给它;由于函数名代表该函数的入口地址,因此是将某个函数名赋给函数指针变量。

函数指针变量初始化的方式有两种:一种是直接赋值;一种是加地址运算符"&"赋值;即:

           函数指针变量名＝函数名;

或者: 函数指针变量名＝& 函数名;

也可以在函数指针变量定义时进行初始化:

           类型说明符（＊指针变量名)(形式参数表)＝函数名;

或者:

           类型说明符（＊指针变量名)(形式参数表)＝& 函数名;

函数的指针变量与普通指针变量都能实现间接访问,其唯一的区别是:普通指针变量指向的是内存数据存储区中的变量,而函数的指针变量指向的是内存程序代码区中的程序。因此,普通指针变量的"＊"运算是访问内存中某个变量的数据,而函数的指针变量执行"＊"运算时,其结果是使程序控制转移到由函数指针变量所指向的函数入口地址,并开始执行该函数。此外,函数指针变量定义中的"形式参数表"也与第 5 章函数中的形式参数表不同,只能给出形参的类型。

2. 用函数指针变量调用函数

定义了函数指针变量并初始化后,就可以在程序中通过函数指针变量来调用所需要的函数了。调用函数的一般形式为:

     (＊指针变量名)(实参表)

由于优先级不同,所以"＊指针变量名"必须用圆括号"( )"括起来,表示间接调用指针变量所指向的函数,而后面的圆括号"( )"中的内容为传递给被调函数的实参。

例 9.5 用函数指针调用函数的方式实现在两数中找出最大数的程序。

解 程序设计如下:

```
#include<stdio.h>
int max(int a,int b)
{
    if(a>b)
        return (a);
    else
        return (b);
}
```

```
void main()
{
    int ( * p)(int,int);
    int x,y,z;
    p＝max;
    printf("Input two numbers:\n");
    scanf("% d, % d",&x,&y);
    z＝( * p)(x,y);
    printf("max＝ % d\n",z);
}
```

运行结果：

Input two numbers:

88,66 ↵

max＝88

从程序中可以看出,用函数指针变量形式调用函数的步骤如下：

(1) 先定义函数指针变量,如程序中的"int (* p)(int,int);语句"。

(2) 将被调函数的入口地址(即函数名)赋给函数指针变量,如程序中的"p＝max;"语句。

(3) 用函数指针变量形式来调用函数,如程序中的"z＝(* p)(x,y);"语句。

例 9.6　分析下面程序运行的结果。

```
♯ include＜stdio.h＞
float f1(float n)
{
    return n * n;
}
float f2(float n)
{
    return 2 * n;
}
void main()
{
    float ( * p1)(float),( * p2)(float),( * t)(float),y1,y2;
    p1＝f1;
    p2＝f2;
    y1＝p2(p1(2.0));
    t＝p1;p1＝p2;p2＝t;
    y2＝p2(p1(2.0));
    printf("% 3.0f, % 3.0f\n",y1,y2);
}
```

解　程序中,函数 f1 实现的是返回参数值的平方值,函数 f2 实现的是返回参数值的 2

倍。在主函数 main 中定义了三个函数指针变量 p1、p2 和 t，语句"p1＝f1；p2＝f2；"让函数指针变量 p1 指向函数 f1，函数指针变量 p2 指向函数 f2。然后执行语句"y1＝p2(p1(2.0))"，即先让 2.0 平方后再乘以 2，得到的结果为 8 并赋给变量 y1。接下来，语句"t＝p1；p1＝p2；p2＝t；"交换了 p1 和 p2 的指向，即此时 p1 指向 f2，p2 指向 f1。再次执行语句"y2＝p2(p1(2.0))"，则是先让 2.0 乘以 2 然后再平方，即结果为 16 并赋给 y2。因此，最后输出的 y1 和 y2 值为"8,16"。

使用函数指针变量还应注意以下几点：

(1) 函数指针变量不能进行算术运算，这与数组指针变量不同；数组指针变量加减一个整数可以使指针移向后面或前面的数组元素，而函数指针的移动则毫无意义。

(2) 函数指针变量定义时"(＊指针变量名)"的圆括号"( )"不能缺省，有了括号指针变量名先和"＊"结合，表示定义的变量名是一个指针变量。如果缺省了圆括号"( )"，即如下面所示：

```
int * p(int,int);
```

则表示定义的 p 是一个函数；p 为函数名，其前面的"＊"表示函数 p 是返回指针值的函数，也即意思和功能完全不同了。

(3) 要注意函数指针变量与指向二维数组的指针变量之间的区别。如"int (＊p)(int);"和"int (＊p)[4];"，前者是函数指针变量，后者是指向二维数组的指针变量。

3. 函数的指针变量作为函数的参数

函数的形参可以是各种类型的变量，也可以是指向函数的指针变量。形参是指向函数的指针变量时可以接受实参传来的不同函数。这种参数传递不是传递任何数据或普通变量的地址，而是传递函数的入口地址。当函数参数在两个函数之间传递时，调用函数的实参应该是被调函数的函数名，而被调函数的形参应该是接收函数地址的函数指针变量。

例 9.7 任意输入两个整数，求它们的和、差、积、商。

解 程序设计如下：

```
#include<stdio.h>
int add(int x,int y)
{
    return x＋y;
}
int sub(int x,int y)
{
    return x－y;
}
int mul(int x,int y)
{
    return x * y;
}
int div(int x,int y)
{
```

```
        return x/y;
    }
    int fun(int( * p)(int ,int),int x,int y)
    {
        int z;
        z=( * p)(x,y);
        return z;
    }
    void main()
    {
        int a,b;
        printf("Input a,b=");
        scanf(" % d, % d",&a,&b);
        printf(" % d+ % d= % d\n",a,b,fun(add,a,b));
        printf(" % d- % d= % d\n",a,b,fun(sub,a,b));
        printf(" % d * % d= % d\n",a,b,fun(mul,a,b));
        printf(" % d/ % d= % d\n",a,b,fun(div,a,b));
    }
```

运行结果：

```
    Input a,b=12,4 ↵
    12+4=16
    12-4=8
    12 * 4=48
    12/4=3
```

程序中的 add、sub、mul 和 div 是已经定义过的函数。函数 fun 中的形参 p 是函数指针变量。主函数 main 调用 fun 函数：

　　　　fun(add,a,b)

则将 add 函数的入口地址传给了函数指针变量 p,而 a、b 值分别传给了形参 x、y,即 fun 函数中的语句"z=(* p)(x,y);"此时相当于语句"z=add(x,y);",从而实现了对 a 与 b 的求和。其他调用也是如此。

9.3　带参数的 main 函数

　　前面各章介绍的 main 函数都是不带参数的,因此 main 后的括号是空括号"()"。实际上 main 函数是可以带参数的,这个参数可以认为是 main 函数的形参。C 语言规定 main 函数的参数只能有 argc 和 argv,并且第一个形参 argc 必须是整型变量,第二个形参 argv 必须是指向字符串的指针数组。也即,main 函数的一般形式为

　　　　void main (int argc,char * argv[])

　　　　{

　　　　　函数体
　　　　}
其中,argc 称做参数计数器,它的值是包括命令名在内的参数个数,因此其值至少为 1;argv 指针数组的作用是存放命令行中的命令名及每个参数字符串的首地址。

　　由于 main 函数是最先执行的,因此不可能在程序内部获得实参值。所以,main 函数的实参值是从操作系统的命令行上获得的。当需要运行一个可执行文件时,在 DOS 提示符下键入文件名及实参值,即可把这些实参传给 main 的形参。

　　带参数的 main 函数的调用形式如下:
　　　　可执行文件名 参数 1 参数 2 … 参数 n
　　上面这一行字符称为命令行,是在 DOS 系统提示符下键入的。其中,可执行文件名称为命令名;其后的参数称为命令行参数。命令名与各参数之间用空格分隔,例如
　　　　c:\file1 China Beijing

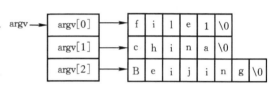

　　由于命令名 file1 本身也算是一个参数,所以共有三个参数,因此 argc 的值取 3。argv 指针数组中元素的值为命令行中各字符串(参数均按字符串处理)的首地址。指针数组的大小即为参数个数;数组元素的初值由系统自动赋予。上述命令行参数在赋给带参 main 函数中的 argv 指针数组后示意见图 9 - 4。

图 9 - 4　带参 main 函数中的 argv 示意

　　例如,在 c 盘根目录下的文件 file1.c 的内容如下:

```
# include<stdvo.n>
void main(int argc,char * argv[ ])
{   while(argc>1)
    { ++argv;
    printf("% s\n", * argv);
    argc——;
    }
}
```

　　用 VC++6.0 中的工具栏中的 Build 先将 file1.c 生成可执行文件 file1.exe(保存于 Debug 子目录中),其后再将 file1.exe 由 Debug 目录移至 c 盘根目录下,然后点击桌面上"开始"按钮中的运行框并输入
　　　　c:\>file1 China Beijing ↵
则输出为
　　　　China
　　　　Beijing

　　例 9.8　有以下程序:

```
# include<stdio.h>
# include<string.h>
```

```
void main(int argc,char * argv[ ])
{
    int i,len=0;
    for(i=1;i<argc;i=i+2)
        len=len+strlen(argv[i]);
    printf("%d\n",len);
}
```

经编译链接后生成的可执行文件是 ex.exe,若运行时输入以下带参数的命令行:

  ex abcd efg h3 k44

则执行后输出的结果是_____。

A. 14　　　　　B. 12

C. 8　　　　　D. 6

解　本题的 argv 示意如图 9-5 所示,argc 的值为 5。在 main 函数中,for 循环执行了两次。当 i=1 时,len=0+strlen(argv[1]),argv[1]="abcd",故此时 len 值为 4;当 i=3 时,len=4+strlen(argv[3]),其中 argv[3]="h3",故此时 len 值为 6;当 i=5 时,退出循环。所以最后输出的 len 值为 6,即应选 D 项。

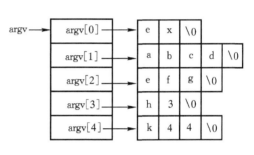

图 9-5　argv 示意

9.4　编译预处理命令

  预处理是 C 语言所具有的一种对源程序处理的功能。所谓预处理,就是指在正常编译之前对源程序进行预先处理。也即,源程序在正常编译之前先执行源程序中的预处理命令进行预处理,然后再编译源程序。通常把预处理看做编译的一部分,是编译中最先执行的部分。

  预处理功能包含了一组预处理命令,不同的预处理命令实现不同的功能,最常使用的是文件包含命令和宏定义,在调试程序时也可使用条件编译命令。

  预处理命令都是以"♯"开头,每个预处理命令必须单独占一行,并且末尾不加分号";"(这就是命令与语句的区别)。预处理命令可以出现在程序的任何地方,但一般都将预处理命令放在源程序的首部,其作用域从命令说明的位置开始一直到程序结束。

  预处理命令参数是一种替换功能,这种替换功能是简单的替代,不做语法检查。例如,宏定义就是用定义的字符串来替代宏名;又如,文件包含命令就是一个用文件内容替代被包含的文件名。这样的替代目的是为了使程序的书写更加简单。

  C 语言提供的预处理命令有宏定义、文件包含和条件编译。

  下面只对宏定义和文件包含这两个命令进行介绍。

9.4.1　宏定义命令

  C 语言中,允许用一个标识符来表示一个字符串,称之为宏。宏是一种编译预处理命令,被定义为宏的标识符称为宏名。在编译预处理时,程序中所有出现的宏名都用宏定义中的字符串去替换,称为宏代换或宏展开。

注意,宏定义是由程序中的宏定义命令完成的,而宏代换则是由预处理程序在编译之前自动完成的,根据是否带参数将宏定义分为不带参数的宏定义和带参数的宏定义。

1. 不带参数的宏定义

不带参数的宏定义一般形式如下:

　　　　♯define 标识符 字符串

其中,define 是关键字,它表示宏定义命令;标识符为所定义的宏名,它的写法应符合 C 语言标识符的规则;字符串可以是常数、表达式及格式串等。

例如:

　　　　♯define PI 3.14159

　　　　♯define SUM 10+20

　　　　♯define NL printf("\n")

　　　　♯define TRUE 1

这里,PI、SUM、NL、TRUE 都是宏名,而 3.14159、10+20、printf("\n")和 1 都是被定义的字符串。宏定义是将 PI、SUM、NL、TRUE 分别定义为 3.14159、10+20、printf("\n")和 1;替换时,将程序中出现的 PI、SUM、NL 和 TRUE 分别用对应的字符串替换。

例 9.9　利用如下公式计算圆周率 π 的近似值,直到最后一项的绝对值小于 $\varepsilon(\varepsilon=10^{-7})$。

$$\pi=4-\frac{4}{3}+\frac{4}{5}-\frac{4}{7}+\cdots$$

解　程序如下:

```
♯include<stdio.h>
♯include<math.h>
♯define Epsilon 1e-7
void main()
{
    int i,m=1,sign=1;
    double pi=4,t=4;
    for(i=1;fabs(t)>Epsilon;i++)
    {
        sign=-sign;
        m+=2;
        t=sign*4.0/m;
        pi+=t;
    }
    printf("pi=%f\n",pi);
}
```

运行结果:

　　pi=3.141593

2. 带参数的宏定义

带参数的宏定义的一般形式如下:

　　♯define 标识符(形参表) 字符串

其中,括号"()"中的形参表由一个或多个形参组成,当形参多于一个时,形参之间用逗号隔开,对带参数的宏展开也是用字符串替换宏名,而形参则被对应的实参替换,其他的字符仍然保留在字符串内。

带参宏调用的一般形式如下:

　　宏名(实参表)

例如:

　　♯define s(a,b) a＊b

　　c＝s(x＋y,x－y);

宏调用时,用 x＋y 替换形参 a,用 x－y 替换形参 b,其余字符不变,即"＊"仍保留在字符串内。经预处理宏展开后的语句为

　　c＝x＋y＊x－y;

注意,定义带参数的宏时,宏名与括号"( )"之间不得有空格。

带参的宏和函数有相似之处,但它们在本质上是不同的:

(1) 函数调用时先求实参表达式的值,然后将该值传递给对应的形参;而带参数的宏展开时,只是用实参字符串替换对应的形参。

(2) 函数调用是在程序运行中进行的,当调用到这个函数时才为函数的形参分配临时存储单元;而宏展开是在编译之前进行的,不分配存储单元也不进行值传递,更没有返回值。

(3) 函数中要求实参和形参都要定义数据类型,且二者的类型应一致,否则应进行类型转换;而宏名没有类型,并且所带参数也没有类型,展开时用指定的字符串替换宏名即可,并且宏定义时的字符串可以是任何类型的数据。

(4) 函数调用不会使源程序变长,而宏展开可以使源程序变长。

(5) 函数调用占用运行时间,而宏展开是在编译之前处理不占用运行时间。

例 9.10　分析下面程序的运行结果。

```
♯include<stdio.h>
♯define HDY(A,B) A/B
♯define PRINT(Y) printf("y＝%d\n",Y)
void main()
{
    int a＝1,b＝2,c＝3,d＝4,k;
    k＝HDY(a＋c,b＋d);
    PRINT(k);
}
```

　　解　在主函数 main 中,"K＝HDY(a＋c,b＋d);"语句在宏展开后为"K＝a＋c/b＋d;",运行后 K 被赋值为 1＋3/2＋4＝6,而"PRINT(K);"展开后为"printf("y＝%d\n",k);"故输出结果为"y＝6"。

例 9.11　有以下程序

```
#include<stdio.h>
#define N 5
#define M N+1
#define f(x) (x*M)
void main()
{
    int i1,i2;
    i1=f(2);
    i2=f(1+1);
    printf("%d,%d\n",i1,i2);
}
```

程序运行后的输出结果是_____。

　　A. 12,12　　　　　　B. 11,7　　　　　　C. 11,11　　　　　　D. 12,7

　　解　宏替换只是字面上的替换,在编译之前完成。程序中第 1 条要替换的语句"i1＝f(2);"展开后是"i1＝(2＊M);",再展开为"i1＝(2＊N+1);",最后展开为"i1＝(2＊5+1);",结果是 i1 的值为 11。而第 2 条要替换的语句"i2＝f(1+1);"展开后是"i2＝(1+1＊M);",再展开为"i2＝(1+1＊N+1);",最后展开为"i2＝(1+1＊5+1);",结果是 i2 的值为 7。故应选 B。

9.4.2　文件包含命令

　　文件包含是指将指定文件中的内容嵌入到当前的源程序文件中。文件包含命令的一般形式为

　　　　#include<文件名>

或

　　　　#include"文件名"

其功能是:在编译预处理时把"文件名"所指的文件内容嵌入到当前程序文件中,然后再对嵌入后的源程序文件进行编译。

　　对于第一种由尖括号"< >"括住文件名的文件包含命令,这种方式告诉编译预处理程序,被包含的文件存放在 C 编译系统所在的目录下。该方式适用于嵌入 C 系统提供的头文件,因为 C 系统提供的头文件都存放在编译系统所在的目录下。

　　对于第二种用双引号" " "括住文件名的文件包含命令,编译预处理程序首先到当前文件所在的文件目录中查找被包含的文件,如果找不到再到编译系统所在的目录下查找。当然,也可以在文件名前给出路径,直接告诉编译预处理程序被包含文件所处的确切位置。

　　在使用文件包含命令时应注意以下几点:

　　(1) 一个#inlude 命令只能包含一个文件,如果要包含多个文件,就得用多个文件包含命令。

　　(2) 文件包含可以嵌套,即在一个被包含的文件中又可以包含另一个文件。如文件 1 包含文件 2,而文件 2 又要用到文件 3 的内容,可在文件 1 中用两个#indule 命令分别包含文件 3 和文件 2,并且文件 3 的包含命令应在文件 2 的包含命令之前,这样文件 1 和文件 2 都能使

用文件 3 的内容。

（3）被包含的文件 2 与其所在的文件 1，经过预处理后成为一个文件即文件 1，而不是两个文件。因此，在文件 2 中定义的全局变量此时在文件 1 中有效，即无需使用 extern 声明。

（4）♯include 命令用于包含扩展名为 . c 的源程序文件或扩展名为 . h 的"头文件"。

例 9.12　计算 x^y。

解　文件 file1. c 中的内容如下：

```
#include<stdio.h>
#include "d:\c\file2.h"              /* 指明要包含文件 file2.c 的完整路径 */
int main()
{
    int x,y;
    double power(int,int);          /* 函数声明 */
    printf("Input x,y:");
    scanf("%d,%d",&x,&y);
    printf("%d* *%d=%f\n",x,y,power(x,y));
    return 0;
}
```

d 盘 C 目录下 file2. h 文件中的内容如下：

```
double power(int m,int n)
{
    int i;
    double y=1.0;
    for(i=1;i<=n;i++)
        y* =m;
    return y;
}
```

运行结果：

```
Input x,y:2,10 ↵
2* *10=1024.000000
```

例 9.13　用包含排序文件的方法实现从高分到低分输出学生成绩。

解　文件 px. c 如下：

```
void sort(int x[],int n)                /* 选择排序文件 */
{
    int i,j,k,t;
    for(i=0;i<n-1;i++)
    {
        k=i;
        for(j=i+1;j<n;j++)
            if(x[k]<x[j])
```

```
                    k=j;
              if(k! = i)
              {   t=x[i];x[i]=x[k];x[k]=t; }
          }
      }
```
文件 cj. c 如下:
```
      #include<stdio.h>
      #include "px. c"
      void main()
      {
          int num,score[50],k;
          printf("Input num=");              /* 输入班级人数 */
          scanf(" % d",&num);
          printf("Input score of student:\n");
          for(k=0;k<num;k++)
              scanf(" % d",&score[k]);        /* 输入学生成绩 */
          sort(score,num);
          for(k=0;k<num;k++)
          {
              printf(" % 4d",score[k]);        /* 从高到低输出学生的成绩 */
              if((k+1) % 10==0)
                  printf("\n");
          }
          printf("\n");
      }
```

例 9.14　现有两个 C 程序文件 T1. c 和 myfun. c 同在 TC 系统目录(文件夹)下,其中 T1. c 文件如下:
```
      #include<stdio.h>
      #include "myfun. c"
      void main()
      {
          fun();
          printf("\n");
      }
```
myfun. c 文件如下:
```
      void fun()
      {
          char s[20],c;
          int n=0;
```

```
        while((c=getchar()) ! = ´\n´)
            s[n++]=c;
        n——;
        while(n>=0)
            printf(″%c″,s[n——]);
    }
```

当编译链接通过后,运行程序 T1 时,输入"Thank!␣",求输出的结果。

解　本题源程序相当于

```
#include<stdio.h>
void fun()
{
    char s[20],c;
    int n=0;
    while((c=getchar()) ! = ´\n´)
        s[n++]=c;
    n——;
    while(n>=0)
        printf(″%c″,s[n——]);
}
void main()
{
    fun();
    printf(″\n″);
}
```

从程序来看,主函数 main 只调用了一次 fun 函数,然后输出一个回车换行符"\n"。所以,程序的重点在 fun 函数。fun 函数中有两个 while 循环,第 1 个 while 语句"while((c=getchar()) ! = ´\n´) s[n++]=c;"的作用是:从键盘上读入字符到变量 c,若读入的不是回车换行符´\n´,就将它存入数组 s。n 为数组 s 的下标,来控制字符顺序放入数组 s 中。所以当第 1 个 while 语句结束时,s 数组放入了"Thank!",而 n 则是下一个将要放入字符的数组元素下标。接下来的"n——;"语句,使 n 退回为字符"!"的下标值。第 2 个 while 语句"while(n>=0) printf(″%c″,s[n——]);"则由数组 s 中的字符"!"开始由后向前(由语句"n——;"控制)直至第 1 个字符"T"为止,将每个位置上的字符进行输出,所以输出的结果即为输入字符串的逆序"! knahT"。

9.5　枚举类型

枚举表示一类数据的个数有限,即可穷举。枚举类型是一类有限离散的符号数据量的集合,例如真假、性别、星期、时辰、职称、年级等。而实型则不是这样,实型数据是连续的、无法穷举的。C 语言引入了枚举类型,即在枚举类型定义中列举出所有可能的取值,被说明为该枚举类型的变量只能取定义中列举出来的值。

由于 C 语言没有像 PASCAL 语言那样提供集合的并、交、差运算和判断某元素是否属于某个集合的属于运算等,所以 C 语言中的枚举类型的功能很弱,在程序中很少使用。

1. 枚举类型和枚举变量的定义

定义枚举类型的一般形式为

```
enum 枚举类型名
{
    枚举常量名表
};
```

其中,enum 是关键字,称为枚举类型定义标识符;枚举常量名表形式如下:

```
标识符 1,标识符 2,…,标识符 n
```

这些标识符不得重名,它们表示的是枚举类型定义中所有可能出现的枚举值,因此是枚举常量。例如:

```
enum weekday
{
    sun,mon,tue,wed,thu,fri,sat
};
```

在此定义了一个枚举类型 enum weekday,它有 7 个枚举常量。

枚举变量如同结构体变量和共同体变量一样,也可以有三种定义形式:

(1) 先定义枚举类型再定义枚举变量,例如:

```
enum weekday
{
    sun,mon,tue,wed,thu,fri,sat
};
enum weekday a,b,c;
```

(2) 在定义枚举类型的同时定义枚举变量,例如:

```
enum weekday
{
    sun,mon,tue,wed,thu,fri,sat
}a,b,c;
```

(3) 直接定义枚举变量,例如:

```
enum
{
    sun,mon,tue,wed,thu,fri,sat
}a,b,c;
```

使用枚举类型时应注意以下几点:

(1) 枚举变量的取值范围限定在枚举类型定义时的枚举常量名表内,即不得出现枚举常量名表以外的标识符。

(2) 枚举常量仅是一个标识符,不能与变量混淆,即不得用赋值语句给枚举常量(标识符)

赋值。

　　（3）枚举常量（标识符）本身是有值的。枚举类型定义时，每个枚举常量（标识符）的值就确定了，即按定义时出现的顺序依次为 0，1，2，…；如上面枚举类型 enum weekday 中，sun 的值为 0，mon 的值为 1，…。枚举常量（标识符）的值可以输出，但枚举常量即标识符不能直接输出。

　　（4）也可以在定义时强制改变枚举常量的值，如：

```
enum weekday
{
    sun,mon＝3,tue,wed,thu,fri,sat
}a,b,c;
```

则 sun 的值为 0，而 mon 的值为 3，其后的枚举常量值顺序加 1，即 tue 的值为 4，wed 值为 5……

　　（5）若要将整数值赋给枚举变量，则必须做强制类型转换，如：

```
a＝(enum weekday)0;
```

这相当于

```
a＝sun;
```

　　（6）枚举常量由于本身有值，所以可以比较大小，也可以作为循环控制变量，例如：

```
if(a＞mon) …
```

或者

```
for(a＝mon;a＜＝sat;a＋＋)
    printf("％2d",a);
```

2. 枚举变量的使用

　　枚举变量的值只能用赋值语句获得，不能用 scanf 函数直接读入枚举常量（即标识符）。通常是先输入一个整数，然后再通过 switch 语句给枚举变量赋值。例如：

```
enum weekday
{
    sun,mon,tue,wed,thu,fri,sat
}workday;
scanf("％d",&n);
switch(n)
{   case 0：workday＝sun;
    case 1：workday＝mon;
    case 2：workday＝tue;
    case 3：workday＝wed;
    case 4：workday＝thu;
    case 5：workday＝fri;
    case 6：workday＝sat;
}
```

此外，也不能通过 printf 函数直接输出枚举变量的值（标识符形式的枚举常量）。通常是通过 switch 语句以字符串形式来输出枚举变量值所对应的信息。例如：

```
swith(workday)
{   case sun：printf("Sunday\n");
    case mon：printf("Monday\n");
    case tue：printf("Tuesday\n");
    case wed：printf("Wednesday\n");
    case thu：printf("Thursday\n");
    case fri：printf("Friday\n");
    case sat：printf("Saturday\n");
}
```

例 9.15 已知一个不透明的布袋中装有红、蓝、黄、绿、紫色圆球各一个,现从中一次抓出两个,问可能抓到的两个球都有哪些颜色组合 。

解 分析见例 6.11。本题使用枚举变量,程序如下：

```
# include<stdio.h>
enum color
{
    red,blue,yellow,green,purple
};
void print(enum color c)
{
    switch(c)
    {
        case red:printf("red        ");break;
        case blue:printf("blue       ");break;
        case yellow:printf("yellow     ");break;
        case green:printf("green      ");break;
        case purple:printf("purple     ");
    }
}
void main()
{
    int s=0,i,j;
    for(i=0;i<=3;i++)
        for(j=i+1;j<=4;j++)
        {
            if(i==j)
                continue;
            s++;
            printf("%5d        ",s);
```

```
            print((enum color)i);
            print((enum color)j);
            printf("\n");
        }
    }
```

运行结果：

1	red	blue
2	red	yellow
3	red	green
4	red	purple
5	blue	yellow
6	blue	green
7	blue	purple
8	yellow	green
9	yellow	purple
10	green	purple

9.6　位　运　算

所谓位运算，是指二进制位的运算。例如，将一个存储单元中存储的数据按二进制位左移或右移，两个数按位相加等。位运算是 C 语言不同于其他高级语言的又一特色。

C 语言提供了如表 9.2 所示的六种位运算符。

表 9.2　位运算符

位运算符	含义	优先级	举例
&	按位与	3	a&b：a 和 b 各位按位进行"与"运算
|	按位或	1	a|b：a 和 b 各位按位进行"或"运算
∧	按位异或	2	a∧b：a 和 b 各位按位进行"异或"运算
∼	按位取反	5	∼a：a 中全部位取反
<<	左移	4	a<<2：a 中各位左移 2 位
>>	右移	4	a>>2：a 中各位右移 2 位

位运算符的功能是对操作数按其二进制形式逐位进行逻辑运算或移位运算。由位运算的特点决定操作数只能是整型或者字符型数据，而不能是实型数据。

1．按位与运算

按位与运算符"&"是双目运算符，其功能是参与运算的两数各自对应的二进制位相与，只有对应的两个二进制位均为 1 时，结果位才为 1，否则为 0。参与运算的数以补码形式出现。

例如，9&5 可写算式如下：

$$
\begin{array}{ll}
\ \ \ \ \ \ 00001001 & \text{（9 的二进制补码）}\\
\underline{\&\ \ 00000101} & \text{（5 的二进制补码）}\\
\ \ \ \ \ \ 00000001 & \text{（1 的二进制补码）}
\end{array}
$$

也即，9&5＝1。

按位与运算具有以下特征：

（1）任何位上的二进制数只要和 0 进行与运算，该位即被清零。

（2）任何位上的二进制数只要和 1 进行与运算，该位的值就保持不变。

利用这些特征可以实现清零、取一个数某些指定位的值或保留某些位的操作。

例 9.16　验证 26&108 的结果。

解　26&108 可写算式如下：

$$
\begin{array}{ll}
\ \ \ \ \ \ 00011010 & \\
\underline{\&\ \ 01101100} & \\
\ \ \ \ \ \ 00001000 &
\end{array}
$$

实现程序如下：

```
#include<stdio.h>
void main()
{
    int a=26,b=108,c;
    c=a&b;
    printf("a=%d\nb=%d\na&b=%d\n",a,b,c);
}
```

运行结果：

```
a=26
b=108
a&b=8
```

2. 按位或运算

按位或运算符"|"是双目运算符，其功能是参与运算的两数各自对应的二进制位相或，即只要对应的两个二进制位有一个为 1，结果位就为 1。参与运算的两个数均以补码形式出现。

例如，9|5 可写算式如下：

$$
\begin{array}{ll}
\ \ \ \ \ \ 00001001 & \\
\underline{|\ \ 00000101} & \\
\ \ \ \ \ \ 00001101 & \text{（十进制为 13）}
\end{array}
$$

也即，9|5＝13。

按位或运算具有以下特征：

（1）任何位上的二进制数只要和 1 进行或运算，该位即为 1。

（2）任何位上的二进制数只要和 0 进行或运算，该位的值就保持不变。

这些特征常用来对一个数中的一个或指定的几个二进制位置 1。

例 9.17　验证 26 |108 的结果。

解　26|108 可写算式如下：

```
        00011010
    |   01101100
        01111110
```

实现程序如下：

```
# include<stdio.h>
void main()
{
    int a=26,b=108,c;
    c=a|b;
    printf("a= % d\nb= % d\na|b= % d\n",a,b,c);
}
```

运行结果：

```
a=26
b=108
a|b=126
```

3. 按位异或运算

按位异或运算符"∧"是双目运算符，其功能是参与运算的两数各自对应的二进制位相异或，即当两个对应的二进制位数值相异时结果为 1，对应的二进制位数值相同结果为 0。参与运算的操作数仍以补码形式出现。

例如，9∧5 可写算式如下：

```
        00001001
    ∧   00000101
        00001100        （十进制为 12）
```

也即，9∧5=12。

按位异或运算可以使特定位值取反（翻转），要使哪几位取反，就将那几位置 1，其余位置 0，再将原数与这个数进行按位异或即可。例如，有 01111011，想使 3～7 位取反，只要与 00111110 进行按位异或即可。

例 9.18　验证 26 ∧ 108 的结果。

解　26∧108 可写算式如下：

```
        00011010
    ∧   01101100
        01110110
```

实现程序如下：

```
# include<stdio.h>
void main()
{
    int a=26,b=108,c;
    c=a∧b;
    printf("a= % d\nb= % d\na ∧ b= % d\n",a,b,c);
```

```
        }
```

运行结果：

```
    a＝26
    b＝108
    a∧b＝118
```

4. 按位求反运算

按位求反运算符"～"为单目运算符,它具有右结合性,其功能是对参与运算的数的各二进制位进行"取反"运算。参与运算的操作数以补码形式出现。

例如,～26 可写算式如下：

$$\underline{\sim \quad 00000000\ 00000000\ 00000000\ 00011010} \qquad (\text{十进制数 } 26)$$
$$11111111\ 11111111\ 11111111\ 11100101 \qquad (\text{十进制数}-27)$$

注意,"～"运算符的优先级比算术运算符、关系运算符、逻辑运算符等其他运算符都高。例如：～a＆b,则先进行～a 运算,然后再进行 ＆ 运算。

例 9.19 验证按位求反运算～6。

解 程序如下：

```
＃include＜stdio.h＞
void main()
{
    int a＝6,b;
    b＝～a;
    printf("a＝ % d\n～a＝ % xH\n",a,b);
}
```

运行结果：

```
    a＝6
    ～a＝fffffff9H
```

5. 左移运算

左移运算符"＜＜"是双目运算符,其功能是把"＜＜"左边的操作数的各二进制位全部左移若干位,并由"＜＜"右边的数指定移动的位数;高位左移若溢出舍弃不用,空出的低位补 0。

例如 a＜＜3,即把 a 的各二进制位向左移动 3 位,如果 a＝00000101(十进制 5),则左移 3 位后为 00101000(即十进制 40)。

例 9.20 对整型变量 b 进行按位左移 3 位运算,输出左移运算后的值。

解 程序如下：

```
＃include＜stdio.h＞
void main()
{
    unsigned a,b;
    b＝5;
    a＝b＜＜3;
```

```
        printf("a=%d\n",a);
    }
```

运行结果：

```
    a=40
```

6. 右移运算

右移运算符"＞＞"是双目运算符,其功能是把"＞＞"左边的操作数的各二进制位全部右移若干位,并由"＞＞"右边的数指定移动的位数;低位右移若溢出则舍弃,空出的高位补 0。

例如 a＞＞3,即把 a 的各二进制位向右移动 3 位,如果 a＝00101000(十进制 40),则右移 3 位后为 00000101(十进制 5)。

应该说明的是,当有符号数右移时,符号位将同时移动,即当操作数为正数时,移动中最高位补 0;为负数时,最高位补 1。右移一位相当于该数除以 2,右移 n 位相当于该数除以 2^n。

例 9.21 对整型变量 b 进行按位右移 3 位运算,输出右移运算后的值。

解　程序如下:

```
    include<stdio.h>
    void main()
    {
        unsigned a,b;
        b=40;
        a=b>>3;
        printf("a=%d\n",a);
    }
```

运行结果：

```
    a=5
```

在上面介绍的六种位运算中,位运算的操作数可以是整型和字符型数据。对于"＆""｜""∧"运算,如果两个操作数类型不同,则位数也不同,系统对这种情况将自动进行如下处理:

(1) 将两个运算数右端对齐。

(2) 对位数短的这个操作数进行高位补齐,即无符号数和正整数高位用 0 补齐,负数则用 1 补齐,然后在位数相等的情况下再对这两个数进行位运算。

习题 9

1. 下面叙述中正确的是_____。
   A. 局部变量说明为 static 存储类别,其生命期将得到延长
   B. 全局变量说明为 static 存储类别,其作用域将被扩大
   C. 任何存储类别的变量在未赋初值时,其值都是不确定的
   D. 形参可以使用的存储类别说明与局部变量完全相同

2. 在 C 语言中,只有在使用时才占用内存单元的变量,其存储类别是_____。
   A. auto 和 register　　　　B. extern 和 register
   C. auto 和 static　　　　　D. static 和 register

3. 设有定义语句"int（＊f）(int)；"，则下面叙述正确的是_____。

　　A. f 是基类型为 int 的指针变量

　　B. f 是指向函数的指针变量,该函数具有一个 int 类型的形参

　　C. f 是指向 int 类型一维数组的指针变量

　　D. f 是函数名,该函数的返回值是基类型为 int 类型的地址

4. 有以下程序：

```
# include<stdio.h>
int add(int a, int b)
{ return (a+b); }
void main()
{ int k, ( * f) ( ), a=5, b=10;
  f=add;
  …
}
```

则下面函数调用语句错误的是_____。

　　A. k=(* f) (a,b);　　　B. k=add(a,b);　　　C. k= * f(a,b);　　　D. k=f(a,b);

5. 下面叙述中正确的是_____。

　　A. 预处理命令行必须位于源文件的开头

　　B. 在源文件的一行可以有多条预处理命令

　　C. 宏名必须用大写字母表示

　　D. 宏替换不占有程序的运行时间

6. 若程序中有宏定义行"＃ define N 100"，则下面叙述正确的是_____。

　　A. 宏定义行中定义了标识符 N 的值为整数 100

　　B. 在编译程序对 C 源程序进行预处理时用 100 替换标识符 N

　　C. 对 C 源程序进行编译时用 100 替换标识符 N

　　D. 在运行时用 100 替换标识符 N

7. 在下面的枚举类型定义中,正确的定义是_____。

　　A. enum aa　　　　　　　　　　B. enum aa

　　　{ ´A´,´B´,´C´,´D´,´E´};　　　　{ A,B,C,D,E };

　　C. enum aa　　　　　　　　　　D. enum aa

　　　{ ´1´,´3´,´5´,´7´,´9´};　　　　{1,3,5,7,9};

8. 设有定义语句"char c1=92, c2=92;"，则下面表达式中值为零的是_____。

　　A. c1∧c2　　　　B. c1＆c2　　　　C. ～c2　　　　D. c1｜c2

9. 变量 a 中的数据用二进制表示的形式是 01011101,变量 b 中的数据用二进制表示的形式是 11110000。若要求将 a 的高 4 位取反,低 4 位不变,则所要执行的运算是_____。

　　A. a∧b　　　　B. a｜b　　　　C. a&b　　　　D. a<<4

10. 阅读程序,给出程序的运行结果。

```
# include<stdio.h>
int fun(int x[],int n)
```

```
{
    static int sum=0,i;
    for(i=0;i<n;i++)
        sum+=x[i];
    return sum;
}
void main()
{
    int a[]={1,2,3,4,5},b[]={6,7,8,9},s=0;
    s=fun(a,5)+fun(b,4);
    printf("%d\n",s);
}
```

11. 阅读程序,给出程序的运行结果。

```
#include<stdio.h>
int fun(int x)
{
    static int t=0;
    return (t+=x);
}
void main()
{
    int s,i;
    for(i=1;i<=5;i++)
        s=fun(i);
    printf("%d\n",s);
}
```

12. 阅读程序,给出程序的运行结果。

```
#include<stdio.h>
int a=1;
int f(int c)
{
    static int a=2;
    c=c+1;
    return (a++)+c;
}
void main()
{
    int i,k=0;
    for(i=0;i<2;i++)
```

```
    {
        int a=3;
        k+=f(a);
    }
    k+=a;
    printf("%d\n",k);
}
```

13. 有以下程序：

```
#include<stdio.h>
#include<string.h>
void main(int argc,char * argv[])
{
    int i=1,n=0;
    while(i<argc)
    {
        n=n+strlen(argv[i]);
        i++;
    }
    printf("%d\n",n);
}
```

该程序生成的可执行文件名为 proc. exe,若运行时输入命令行"proc 123 45 67 ↵",则程序的输出结果是_____。

A. 3　　　　　B. 5　　　　　C. 7　　　　　D. 11

14. 有以下程序：

```
#include<stdio.h>
void main(int argc,char * argv[])
{
    int n=0,i;
    for(i=1;i<argc;i++)
        n=n*10+ * argv[i]-'0';
    printf("%d\n",n);
}
```

该程序生成的可执行文件名为 tt. exe,若运行时输入命令行"tt 12 345 678 ↵",则程序的输出结果是_____。

A. 12　　　　B. 12345　　　　C. 12345678　　　　D. 136

15. 阅读程序,给出程序的运行结果。

```
#include<stdio.h>
#define N 2
#define M N+1
```

```
#define K M+1 * M/2
void main()
{
    int i;
    for(i=1;i<K;i++);
    printf("%d\n",i);
}
```

16. 阅读程序,给出程序的运行结果。

```
#include<stdio.h>
#define f(x) (x * x)
void main()
{
    int i1,i2;
    i1=f(8)/f(4);
    i2=f(4+4)/f(2+2);
    printf("%d,%d\n",i1,i2);
}
```

17. 阅读程序,给出程序的运行结果。

```
#include<stdio.h>
#define N 5
#define M N+1
#define f(x) (x * M)
void main()
{
    int i1,i2;
    i1=f(2);
    i2=f(1+1);
    printf("%d,%d\n",i1,i2);
}
```

18. 下面程序由两个源程序文件 t1.h 和 t1.c 组成,请给出程序编译运行后的结果。

t1.h 的源程序为

```
#define N 10
#define f2(x) (x * N)
```

t1.c 的源程序为

```
#include<stdio.h>
#define M 8
#define f(x) ((x) * M)
#include "t1.h"
void main()
```

```
{
    int i,j;
    i=f(1+1);
    j=f2(1+1);
    printf("%d,%d\n",i,j);
}
```

19. 有以下程序：

```
#include<stdio.h>
void main()
{
    unsigned char a,b;
    a=4|3;
    b=4&3;
    printf("%d,%d\n",a,b);
}
```

程序运行后的输出结果是_____。

　A. 7,0　　　　　B. 0,7　　　　C. 1,1　　　　D. 43,0

20. 有以下程序：

```
#include<stdio.h>
void main()
{
    unsigned char a,b;
    a=7∧3;
    b=~4&4;
    printf("%d,%d\n",a,b);
}
```

程序运行后的输出结果是_____。

　A. 4,3　　　　　B. 7,3　　　　C. 7,0　　　　D. 4,0

附　录

附录1　ASCII 表

附表 1-1　ASCII 表

ASCII 值	控制字符	ASCII 值	控制字符	ASCII 值	控制字符	ASCII 值	控制字符
0	NUL	32	(space)	64	@	96	`
1	SOH	33	!	65	A	97	a
2	STX	34	"	66	B	98	b
3	ETX	35	#	67	C	99	c
4	EOT	36	$	68	D	100	d
5	END	37	%	69	E	101	e
6	ACK	38	&	70	F	102	f
7	BEL	39	'	71	G	103	g
8	BS	40	(	72	H	104	h
9	HT	41	)	73	I	105	i
10	LF	42	*	74	J	106	j
11	VT	43	+	75	K	107	k
12	FF	44	,	76	L	108	l
13	CR	45	—	77	M	109	m
14	SO	46	.	78	N	110	n
15	SI	47	/	79	O	111	o
16	DLE	48	0	80	P	112	p
17	DC1	49	1	81	Q	113	q
18	DC2	50	2	82	R	114	r
19	DC3	51	3	83	S	115	s
20	DC4	52	4	84	T	116	t
21	NAK	53	5	85	U	117	u
22	SYN	54	6	86	V	118	v
23	ETB	55	7	87	W	119	w
24	CAN	56	8	88	X	120	x
25	EM	57	9	89	Y	121	y
26	SUB	58	:	90	Z	122	z
27	ESC	59	;	91	[	123	{
28	FS	60	<	92	\	124	|
29	GS	61	=	93	]	125	}
30	RS	62	>	94	∧	126	~
31	US	63	?	95	_	127	△

附录 2　C 运算符和优先级

附表 2-1　C 运算符和优先级

级别	运算符	操作	运算对象个数	结合性
1	( ) [ ] -> .	圆括号 下标运算符 间接成员(指针) 直接成员		自左至右
2	+ - ~ ! ++ -- & * sizeof	正号运算符 负号运算符 按位取反运算符 逻辑非运算符 增量(前和后)运算符 减量(前和后)运算符 地址运算符 指针运算符 长度运算符	单目运算符	自右至左
3	* / %	乘法运算符 除法运算符 求余运算符	双目运算符	自左至右
4	+ -	加法运算符 减法运算符	双目运算符	自左至右
5	<< >>	位左移运算符 位右移运算符	双目运算符	自左至右
6	< <= > >=	小于运算符 小于等于运算符 大于运算符 大于等于运算符	双目运算符	自左至右
7	== !=	等于运算符 不等于运算符	双目运算符	自左至右
8	&	按位与运算符	双目运算符	自左至右
9	∧	按位异或运算符	双目运算符	自左至右
10	|	按位或运算符	双目运算符	自左至右
11	&&	逻辑与运算符	双目运算符	自左至右
12	||	逻辑或运算符	双目运算符	自左至右
13	?:	条件运算符	双目运算符	自右至左
14	= += -= *= /=	赋值运算符 加等运算符 减等运算符 乘等运算符 除等运算符	双目运算符	自右至左
15	,	逗号运算符		自左至右

附录3 常用C库函数

1. 数学函数

使用数学函数时,应该在该源文件中使用以下命令行:

♯ include <math.h>或♯ include "math.h"

附表 3-1 C库数学函数

函数名	调用方式	功能	返回值	说明
abs	int abs(int x);	求整数 x 的绝对值	计算结果	
acos	double acos(double x);	计算 $\cos^{-1}(x)$ 的值	计算结果	x 应在 −1 到 1 范围内
asin	double asin(double x);	计算 $\sin^{-1}(x)$ 的值	计算结果	x 应在 −1 到 1 范围内
atan	double atan(double x);	计算 $\tan^{-1}(x)$ 的值	计算结果	
atan2	double atan2 (double x, double y);	计算 $\tan^{-1}(x/y)$ 的值	计算结果	
cos	double cos(double x);	计算 $\cos(x)$ 的值	计算结果	x 的单位为弧度
cosh	double cosh(double x);	计算双曲余弦 $\cosh(x)$ 的值	计算结果	
exp	double exp(double x);	求 e^x 的值	计算结果	
fabs	double fabs(double x);	求 x 的绝对值	计算结果	
floor	double floor(double x);	求出不大于 x 的最大整数	该整数的双精度实数	
fmod	double fmod(double x, double y);	求 x/y 的余数	余数的双精度数	
frexp	double frexdp (double val, int * eptr);	把双精度数 val 分解为数字部分(尾数)x 和以 2 为底的指数 n,即在 $val = x * 2^n$,n 存放在 eptr 指向的变量中	返回数字部分 $x, 0.5 \leqslant x < 1$	
log	double log(double x);	求 $\log_e x$,即 $\ln x$	计算结果	
log10	double log10 (double x);	求 $\log_{10} x$	计算结果	
modf	double modf (double val, double * iptr);	把双精度数 val 分解为整数部分和小数部分,把整数部分存到 iptr 指向的单元	val 的小数部分	

函数名	调用方式	功能	返回值	说明
pow	double pow (douhle x, double y);	计算 x^y 的值	计算结果	
rand	int rand(void);	产生－90 到 32767 间的随机整数	随机整数	
sin	double sin(double x);	计算 sinx 的值	计算结果	x 单位为弧度
sinh	double sinh(double x);	计算双曲正弦函数 sinh(x)的值	计算结果	
sqrt	double sqrt(double x);	计算 $\sqrt{x}$	计算结果	x 应大于等于 0
tan	double tan(double x);	计算 tan(x)的值	计算结果	x 单位为弧度
tanh	double tanh(double x);	计算双曲正切函数 tanh(x)的值	计算结果	

2. 字符串函数

附表 3－2　　C 库字符串函数

函数名	调用方式	功能	返回值
strcat	char * strcat(char * dest, char * src);	在 dest 所指的字符串的尾部添加由 src 所指的字符串	返回指向连接后的字符串的指针
strchr	char * strchr (char * s, int c);	扫描字符串 s,搜索由 c 指定的字符第一次出现的位置	返回指向 s 中第一次出现字符 c 的指针;若找不到由 c 所指的字符,返回 NULL
strcmp	int strcmp(char * s1, char * s2);	比较串 s1 和 s2,从首字符开始比较,接着比较随后对应的字符,直到发现不同或到达字符串的结束为止	s1<s2 返值<0; s1=s2 返值=0; s1>s2 返值>0
strcpy	char * strcpy(char * dest, char * src);	把串 src 的内容拷贝到 dest	返回指向的 dest 内容
strlen	size_ t strlen(char * s);	计算字符串的长度	返回 s 的长度(不计空字符)

3. 动态存储分配函数

ANSI 标准建议设有四个有关的动态存储分配的函数,即 calloc()、malloc()、free()、real-loc()。实际上,许多 C 编译系统实现时往往增加了一些其他函数,ANSI 标准建议在"stdlib. h"头文件中包含有关的信息,但许多 C 编译要求用"malloc. h"而不是"stdlib. h"。

　　ANSI 标准要求动态分配系统返回 void 指针。void 指针具有一般性,它们可以指向任何类型的数据。但是,目前有的 C 编译所提供的这类函数返回 char 指针。无论以上两种情况的哪一种,都需要用强制类型转换的方法把 void 或 char 指针转换成所需的类型。

附表 3 - 3　C 库动态存储分配函数

函数名	调用方式	功能	返回值
calloc	void ＊calloc（unsigned n, unsigned size）;	分配连续的 n×size 个字节内存区	返回所分配内存区的起始地址;若无 n×size 个字节的内存空间则返回 NULL
free	void free(void ＊ p);	释放指针变量 p 所指的内存区	无
malloc	void ＊malloc（unsigned size）;	分配长度为 size 个字节的内存区	返回所分配内存区的起始地址;若无 size 个字节的内存空间则返回 NULL
realloc	void ＊realloc（void ＊p, unsigned size）;	将指针变量 p 所指的内存区大小改为 size 个字节（size 可大于或小于原来的内存区）	返回改变后的内存区起始地址

参考文献

[1] 胡元义,吕林涛. C 语言与程序设计. 西安:西安交通大学出版社,2010
[2] 胡元义,吕林涛. C 语言与程序设计习题解析及上机指导. 西安:西安交通大学出版社,2011
[3] 恰汗·合孜尔. C 语言程序设计. 2 版. 北京:中国铁道出版社,2008
[4] 胡元义,张玉清. TURBO PASCAL 6.0 精讲、题解及应用. 西安:西安电子科技大学出版社,1996
[5] 谭浩强. C 程序设计. 3 版. 北京:清华大学出版社,2005
[6] 全国计算机等级考试命题研究组. 全国计算机等级考试历届笔试真题详解:二级 C 语言程序设计(2009 版). 天津:南开大学出版社,2009
[7] 胡元义,等. 数据结构教程习题解析与算法上机实现. 西安:西安电子科技大学出版社,2012
[8] 冯树椿,徐六通. 程序设计方法学. 杭州:浙江大学出版社,1988
[9] 罗坚,王声决. C 语言程序设计. 3 版. 北京:中国铁道出版社,2009